バイオ研究のための実験デザイン
あなたの実験を成功に導くために
EXPERIMENTAL DESIGN FOR BIOLOGISTS

David J. Glass
Novartis Institutes for Biomedical Research

訳
白石英秋
京都大学大学院生命科学研究科准教授

メディカル・サイエンス・インターナショナル

Photograph of Karl Popper ©Lucinda Douglas-Menzies/National Portrait Gallery, London.
Photographs of Francis Bacon and René Descartes are reproduced, with permission, from the Collections of the Library of Congress.

■ 装丁デザイン／岩崎邦好デザイン事務所

Originally published in English as *EXPERIMENTAL DESIGN FOR BIOLOGISTS* by DAVID J. GLASS
©2007 by Cold Spring Harbor Laboratory Press, Cold Spring Harbor, New York, USA
All rights reserved

Published in Japan by arrangement with the permission of
Cold Spring Harbor Laboratory Press
©First Japanese Edition 2011 by Medical Sciences International Ltd., Tokyo

Printed and Bound in Japan

訳者序文

　本書は，コールド・スプリング・ハーバー研究所の出版部から刊行された David J. Glass 著 "Experimental Design for Biologists" の邦訳です。卒業研究生や大学院生など，研究のスタートラインに立った人々が，生物学，医学，農学，薬学，環境科学など，生命科学のさまざまな分野で研究を始めようとするとき，彼らの前にまず立ちはだかるのが，実験をどのように組み，研究をどのように進めていくかという難問です。これは，研究のスタートラインに立った人たちにとって，とても高いハードルです。本書は，研究を志す人たちが，このようなハードルを，できるだけ効率よく短期間で乗り越えていけるようにと書かれた本です。

　大学のカリキュラムには，通常，学生実験が組み込まれています。しかし，学生実験では，教員があらかじめ予備実験を行って，結果が最初からわかっている実験を行うのが普通です。学生はその後，研究室に配属されたり，大学院に進学したりして研究を始めることになります。実際の研究が学生実験と大きく違うのは，実際の研究においては，それまで未知だったことを，実験や調査を通して新たに解き明かしていかなければならないことです。そこでは実験のやり方は事前には決まっていませんし，どんな実験結果が出るかも事前にはわかりません。実験手法自体は既存の方法を使うにしても，新しいことを明らかにするためには，それまで誰も行ったことのない実験を自分で新しく組んで実行しなければなりません。そのためには，まずいろいろな予備実験を行い，実験系が意図したとおりに動いているかどうか確認する必要があります。また，実験で明確な結論を出すためには，ネガティブ対照やポジティブ対照を適切に使って実験を組む必要があります。これまで，このような研究の組み立て方について解説した本はほとんど出版されておらず，大学でもそのようなことはほとんど講義されていませんでした。研究室に入った卒業研究生や大学院生は，実験室にいきなり放り込まれたあと，失敗を繰り返しながら試行錯誤を通してだんだん実験の組み立て方を学んでいくのが普通でした。これは，研究を始めたばかりの学生たちにとっては，たいへんな時間と労力を必要とする作業です。本書は，大学の講義と実際の研究との間のこのような大きなギャップを埋めることを意図して執筆された本です。

本書はハウツーものというよりは読みもの的な本で，多数の実例を読み進んでいくうちに実験の組み立て方がわかってくるという書き方の本になっています。前半は，研究をデザインする際の考え方について解説してあり，研究のデザインが適切でないと，実験結果やその解釈がいかにゆがめられ，いかに間違った結論が導き出されてしまうかを，たくさんの実例を挙げて解説しています。例えば，「空は赤い」という仮説に基づいて実験を行い，実験結果に基づいて実際に「空は赤い」という結論を導き出してしまえる例など，大胆な例を使って，研究の途中に大きな口を開けて待っているさまざまな落とし穴を解説しています。そして，適切に研究をデザインするための考え方を解説しています。後半では，より具体的な研究の進め方について説明しています。後半にも多数の実例が挙げられており，対照実験の設定の仕方や対照実験の実験結果に応じて，いかにその実験や調査から導き出される結論が変わるかを，わかりやすく解説しています。そして，読者がこの本を読み進んでいくうちに，自然に適切な実験のデザインの仕方を理解できるように書かれています。

　現在の科学研究では，仮説を立て，それを検証することによって研究を進めていくのが建前としては主流になっています。しかし，この手法に欠点や問題点があることを明快に指摘しているのも本書の大きな特徴です。著者のグラース博士はこの本で，ゲノム・プロジェクトに代表される生命科学の研究現場では，仮説を立ててそれを検証するような手法がまったく役にたっていなかったことを暴くとともに，現代の生命科学の研究現場では仮説の検証に取って代わるフレームワークを有効に使うことができ，それを意識的に使うことで効率よく研究を進めていけることを提起しています。このような点から，本書は，研究を志す学生だけでなく，既に研究に携わっている現役の研究者や，現在の生命科学や科学論に興味のある一般の読者にとっても刺激的な内容のものとなっています。

　執筆者のグラース博士は，筋萎縮症や筋肥大症などの研究で優れた業績を挙げ，筋疾患の研究の第一線で活躍している研究者です。本書の内容は，ハーバード大学医学部を初めとするアメリカの大学で教育に使われ，講義と実際の研究の間のギャップを埋めるのにおおいに役立ってきました。この訳書の刊行によって，日本でも，生命科学の研究を志す人々がスムーズに研究の世界に入っていけるようになることを願ってやみません。最後になりましたが，本書の刊行においてご尽力いただいたメディカル・サイエンス・インターナショナルの藤川良子氏，伊藤武芳両氏にお礼申し上げます。

2011 年 11 月末日　　白石　英秋

はじめに

　この本は，私がまだリジェネロン製薬で働いていたときに考え出した，実験のデザインに関する短い講義が元になっている。その講義で質問してくれた人たちに，ここで感謝の意を表したい。よくあることだが，その講義の内容を本にしようと思い立ったのは，とある夕食会でワインを少しばかり飲み過ぎたあとのことだった。それは同僚科学者のダン・フィンリー，フレッド・ゴールドバーグ，そして，アラン・ワイスマンとの夕食会で，そこで話題になったのは，現在，大学院にいる生命科学の研究者の卵たちに実験のデザインの仕方がほとんど教えられていないこと，そして，科学研究の場では批判的合理主義が要求されているはずなのに，研究の現場で実際に行われていることは明らかにそれとは乖離しているという奇妙な事実についてだった。

　もちろん，出版社が受け入れてくれなければ，この本は作られていなかっただろう。したがって，担当者としてこのプロジェクトを採り上げることに合意してくれたコールド・スプリング・ハーバー研究所出版部のデイビッド・クロッティーには，たいへん感謝している。また，その後，シアン・カーティスが，ジンジャー・ペシュケとマリア・スミットの助けを借りて，原稿を手際よく編集してくれた。このプロジェクトは，出版社のジャン・アルジェンティンと彼女の同僚たちの監督のもとに進められた。常に情熱をもってアドバイスしてくれたシアンとジャンに感謝する。また，熟練した経験をもって本の作成を指導してくれたレナ・ストイアー，原稿をタイプしてくれたスーザン・シェファー，そして，デザインを担当してくれたデニス・ワイズに感謝する。

　この本を書き上げるには，クマール・ダルマラジャンが多大な貢献をしてくれた。私がこの本の主な部分を書いていたとき，クマールはコロンビア大学医学部の学生で，私の研究室の学生であり，研修生だった。したがって，彼はこの本の「想定される読者」の役割をすることができ，それぞれの章の内容について，意味が不明確な文章を指摘してくれたり，執筆の助けとなる質問をしてくれたり，多大な貢献をしてくれた。このプロジェクトのために多くの時間を割いてくれた彼に，感謝の意を表したい。私の研究室のブライアン・クラークも，分厚い原稿に目を通してくれて，いくつかの章について不明確な部分を指摘してくれた。

ウッディ・フーは，私の研究室にいた学生である．現在はいろいろな仕事をしているが，芸術家であり，漫画家でもある．彼は，この本のために3つの漫画を描いてくれた．それらがあまりによく描けているので，彼の才能をもっとたくさん使ってやれなかったことを残念に思っている．

　このプロジェクトを支援してくれた，私の現在の職場であるノバルティス社の人々にも感謝したい．ノバルティス社は教育にたいへん力を入れており，このプロジェクトが会社にある種の熱狂を呼び起こしたのを見たことは，執筆の励みになった．統計学者のリア・マーテルとマチス・トーマには，原稿の中の統計学についての記述に誤りがないかどうか読んでもらった．貴重な時間を割いてくれて，感謝している．しかしながら，もしもこの本に問題が残っていたとしたら，それは私一人の責任である．読者から意見をもらうのはたいへんありがたいので，もしも内容に誤りがあったら気軽にコメントをいただきたい．そのような誤りは，将来の版で修正していきたい．

デイビッド・J・グラース

謝辞

未来が偉大な発見をもたらしてくれることを確信させてくれた姪のモーリー・ジェーンとマデリン・ローズに。そして，私の師のチャールズ・カンター，レックス・ファン・デル・プレグ，アルグ・エフストラティアディス，スティーブ・ゴフ，ジョージ・ヤンコポーロスに，彼らの爪の垢がわずかでも私の身についたことを願いつつ，感謝をこめて。

DAVID J. GLASS

目 次

訳者序文　　　　　　iii
はじめに　　　　　　v

1　実験プログラムを定義する ……………………………… 1

2　科学プロジェクトのフレームワークとしての仮説：批判的合理主義は絶対か …………………… 9

「仮説」は「結論」と同じ文法構造を持っている ………………… 9

実験は仮説の反証のためではなく，確認を目指して行われる。なぜなら仮説には，「ポジティブ」な結果を測定させようとする要求が含まれているのだから ……………………………………… 10

科学者は，仮説を否定しても報われないが，仮説が正しいことを確認すれば報われる ………………………………………………… 19

科学者は仮説が正しいと証明することに情熱を傾けるものだが，そのような科学者の性向の影響を受けにくいフレームワークもある ………………………………………………………………………… 20

仮説にかわるもうひとつのフレームワークは，仮説が持っている問題点の影響を比較的受けにくい ……………………………… 21

要約と注意 …………………………………………………………… 21

3　仮説が実際的ではない科学研究の例 …………… 23

意味のある仮説を立てるためには，その系に関する知識が前もって得られていることが必要である ……………………………… 26

要約 …………………………………………………………………… 28

4　問題や問いを科学プロジェクトのフレームワークとして使う：帰納的推論への招待 …………………… 29

帰納的フレームワークのモデル：連続的質問による問題解決法は，どうしたら有効なものにできるか ………………………… 29

	帰納による検証も，仮説による検証も，未来予測によって有効性が確かめられる 33
	それぞれのアプローチ法の比較 33
	科学プロジェクトのフレームワークとしての問い 34
	開放型の問いを導き出す 36
	イエスかノーかの二元型の問いや開放型の問いは，結論とは異なる文法構造をとる 37
	問いは，特定の結果を要求しようとはしない 38
	質問−解答方式によって，実験者が正しい答えにたどり着くことは保証されるか 39
	もっと個別的な問いを発する 42

5 問いに対する答えが得られたとき，それが受け入れられるものであると判断するためには何が必要か 47

6 実験結果をもとにして現実をどのように表現するか：モデルの構築 51

	モデル構築の例：フレームワークとなる開放型の問いから始める 52
	帰納空間にアクセスして，実験のための最初の問いを定式化する 54
	背景となる情報の必要性：帰納に用いることができる広い文脈を確立して，実験のための最初の問いを形づくる 56
	これまでに研究されていたものとはまったく異なる研究対象に直面したときはどうすべきだろうか 57
	実験プロジェクトに情報を提供してくれる帰納空間を確立する 59
	モデルを構築する 66
	帰納空間が小さくなることは，実験を早く進められる契機になると同時に濾過装置としても働き，科学者が重要な発見を見逃す原因にもなり得る 68

7 実験系を確立する 73

	実験に使う系の有効性の確認 74

実験の際の対照 ·· 77

8 実験をデザインする：用語の定義，タイムコース，実験の繰り返し ·· 83

用語を定義する ·· 83

実験対象は「典型的な条件」のもとで研究しなければならない ········ 85

タイムコース実験と，実験の繰り返し ································· 86

実験の繰り返しとタイムコース実験が，どのように実験の「答え」に影響を及ぼすか ·· 88

実験のやり方を決め，それをもとに繰り返し実験のやり方を決める ·· 89

実験系の有効化と対照の設定 ································· 90

データを集めて分析し，最初の実験の解釈を行う ··················· 92

9 モデルの有効性を確かめる：未来を予測する能力 ·· 97

質問−解答のフレームワークでは，未来予測でモデルの有効性を確認できるかどうかを，いつ確かめるのか ···················· 99

未来を予測するための基礎としてモデルを使う ··················· 100

10 実験プロジェクトをデザインする：実際の生物学の例 ·· 107

実験デザインの例：制限酵素 *Eco*RI の切断点の決定 ··················· 108

帰納空間へのアクセス：実験対象について何がわかっているかを調べる ·· 116

用語を定義する ·· 120

系について既にわかっていることをもとにして一連の問いを設定し，それらの問いに答えを出す ································· 122

実験系を確立する ·· 124

「フライング」，そして，仮説が有効な場合 ···················· 130

複数のやり方で実験上の問いに答え，必要条件と十分条件を確立する ·· 142

モデルを構築し，そのモデルを使って未来に何が起こるかを予測する ·· 144

実験上の問いに答えが得られたことを宣言する ……………………… 146

11 実験の繰り返し：モデルを構築するためにデータを集めるプロセス …………………………………………… 149

統計的に有意な結果を得るのに必要な，測定の数を決める ………… 150
実験の繰り返しの種類 …………………………………………………… 151
それぞれの種類の実験の繰り返しについての，生物学上の例 ……… 152
素朴な実験デザイン ……………………………………………………… 154
少しだけ素朴でない研究デザイン ……………………………………… 155
データの変動を考慮に入れて研究方法を改良する …………………… 157
データの変動は，生物学的に，研究している実験系に内在している場合がある ……………………………………………………………… 160
実験は，設定された問いを解くための実験でなければならない …… 162
「マーカー」を用いることによって，問いの対象を調べられていることを確認し，それによって研究を有効なものにする …………… 164
最終的な実験のデザイン ………………………………………………… 165

12 ネガティブ対照はなぜ必要か …………………………………… 167

撹乱されていない状態としてのネガティブ対照 ……………………… 167
問いが複数の変数を含む場合，それぞれの変数に「Xで撹乱されていない」ネガティブ対照を設定する必要がある ……………………… 170
組織培養の実験で，「Xで撹乱されていない」ネガティブ対照を設定する …………………………………………………………………… 175
遺伝学的な実験で，「Xで撹乱されていない」ネガティブ対照を設定する …………………………………………………………………… 179
あるタンパク質が組織中に存在するかどうかを，抗体を使って決定する実験における「非X」 ……………………………………………… 182
システム内のネガティブ対照 …………………………………………… 184
「YはXか」という問いに対するネガティブ対照 ……………………… 185
システム間ネガティブ対照 ……………………………………………… 185
盲検法を「Xで撹乱されていない」ネガティブ対照として使う …… 186
要約 ………………………………………………………………………… 187

13 ポジティブ対照はなぜ必要か ……………………… 189
カフェインの研究におけるポジティブ対照 ………………………… 191
ポジティブ対照は，研究の対象とは異なる撹乱によって，「実験系が確かに機能していること」を確認するものである ……………… 194
ポジティブ対照によって，実験系のさまざまな面を検査できる …… 195
組織培養の実験でポジティブ対照を設定する ……………………… 196
生化学実験のためのポジティブ対照 …………………………………… 198
遺伝学的な実験でポジティブ対照を設定する ……………………… 204
「あるタンパク質が組織中に存在するかどうかを抗体を使って決定する実験」でのポジティブ対照 …………………………………… 207

14 方法論と試薬の対照 ……………………………… 211
方法論対照が必要とされる例 …………………………………………… 213
試薬対照 …………………………………………………………………… 215
方法論対照はなぜ必要か ………………………………………………… 220
重要な注意点 ……………………………………………………………… 222

15 研究対象の対照 …………………………………… 223
研究対象は，「普通の場合」だけでなく，「特定の場合」を代表するような形で選ばれることもある …………………………………… 224
反応のある対象を見つける ……………………………………………… 225
特定の種類の研究対象を用いるときの対照 ………………………… 228
研究対象のランダム化 …………………………………………………… 229
研究対象を一致させる …………………………………………………… 230
変数 ………………………………………………………………………… 231
純系の動物を用いて得た発見を一般化する ………………………… 233
ヒト以外の動物をヒトのモデルにする ……………………………… 235
「ヒトのモデル」としてのヒト ………………………………………… 235
ヒトの集団で遺伝学的選別を行う …………………………………… 236
遺伝的な独立変数を見つける ………………………………………… 237
対照を厳密に設定することで重要な効果を見逃す可能性がある …… 238
個体の代替物としての細胞：還元主義対照の必要性 ……………… 239

細胞の代替物としての試験管内分子システム：還元主義対照がさらに必要になる例 …………………………………………………………… 240

16　仮定対照：実験を組むときに入りこむ「仮定」に対する対照 …………………………………………………… 243

　　実験上の問いに仮定が含まれているとき，その仮定を除去できるようにする対照 ……………………………………………………… 244

　　不適切な演繹を避けるための仮定対照 ……………………………… 245

　　実験の「舞台設定」が典型的なものかどうか決めるための仮定対照：結論に限界を設定することが必要な例としての組織特異性の問題 ………………………………………………………………… 247

　　仮定対照としての還元主義対照：被験者の選別の際に行われる還元主義的なモデル化 ………………………………………………… 249

　　仮定のジレンマの例としての薬剤の投与量の問題 ………………… 250

　　モデル動物と，そのモデルで得られた結果をヒトと関係づけるための仮定対照 ……………………………………………………… 251

　　単離した細胞でわかったことが生物個体でも成り立つかどうか確認するための仮定対照 ………………………………………………… 253

　　単離した分子でわかったことが細胞内でも成り立つかどうか確認するための仮定対照 ………………………………………………… 255

　　実験上のモデルが科学者の思った通りに働いているという「メタ」仮定に対する対照 ………………………………………………… 256

17　実験者対照：客観性の確立 ……………………………………… 257

　　客観性の確立 …………………………………………………………… 259

　　開放型の問いを，科学者が特定の答えを出そうとすることに対する対照として用いる ……………………………………………… 259

　　評価の基準を前もって確立しておく ………………………………… 263

　　盲検法 …………………………………………………………………… 263

　　異なる評価者 …………………………………………………………… 264

　　客観的な評価者としてのコンピューター …………………………… 265

　　外部での繰り返しが，独立性と相互主観性の最終決定者となる …… 266

18 生物学における経験主義について ……………………… 269
因果関係を調べ，必要性と十分性を決定することが必要かどうか
を評価する …………………………………………………………… 271
必要性と十分性が要求される場合 …………………………………… 274
いろいろな種類の生物学上の問い …………………………………… 275
「問題の解決」と「問題の原因の理解」……………………………… 276
普遍的ではない真実を受け入れる …………………………………… 277

19 まとめ …………………………………………………………… 279

索引 …………………………………………………………………… 284

1

実験プログラムを定義する

　大学の医学部では，学生たちは医療技術の基礎を学ぶ。例えば，健康診断の方法，病状の解釈の仕方，患者との接し方，症状から病名を特定する方法などである。また，法科大学院の講義は，法律に関することを学生に徹底的に叩き込むように組まれている。訴訟事件摘要書の書き方，訴訟手続きの仕方，契約書の書き方，法律家としてさまざまな状況にどのように対処すべきか，そして，法律家としてどのように思考すべきか，などである。

　さて，ここに驚くべき事実がある。生命科学分野の大学院生たちが将来科学者として成功するためには，効率的に実験を組み，実行し，結果を解釈することが必須であるにもかかわらず，今この本を書いている時点では，学生たちは実験のデザインの仕方についての公的な指導をほとんどまったく受けていないのである。生物学や生化学など生命科学関係のカリキュラムを見てみると，最も著名な大学でさえ，授業では，既にわかっている事実を情報として与えることしか行っていないことがわかる。新しいことを解明するためには実験が必要だが，その実験のプロセスについては特に教えられておらず，これらのプロセスが，認識論[1]のさまざまな理論（それは，時には異端的な理論のこともある）からどのように導き出されるかについては何も講義されていない。現在のところ，これらの分野で多少なりとも方法論的な教育が行われているのは統計学だけだが，そのような教育も散発的に行われているだけであって，その教育

の程度には研究分野によって大きな違いがある。統計学を理解しておくことは，効率的に実験をデザインするためにはたいへん有用である。しかし，統計学の使い方だけでなく，実験のさまざまな枠組みや，その意味についてきちんと理解しておくことは，学生のみならず，経験を積んだ科学者にも有益なことだろう。

　しかし，次のような疑問も湧くだろう。実際に研究を行う科学者に，公式に方法論の教育を行う必要などないのではないだろうか（結局のところ，研究の現場にいる科学者は，哲学的な理論よりも経験的に得たデータのほうに重きを置くのだから）？　実験を行うのに何が必要かなどということは，教えられなくても明らかなのではないだろうか？　科学の方法論は，何百年もの間に哲学的な理論の裏付けのもとに首尾一貫したものとして出来上がってきたのであって，既に十分確立されたものではないだろうか？　しかし，これらすべての問いに対する答えは，「ノー」である。この本の目的は，科学者が研究上の問いを発したときに，その問いの枠組みそのものが実験方法の選択や実験結果の解釈に影響を及ぼしうるということを科学者に警告し，効率良く実験を組めるように助けることである。したがってこの本では，科学者が情報量の多い実験結果を得るためのガイドとなるように，実験の方法論を提示していくことにする。

　「何か意味のある発見を行おうとするとき，その実験的なアプローチの仕方が成功するか失敗するかは，実験をデザインする際の『哲学的な枠組み』によって決まり得る」という考え方には，抵抗があるかもしれない。多くの科学者は，教育を受ける過程で厳然とした科学を好み，「ねちっこい」哲学は意図的に避けるものである。彼らが得る経験的な結果は物理的な実体に即したものであり，「データはデータ」なのだから，思考法を変えたり実験でのアプローチの仕方を変えたりしても結果を変えることはできない，と彼らは考えている。しかし，悪魔は実験結果の中にいるわけではない。科学者がどの実験結果を妥当と判断するか，その選択の中に悪魔がいるのであり，その結果の解釈の中に悪魔が潜んでいるのである。なぜ実験科学者が実験の確固とした枠組みを確立しておかなければならないのか，また，間違った思い込みがどこでどのようなときにデータを歪め，さらに結果の解釈を間違わせるのかを明確に理解しておかなければならないのは，そこに理由があるのだ。

　さて，「十分に確立されている」と思われている科学の方法論についての問

1　認識論（epistemology）は，知識の基盤，特に，知識の限界と有効性についての学問である。科学認識論を，実際の科学者の役に立つように実践的なレベルで解説することがこの本の主題である。

図 1.1. カール・ポパー

いに戻ろう．現在，「仮説」を元にして実験を始めるのが，科学的なアプローチの仕方としては支配的である．しかし，そのようなアプローチの仕方が始まってからは実際のところ，まだ 100 年も経っていない．それは，直接的には哲学者カール・ポパーの理論に由来する（**図 1.1**）．ポパーの発想（「批判的合理主義」と呼ばれる）は，「ある知見が正しいことを証明するのはとても難しいが，それが誤りであることを証明するのは非常に簡単である」ということである．このような考えのもとに彼は，反証可能な仮説に基づいて実験を組むことを提唱した．さらに彼は，帰納的推論，すなわち経験に基づく推論に潜む問題点をうまく回避するためにも，仮説を用いるのが有用だと信じていた．ポパー（そして，イマヌエル・カント，デイビッド・ヒューム，バートランド・ラッセルのような哲学者）が，経験に頼ることのどこに問題があると考えていたかというと，それは，個人の経験には限界があるという点である．個人の経験という有限なデータから帰納して法則や結論を導き出せば，間違った結論を出すことになるかもしれない．ヒュームも，帰納的な推論は過去の経験を未来に適用するのと同じようなもので，欠陥のある推論法であると述べている．そこでポパーは，ある知見が正しいことを証明しようとするかわりに，それが誤りであることを証明しようとしたほうがよいと考えたのである．ある知見が正しいことを証明しようと思ったら，同じ分析を何度も繰り返したり，いろいろな方法で解析したりして確かめなければならない．しかし，ある知見が誤りであることを証明するためには，それが誤りであることをたった 1 回示すことができればそれで十分である（ここに書いた短い文章は，それぞれ数百ページ

から成る何冊ものポパーの著作の内容を短くまとめたものである。したがってお察しのとおり，内容は極端に単純化してある。これからも何度か繰り返すが，この本は，科学者が意味のある実験を行うために必要な批判的思考の枠組みを身につけたあとは，できるだけ早く実験台に戻れることを重視して書かれている。哲学関係の話は実験台に向かう科学者に有益と思われる内容に触れる程度にとどめ，興味を持った人のためには関連する文献を探すための情報を提供しておく[2]。

ポパーの思想は科学の世界に深く浸透しているので，アメリカで研究費の配分を行っている国立衛生研究所は，「研究費の申請書は検証可能な仮説をまず設定してから書き始めるように」と推奨しているほどである。ただし興味深いことに，国立衛生研究所はポパーの理論とは相反して，仮説が正しいことを証明しようとしても良いと信じているようである[3]。このように，研究費配分機関すら仮説の提示を求めていることは，哲学の一思想である批判的合理主義が驚くほど成功裏に世間に受け入れられていることを示している。そしてこのことは，科学的研究を行う際には仮説を立てることから始めることが，世間に受け入れられる唯一の方法であることを示しているように見える。しかし，実はそうではない。「反証可能な仮説」に関するポパーの思想は，それに取って代わり得る別の思想とともに，後に詳しく議論する。

科学哲学は，カール・ポパーが始めたわけではない。科学の実験に関する別のアプローチの仕方もこれまでに提案されている。近代科学の方法論が2つの異なるアプローチの仕方から始まったことには，多くの歴史学者が同意している。ひとつはフランシス・ベーコン（**図 1.2**），もうひとつはルネ・デカル

---

2 ここで文献をひとつ知りたい人がいたら，カール・ポパーの『The logic of scientific discovery』（Routledge, New York, 2002 年）を読んでみてほしい。（訳注：邦訳は，『科学的発見の論理 上・下』大内義一・森博訳，恒星社厚生閣，1971-1972 年がある）

3 アメリカ国立衛生研究所（略称 NIH）の研究費の申請に関するウェブサイトには，次のような文言がある。「NIH の研究費の申請で高い得点をあげる研究申請は，多くの場合，技術の進歩よりも強力な仮説を提示しているものである。研究費の申請の基盤は，あなたの仮説にあることに留意すべきである。その仮説こそが，研究全体の構造を支える概念上の土台となるものである。研究費の申請では，一般に，何かの方法を使って問題点をみつけるとか，旦に情報を集めるとかではなく，仮説が正しいか誤りかを検証するための問題を提示すべきである。」[http://www.niaid.nih.gov/ncn/grants/plan/plan_c1.htm]。（訳注：現在このページは存在しないが，その内容は次の URL で今でも読むことができる [http://web.archive.org/web/20070812162341/http://www.niaid.nih.gov/ncn/grants/plan/plan_c1.htm]。本書の出版がきっかけとなって，研究費の審査の際に仮説を偏重することを見直す動きが出ている。その結果，現在は，仮説を偏重するような記述は NIH のウェブページから削除されている。これについて興味のある方は，O'Malley, M. A., Elliot, K. C., Haufe, C. and Burian, R. M., Phylosophies of funding, *Cell*, **138**, 611-615（2009）を参照のこと）

図 1.2. フランシス・ベーコン

図 1.3. ルネ・デカルト

6 第 1 章 実験プログラムを定義する

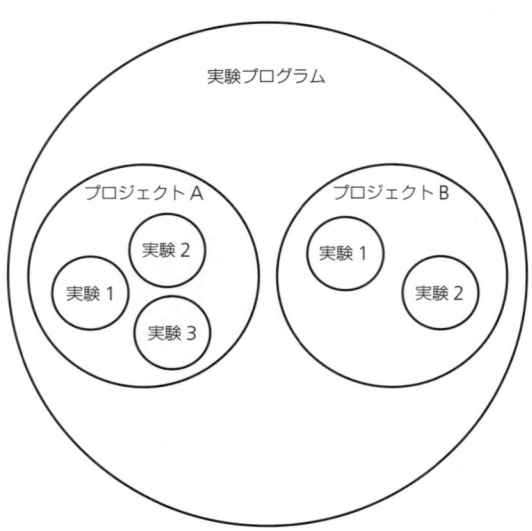

図 1.4.「実験プログラム」を表すベン図。実験プログラムは，それまでわかっていなかったことを理解するために科学者が行うすべてのことを包含している。例えば，科学について学ぶこと，科学者としての訓練，研究対象についての一般的な文献を読むこと，実際に実験を行うことなどである。科学者の「プロジェクト」とは，特定の未知の問題に狙いを定めた一連の問いに答えを出すために実験を行うことである。実験は，問いに答えるため，あるいは仮説を反証するために行われる。この図の例では，プロジェクト A では実験 1，実験 2，実験 3 が行われ，プロジェクト B では実験 1 と実験 2 が行われる。

ト（**図 1.3**）のアプローチである。彼らの著作を詳細に検討するのはこの本が目的としていることを超えているが，帰納的（ベーコン）あるいは演繹的（デカルト）なアプローチによって，有用な科学知識を得られることを議論したのが彼らであることは知っておくべきだろう（もちろんこれは，再び極端な単純化である。しかし，この本のいろいろなところにベーコンとデカルトの議論が見え隠れしていることは知っておいてほしい。実際，この本で論じていることは多くの点でベーコンとデカルトの中道への回帰であり，それは部分的にはポパーの思想からの離脱である）。

　このように，科学の方法論についての現在のアプローチの仕方は，必ずしも堅固な哲学的基盤に基づいているわけではない。したがって，何らかの形で検討し直すことができそうだ。私たちは，実験室から一歩離れて，実験のプロセスを傍観する立場から科学の世界を眺めてみる必要がある。さて，何が見えるだろうか？　現在わかっていない何かを発見するときの最初のステップは何だろうか？　このステップを，**図 1.4** のベン図に示したように，「実験プログラ

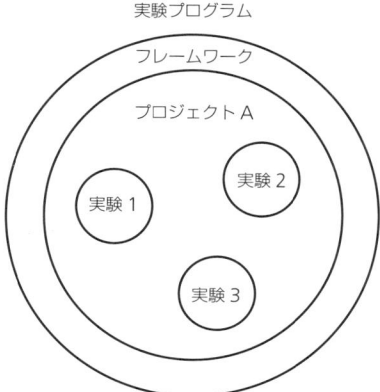

図 1.5. 実験プログラムの中のフレームワークを表すベン図。科学者の「プロジェクト」は，反証されるべき仮説，あるいは答えられるべき問いによってフレームワークが設定される。フレームワークは，科学者がそのプロジェクトにどのように取り組むかを決め，個々の実験で得られたデータをどのように解釈するか決める際に決定的な役割を果たす。

ム」と呼ぶことにしよう。「実験プログラム」には，これまでにわかっていなかったことを事実として確立するために科学者が行うすべてのことが包含されている。そこは科学者が作業する世界であり，あるいはもっと気取った言い方をすれば，それこそが科学認識論（scientific epistemology）である。

科学者が特定のプロジェクトを行っているとき，そのプロジェクトは全体の実験プログラムの一部とみなすことができるだろう。その意味でプロジェクトとは，ある一定の枠組みの中の問題を理解するためにデザインされた，特定の科学研究のことである。多くの科学者は，彼らのプロジェクトが，研究分野で限定されているよりもさらに狭い領域（**図 1.5** に示した実験プログラム内でプロジェクトを限定している境界線内）で行われていることに気付いていないかもしれない。その領域は，哲学的な構成概念である「フレームワーク」ととらえることができる。それはプロジェクトに取りかかる際のアプローチの仕方であり，また，それぞれの実験のデータを解釈する際にはデータを濾過する装置としても使われる。フレームワークは，科学の方法に影響を与える。フレームワークが異なっていれば，アプローチの仕方も異なったものになるからである。さて第 2 章からは，現在もっとも好まれているカール・ポパーの仮説に基づいて，フレームワークに関する議論を始めることにしよう。

2

科学プロジェクトのフレームワークとしての仮説
批判的合理主義は絶対か

　実験のフレームワークとしての仮説（そして，批判的合理主義）について詳しく論じる前に，現場の科学者には，仮説を立てて研究を進める以外の選択肢はないかもしれないことは知っておかなければならない。第1章で述べたように，研究資金を提供する組織は（そして，論文の査読者や科学雑誌でさえ），実験の正当性を示すために仮説を提示することを要求してくるのである。しかし科学者は，批判的合理主義のフレームワークに落とし穴があることを認識し，それに代わるものがあることを理解しておくことによって，たとえそのパラダイムの中で仕事をしていたとしても，批判的なアプローチ法を適切にとれるようにしておくことが望ましい。

「仮説」は「結論」と同じ文法構造を持っている

　次の仮説について考えてみよう。「空は赤い」。まず，この仮説の文法構造を見てほしい。これは宣言文である。仮説は反証可能である必要があるので，宣言文でなければならない。宣言文だからこそ，それを反証できるのである。しかし，例えば質問は反証可能ではない。それゆえ，質問文は批判的合理主義の

フレームワーク内では機能しえない。

　さて，もし仮説が実験で反証できなければ，「その仮説は正しかった」と結論できるように見えるかもしれないが，実際は，そのように結論することは，カール・ポパーが警告したように誤りである。彼は，何であれ絶対的に正しいと証明するのは不可能だと主張したのである。しかし実際には，実験計画を進めるためにはとりあえず結論を出すことが必要なので，実験で反証ができなかったとしても結論を下すことになる。この場合なら，もし実験で先の仮説を反証できなかったら，結論は「空は赤い」ということになる。

　ここで，この結論文の構造が，元の仮説と同じであることに着目してほしい。このことが，科学者にとって「まだ証明されていない仮説（反証できるかどうか試されるべきもの）」と「実証された結論」の区別を難しくさせる原因になっている。

実験は仮説の反証のためではなく，確認を目指して行われる。なぜなら仮説には，「ポジティブ」な結果を測定させようとする要求が含まれているのだから

　標準的とみなされている方法には，ある種の実験上の規範が取り入れられている。そして，そのような規範は，有用なもののように見える。一例を挙げれば，仮説を否定することができるように最初から実験に組み込んでおく「対照」訳注1 がそれである。

　「空は赤い」という仮説に戻ると，この言明は単に「赤」を測定することで確認できるように思われるだろう。しかし，研究者であればいかに経験が浅くても，赤が無いこと，すなわち「赤くない」ことを測定するためのネガティブ対照が必要なことを知っている。したがって私たちは，仮説に基づいて「赤」と「赤でない色」を測定することになる。加えて，この仮説を検証するためにはそれ以外のことを測定する必要はあるだろうか？　そのような必要性は特にない。この仮説は，「赤」と「赤でない色」の測定を行うこと以外何も要求していない。

　「空は赤い」という仮説を検証するための実験をデザインしてみよう。まず科学者は，赤を測定するためのシステムを作り，赤が正確に測定できることを

訳注1　実験における「対照」は英語では「control」といい，研究の現場ではそのまま「コントロール」と呼ばれることも多いが，本書では「対照」と訳した。

証明しようとする。そのために，赤いことが知られている物体，例えば赤い薔薇をポジティブ対照に使うことができる。また，赤くないことが知られている第二の物体，例えば緑色のエメラルドをネガティブ対照に使うことができる。ここで，この測定を行う装置を「赤検出器」と呼ぶことにしよう。この装置は放射光を測定することができ，赤いものと赤くないものを使って装置の初期設定を行うことができる。それにより，この装置は「赤い」と「赤くない」という2つの情報を読み取ることができるようになる。そしてもし赤が検出されれば，大きな「確認」の旗が立つ。

　実験システムが準備できたら，科学者はこの赤検出器を空に向け，そのまま1時間動かす。1時間後，何も起こらない。そのため旗は立たず，ネガティブな結果が記録される。科学者は「赤」を見逃していないことを確認するために，実験の時間を4時間に延ばしてみる。しかし，実験は正午に始められたため，この実験の時間内には日没は起こらず，再びネガティブな結果が記録される。次に科学者は，この装置は感度が低いのかもしれないと考え，また，1日は24時間であることを考慮して，実験を24時間にわたってもう一度行ってみることにする。そして丸一日に及ぶ測定の後，赤検出器のところに戻った科学者は「確認」の旗が立っているのを見つける。これは実験中に，夜明けと日没が起こって赤い光が生じたためである。こうしてポジティブな結果が得られたので，実験の成功が宣言される。

　科学者は1か月にわたって毎日実験を繰り返し，1日（非常に曇っていた1日）を除いては，毎日赤い色が記録されたことを確認した。科学者は，赤が検出された日数（30日のうち29日）と，赤でない色が検出された日数（30日のうち0日。なぜなら，空にエメラルドグリーンは一度も検出されなかったから）を統計処理し[1]，赤の検出が統計的に有意であることを見いだす。したがって，「空は赤い」と結論付ける。

　あなたはこの例を，架空の話をでっちあげて仮説に基づく実験を攻撃しているだけだといって反論するかもしれない。しかし，あなたがそのように反論できるのは，空が普通は青い（昼間）か黒い（夜間。ただし星や月や惑星からの放射を除く）ことをすでに知っているからではないのだろうか？　さらに多くの対照をとれば「空は赤い」という結論をまだ出さずにすむことが，あなたに

1　統計についての詳しい議論は，この本の守備範囲を超えている。ここで述べているのは，たとえ最良の統計であっても，もとの実験のフレームワークが貧弱ならばそれを救うことはできないということである。しかし，正しく適用すれば統計はあなたの友となり，不適当なことを仮定してしまったり，途中でパラメーターを変えたりしなくてすむようになるだろうということは覚えておいてほしい。

は事前にわかっているからではないのだろうか？　これこそが，私がこのような話をした目的——さらに多くの対照をとることについての議論を始めるための前振り——だったのである。それと同時にこの物語は，仮説というフレームワークに依拠することが，多数の対照をとる必要性をあいまいにしてしまうことを示す実例となっている。すなわち，うまく叙述されている宣言文というものは，もともと物事に境界線を引いて枠組みを作ってしまう性質を持っている。たいていの場合で科学者は，「真の」解答を知らない。そのため，科学者が何を試したらよいのかについて，実際のガイド役になってくれるのは仮説のみである。

　もっとも，この「空は赤い」という仮説の場合では，より広範な情報を得られるように，全波長の光スペクトルを調べなければならないことは明らかかもしれない。しかし，もし検証すべき仮説が，「NF-κB[2]の経路の活性化は炎症を引き起こす」というものだったらどうだろうか。この場合，事前には，それほどはっきりしたことは私たちにはわからない。この仮説は「空は赤い」という仮説と同様の問題を抱えているが，普通の人はNF-κBについての知識を持っていないので，この仮説が正しいかどうか全くわからない。この仮説をもとにして実験を行った場合，そこから得られるデータは，どんな種類の細胞を実験に使うかによって大きく異なるものになるだろう（肝臓でNF-κBが活性化されると炎症が起こるが，骨格筋でNF-κBが活性化されても炎症は起こらない）。また，炎症をどんな基準で定義するかによっても，結果は変わってくるだろう。しかし，もとの仮説それ自体は組織特異的な反応を詳しく調べるような実験は要求していないし，炎症を明確に定義することすら要求していない。したがって，ポジティブな結果が得られるまで測定時間を延長した先の科学者と同じように，「NF-κBの経路の活性化は炎症を引き起こす」という仮説を検証する科学者は，「感度の高い」実験系，すなわち，「ポジティブな」データを出すことのできる実験系を探す必要性を強く感じることになるだろう。そして，「空は赤い」という例において，時には空が赤くなるという単純な事実があったように，NF-κBの場合も，いくつかの種類の細胞では炎症を引き起こすことができるという単純な事実がある。ここで重要なのは，ポジ

2　NF-κBは，タンパク質の名前である（訳注：「エヌ・エフ・カッパ・ビー」と読む）。ほとんどの読者はこのタンパク質のことを知らないと思うが，それがここのポイントである。知らないことを扱うときは，仮説への依存度が高くなり，仮説の果たす役割が大きくなる。この場合，「空は赤い」という仮説のように，その仮説の問題点を暴く助けになるような既存の知識は科学者にもない。もう少し詳しく知りたい人に説明しておくと，NF-κBは「転写因子」として機能するタンパク質である。すなわち，ある一群の遺伝子の発現を誘導して，メッセンジャーRNAに転写する働きをしている。

ティブな結果が出た場合とネガティブな結果が出た場合とでは，強調のされ方が変わってしまう点である．NF-κBに関するこの仮説では，ポジティブな（炎症を引き起こす）結果だけを記録するようにデータに濾過がかかってしまい，空を見て赤い場合だけを記録したときと同じように，このままでは不完全な像が提供されることになる．

　NF-κBの仮説の第二の問題点を指摘しておかねばならない．それは，ネガティブなデータが出た場合には，ポジティブと判断する基準，すなわち，「何を炎症と判断するか」の基準をゆるくしてしまいがちなことである．例えば，炎症のマーカー[3]が5つあって，そのうちの2つしかNF-κBで活性化されない場合，2つのマーカーについてしかポジティブなデータは得られない．他のマーカーについては実験が正しくデザインされていなかったのではないかという疑問が残るため，ポジティブなデータだけを報告しても正当化できるように感じてしまうかもしれない．もっとも，このような場合は統計学が救ってくれる可能性がある．統計的な解析を行う際にはほとんどすべての場合で，ポジティブであると判断する基準を前もって定義しておくことが必要になるからである．しかし，科学者が仮説に強く影響を受けてしまっている場合，何がポジティブなデータで何がポジティブでないデータなのかを解釈する際に，ネガティブな3つのマーカーの指標としての信頼性に疑問を抱くことになるかもしれない．

　最後の点については，ここではやめておこう．実験を行っていくつかのポジティブなデータとネガティブなデータが得られた場合，それは，研究している問題を，結果を評価する段階で定義し直してしまう原因になりがちである．これは危険な落とし穴である．しかしこれは，実験の前に成功基準を確立しておきさえすれば避けることのできる問題である（第12章参照）．批判的合理主義者のフレームワークのなかでは，どうしてこのようにデータを濾過しがちなのか，ここで考えてみよう．

仮説によって，データは，ポジティブなデータとネガティブなデータの2つに分類されることになる．そして，このことがデータの濾過装置として働いてしまう

　「空は赤い」という仮説に戻ると，赤検出器をデザインした段階で，科学者

---

[3] 生物学の用語でマーカーとは，診断の基準のことである．例えば，右下腹部4分の1の痛みは，虫垂炎のマーカーである．血清のブドウ糖濃度が高いことは，糖尿病のマーカーである．IGF-1タンパク質の量が増えていることは，成長ホルモン増加のマーカーである．

は明らかにデータの濾過装置を設定している．この測定システムは，赤とそれ以外の色をひとつだけ測定することができるようにつくられている．赤以外の色に関しては，「赤くない」ということだけがこの実験では意味のあるデータとして検知される．前に述べた実験ではネガティブ対照を黒ではなく緑にしてあるが，このことで最初からいかさまが仕込まれているのではないかとあなたは思うかもしれない．しかし，たとえネガティブ対照を黒にしたとしても，空が黒いという観察はポジティブな結果とはみなされないことに気付いてほしい．この実験を行う科学者にとって重要なのは，赤の検出をポジティブなデータとみなすことだけである．このように，ポジティブと判断される結果を濾過して取り出すのが実験の一般的なやり方である．夜間にずっと黒が検出されていたとしても，この装置では，黒は赤に対する対照としてしか扱われない．したがって，ネガティブな事象（空は黒い）が多数見いだされたとしても，少数のポジティブな結果のほうが重視されて，ネガティブな結果は捨てられてしまう．

　ポジティブなデータだけが選び出されるということは，「カフェインは癌の原因となる」という仮説を考えればわかりやすい．まず，コーヒー，紅茶，コーラなど（いずれもカフェインを含んでいる）を飲む人が，カフェインを摂取しない人に比べて癌にかかることが多いかどうか決定するために，疫学的な研究が行われ，100種類の癌について調査されたとしよう．

　もし統計的な差異がたった1つの例，例えば膵臓癌に見いだされただけだったとしても，膵臓癌についてはポジティブであると判断される．こうして科学者は，カフェインが癌の原因になるという仮説は少なくとも膵臓癌に関しては証明されたと結論してしまうかもしれない．あるいはもう少し注意深く，カフェインを飲むことは膵臓癌になる可能性を増加させるようだが，他の癌ではそのようなことはない，と結論するかもしれない．ところでこの例は，統計学のきちんとした知識を援用しなければならない良い例となっている．良い統計学者なら，ここで行われたのは単なる予備的な調査であって，それぞれの種類の癌について何の仮説も立てられていないのだから，これらのデータからは何も結論を下せないことに気付いただろう．しかし，「カフェインは癌の原因になる」という仮説が，統計的に有意な相関が見いだせることと，そのような相関が見いだせないことの間にポジティブ／ネガティブの区別を作ってしまっているので，このような調査をもとにして無理な結論が下されることが残念ながらよくある．調べた100種類の癌の1種類についてポジティブな結果が得られたので，その1種類の癌が脚光を浴びることになる．そして見出しは「カフェインは膵臓癌のリスクを上げる」となり，「カフェインは，99種類の癌については，その原因とはならない」とはならない．

　カフェインが実際に膵臓癌のリスクを上昇させ，他の種類の癌のリスクは上

昇させないということも，可能性としてはありうる。それが上記の研究の結論として出されるかもしれない。しかし科学者は，追試としてもう一度調査を行わないかぎり，そのような結論を出すことは避けなければならない。もし2回目の調査を批判的合理主義者のフレームワークで行うとしたら，その仮説は，「カフェインは膵臓癌の原因となる」というものになるだろう。

　最初に行われた100種類の癌についての広範な調査の結果，膵臓癌が統計的に有意であることがわかった。突っ込んだ議論は避けるが，ここで統計学的な解析法について簡単に触れておくのが有用だろう。もし最初の調査のデータについて適切な統計的検定[4]を行い，確率，すなわちp値が0.05（この値は，有意であると判断される閾値としてよく使われる）になったとすると，実際にはカフェインと膵臓癌の間に関係がないのに，たまたま有意と判断された可能性が5％あることになる。したがって，100種類の腫瘍について調査すれば，そのうちのあるものについて，実際にはカフェインの効果とは無関係なのにたまたまポジティブな調査結果になったとしてもおかしくはない。実際この場合のように100種類の癌について調査すれば，5種類は偶然にポジティブになると予想されるのである。しかし，もし2回目の調査を1種類の癌に焦点を絞って行えば，その癌が再び偶然にポジティブと判断される可能性は最初と同じく5％である。つまり，別々に行われた2回の調査で，同じ種類の癌が偶然ポジティブと判断される確率は0.05×0.05，すなわち0.25％となり，実験を1回繰り返すだけで発見の確実性が劇的に増すことになる（実験の繰り返しについては，第8章で詳しく議論する）。ここで注意してほしいのは，最初に大雑把な仮説を立てて，ポジティブな結果を選び出す濾過装置を設定したことにより，100種類のうちの1種類の癌に焦点が当たることになり，それよりもっと可能性の高そうな「カフェインは癌のリスクを上昇させない」という結論には焦点が当たらなくなっている点である。カフェインが膵臓癌のリスクを上昇させるという結論を信じるためには，膵臓癌を引き起こす経路のどこかが，特にカフェインに対して感受性が高いと考えなければならない。特定の発癌物質が特定の癌を引き起こす現象が知られているので（例えば，アスベストは中皮腫を引き起こす），ポジティブな発見を否定してしまうのも適切ではないだろう。こういうときは，ポジティブな結果だけを選んでしまう濾過装置に依拠した結論をすぐに出したりしてはいけない。結果を適切に処理し，もっと焦点を絞った，明確な仮説に基づいた研究で確証が得られるまで，結論を先延ばしにすれば良いのである。そのような確証を得るための研究では，最初の研

4　　たぶん分散分析法が用いられるだろう。

究でポジティブな結果が出た点について，それを反証できるような仮説を立てればよい．批判的合理主義も厳密に従えば，そこから正しい結果を得ることが可能である．

　もちろん，「カフェインは癌を引き起こす」という仮説に対しては，別のアプローチの仕方もある．2回目の実験デザインに，疫学的ではなく薬学的なアプローチをとり，ラットにいろいろな量のカフェインを1年間経口投与するという方法をとることもできる．そして，コーヒーを毎日大量に飲む人の摂取量と同等の量のカフェインを1年間ラットに与え続けても，カフェインを投与されたラットがカフェインを投与されていないラットよりも癌になりやすいということはないというデータが得られたとする．

　ここでまた実験者は困難に直面することになる．このネガティブなデータを受け入れるべきだろうか，それともさらに実験を行うべきだろうか．何年間も異常な環境にさらさないと癌ができないのが普通なので，科学者は求められている効果[5]を得るためには投与量を増やさなければならないと考えて，さらに実験を進めることにするかもしれない．そしてラットは，普通の摂取量の100倍のカフェインを1年間にわたって毎日投与され続けることになる．ラットは極端にいらいらした状態になり，未処理の対照ラットよりも実際に高頻度で腫瘍ができるようになる．そしてこの高い発症率が，統計的に有意であることが確認される．ここで科学者は，カフェインが癌を引き起こし得ると結論する．そして，何十年にもわたるカフェイン消費によってヒトが長期間カフェインにさらされた状態になることのモデルとして，上記のように投与量を増やすことは必要だったと考察するかもしれない．

　この場合も，これらの結論（カフェインは癌を誘発し，カフェインの投与量を100倍に増やしたのは通常の量を長期間摂取することを正しく再現するモデル実験となっていた）は正しいと証明されるかもしれない．しかし，ここで得られたデータだけをもとにして，これらの結論が有効であると言えるだろうか？　実際には，この実験で用いた仮説のフレームワークが，ポジティブな結果が得られるまで科学者に投与量を増やさせたのではなかっただろうか？

　普通の量のカフェインは癌を引き起こすことはないが，大量のカフェイン，たとえば通常量の100倍のカフェインは，本当に腫瘍形成経路の引き金を引く可能性がある．この話は，どのように正確なモデルをデザインするかについての議論を行う第16章へとつながる．時には，通常の微量な遺伝子産物の働きを再現できるような系を組むことが，実験的に不可能な場合もある．対照的

5　「求められている効果」という言い方に注意．特定の効果を他の効果よりも求めるなどということは，科学者の仕事だろうか．

に，薬品の投与量を劇的に増加させることによって，その薬品がどんな作用を持っているのかについて，非常に有用なデータが得られることもある。しかしこのような操作は，証明されていない仮説を証明するために，つまり，あらかじめ結果の決まった「必要性」を満たすために行われてはならない。そのような実験は，正常な環境中濃度で癌を引き起こすプロセスを調べられるような条件で行われなければならない。したがって，例えば「ある特定のメカニズムが原因となっている」というような，前もって結論が決まっている宣言文があったとき，その宣言文のとおりに因果関係を確立できるようにデータを濾過してしまったら，有用な結果は何も得られない。別の言い方をすれば，もし「カフェインが膵臓癌の原因になる」と結論されれば，この仮説のフレームワークは，膵臓癌のもっと可能性の高い原因を探求することを要求しない。それどころか，議論からそのような探求を除外することになってしまうだろう（仮説が既に証明されているのに，どうして別の原因を探る必要があるだろうか）。

　次に述べるのは，仮説がどのようにしてデータに不適切な濾過装置を設定してしまうかを示す第二の実例である。「酵素 X の活性化が癌の原因になる」という仮説を考えてみよう。今度の例では，この仮説は実際の発見に基づいて立てられたという長所がある。酵素 X は，通常は別のタンパク質によって活性化されないと活性を持たないが，ある科学者が大腸癌から酵素 X の遺伝子をクローニングしたところ，その遺伝子は突然変異を持っており，常にこの酵素が活性を持つようになっていたのである。酵素 X の活性化が癌の原因になるという仮説を検証するために，その科学者は常に「オン」になっている酵素 X の突然変異体（常に活性化されている突然変異体）をつくる遺伝子を作成した。ネガティブ対照として，正常型の酵素 X をつくる遺伝子も作成した。そして，突然変異型と正常型の酵素 X 遺伝子を，それぞれ細胞に導入した。常に活性化している突然変異型酵素の遺伝子を導入した細胞は，実際に癌化した表現型を示すようになり，それをマウスに注射すると腫瘍が形成された。正常な酵素 X の遺伝子を導入した細胞は癌化せず，その細胞をマウスに入れても腫瘍を形成しなかった。実験を 10 回繰り返したが，いずれの場合も同じ結果だった。この結果には何も問題がないように見える。もしこのようなデータが私の研究室で得られたら，少なくとも最初は，私もたぶんそうとう興奮するだろう。しかしここで，もう少し批判的になってみよう。

　もし，この実験で使った細胞が，通常は酵素 X を発現していないものだとしたらどうなるだろうか。さらに，通常の状態で酵素 X を発現している細胞は，常に活性化している酵素 X が発現した場合には，他の細胞とは違う反応を示すとしたらどうなるだろうか。この細胞は神経細胞に分化し，腫瘍は形成しないのである。こうなると，酵素 X が癌を引き起こすという仮説はどう

なってしまうだろうか。たぶん，この仮説が正しいとはもう信じられないだろう。しかし，結論を急がないでほしい。さらに実験を重ねて，通常は酵素Xを発現していない大腸の細胞が，ある条件では酵素Xを発現するようになり，そのような条件においては大腸細胞に癌を引き起こすことがわかったらどうだろうか。そうなると，「酵素Xは大腸癌の原因となる」という，新しい仮説を提示することになるだろう。さて，このような仮説に本当に落ち着くことになるのだろうか。もともとこの遺伝子は，大腸の腫瘍からクローニングされたものであった。ところが，あらためて大腸の腫瘍100種類を調べたところ，いずれにおいても酵素Xは活性化されていなかった。したがって，突然変異を起こした酵素Xが大腸癌の原因になりうるとしても，実際にそれが大腸癌の原因になっている例はかなり少ないらしいということになる。最終的に，新しい発見がなされた。脳腫瘍において細胞が酵素Xを発現すると，腫瘍細胞が神経細胞に分化して，腫瘍が治癒する傾向があるのである。酵素Xを活性化する別のタンパク質で処理すると，腫瘍は神経細胞に変わってしまう。こうして，もともと科学者を「酵素Xは癌を引き起こす」という考えに集中させていた仮説からスタートして，「酵素Xの活性化は，実際は癌を抑制する場合がある」という発見に至った。この例において仮説を事前に定式化することは，実験プログラムにとって何かの役に立ったであろうか。それとも，障害になったであろうか。「酵素Xの活性化が癌の原因になる」という仮説は，酵素Xが腫瘍を引き起こすかどうかを調べる実験ばかりを研究者に行わせることになる。この仮説は，腫瘍になりうる細胞が，腫瘍になる前の正常な状態でも酵素Xを発現しているかどうかを調べることは，まったく要求していない。また，この仮説は，腫瘍が形成されていないときに，どんな細胞で酵素Xの遺伝子が活性化されているのかを調べることも要求していないし，遺伝子の活性化が細胞にどのような影響を与えるのかについて調べることも要求していない。さらに，自然に生じたどんな腫瘍でこの酵素が活性化されているのかを決定することも要求していない。この仮説が調べることを要求しているのは，この遺伝子が活性化されたときに癌を引き起こすかどうかということだけである。効率的に実験をデザインするには仮説とは違うフレームワークを使うことが有効なのではないかということは，第4章で議論する[6]。

　上の話は，仮説がその本来の性質として，ポジティブ／ネガティブなデータの濾過装置として働いてしまうことを示している。それによって，重要なデータが「ポジティブではない」とみなされてうっかり捨てられたり，ポジティブであるというだけでそのデータが必要以上に重要視されたりしてしまうのである。

科学者は，仮説を否定しても報われないが，仮説が正しいことを確認すれば報われる

　先ほど，ポジティブな結果が出るまで実験が無理に引き延ばされたり，改編されてしまう例の話をした。このような問題について考えるときは，個人の誠実さを疑おうとしたり，不正だと非難したりしてはいけない。科学者が結果の解釈の基準を変えてしまうのは，ネガティブな結果が出た場合，実験が正しくデザインされていなかったから結果がネガティブだったのではないかというやっかいな問題につきまとわれてしまうからである。言うならば科学者には，ポジティブな結果が出るまで実験の構成内容を変え続けようとする誘惑が最初から組み込まれているのである。もしこのような誘惑を自覚できたら，それに負けないようにしなければならない。このような可能性があることを指摘しておくことは，科学者へ注意を喚起することになるだろう。なお，統計学のフレームワークにおいては研究を始める前にあらかじめポジティブとみなす基準を設定しておかなければならないので，統計学の適切な知識がこの問題に対処するために有用であることを覚えておいてほしい。

　他の要因も，科学者が「ポジティブ」なデータを追い求めようとする原因になり得る。我々は経験主義に基づいた科学を扱っているのだから，人間的な動機や心理学的な影響は実験プログラムから簡単に取り除けると思うかもしれない。しかし，この「人間的要素」が科学に関わってこないようにしようと思ったら，科学者を研究に駆り立てるいくつかの動機について論じなければならない。このことに関係する1つの事実がある。科学者は，仮説が誤りであることを確認したときよりも，仮説が正しいことを確認したときのほうがはるかに報われるのである（仮説はもともと確証が得られるべきものとはみなされていないはずなのに）。評価の高い雑誌，あるいはたとえ評価の低い雑誌であっても，一般に，ネガティブなデータは論文として出版してくれない。実際問題，どうしてネガティブなデータを出版する必要があるだろうか。間違いだとわ

---

[6]　ところで，酵素Xにあたる酵素は実在する。それは受容体チロシン・キナーゼTrkAという大腸癌で発見された酵素で，大腸癌では突然変異が起きて活性化されていることがわかっている。しかし，TrkAが大腸癌の一般的な要因になっているかどうかは明らかではなかった。線維芽細胞でTrkAを過剰発現させると，TrkAは細胞の表現型を癌に似たものに変えることができた。しかし，TrkAが神経原性PC12細胞の中で活性化されると，それは神経細胞への分化を誘導することがわかった。複雑な話ではあるが，シンプルな仮説がポジティブとネガティブの無用なフレームワークを設定してしまうため，ものごとの全体像を明らかにするのを助けるよりもむしろ隠してしまうことを見せつけてくれる。

かったアイディアについての論文を，誰が読もうと思うだろうか。また，研究資金の助成を行っている団体は，たとえそれがどんなに冴えた仮説だったとしても，間違いだとわかった仮説を提案した人にどうして研究資金を出さなければならないのか。そして，仮説を支持する証拠を見つけることに「成功」しなかった研究者に，どうして大学が終身在職権を保証しなければならないのか。

　この世界に入ったばかりの新人科学者は，仮説を用いた実験フレームワークがどれほど科学の世界に浸透しているかを知ったら驚くかもしれない。実験を評価する基準がいったん設定されたと思ったら，それが科学者を評価する基準になり，ポジティブとネガティブの二分法が科学者の査定にまで使われるようになってしまうのである。しかし次に述べるように，このような問題の影響を受けにくいフレームワークも存在する。

科学者は仮説が正しいと証明することに情熱を傾けるものだが，そのような科学者の性向の影響を受けにくいフレームワークもある

　実験科学者に対する心理学的な影響については多くの文献があるが，実際に実験台に向かっている研究者や，実験をデザインし，データを解釈している人々にその内容はほとんど伝わっていないようである[7]。しかし，人間の感情的な要素が実験に影響を及ぼし得ることが認識できれば，それを知らないときよりもずっと簡単にそのような要素を実験から排除できるようになるだろう。

　仮説は本質的に科学者が構想したものだが，そうであるからこそ，科学者は自分自身が構想したものに対して誇りを持っているだろう。そして仮説は本質的に結論と同じ文法的構造を持っているため，自分のアイディアに対する感情的な思い入れが，証明されたことと証明されていないことの敷居をさらに曖昧にしてしまう。そしてこのことが，自分の仮説を積極的に証明するように科学者を仕向けることになる。

　あるいは，研究室の主宰者が仮説を立てて若い大学院生に研究を行うように

---

[7] 実際，ポパー（*The logic of scientific discovery*, 2002. Routledge, New York）は，心理学はアイディアを論理的に検証することとは無関係なものであるとして，心理学を退けている。そのかわりに彼は，どのようにしてアイディアが心に浮かぶのかを解析するような心理学については，「心理学が役割を果たすべき場所」として焦点をあてている。そして，科学の現場で実際に作用して，自分のアイディアを守ろうとする働きをする心理学については論じていない。そのようなことを彼が論じなかったのは，皮肉なことではある。

指導したような場合，その学生は，仮説が「真」であるという思い込みを抱いてしまう懸念が生じる。実験結果の解釈を客観的に行い，データを出した者だけの解釈に依存しないようにすれば，このようなことは問題にならないかもしれない。しかし，実験データに主観的な要素が含まれている場合には，観察者が仮説の影響を受けないように特別な注意を払わなければならない［これに関連する盲検法（blind observation）の威力については第12章で議論する］。ここでは，「研究者の思い込みや実験のフレームワークに対する心理的な影響を最小限に抑えることは可能だが，この問題を自覚しない限り，それらを適切に制御するための方策が実験デザインに組み込まれることはほとんどない」ということだけは認識しておいてほしい。

仮説にかわるもうひとつのフレームワークは，仮説が持っている問題点の影響を比較的受けにくい

　仮説が，それ自身を支持するデータを無理に集めさせる誘惑を生むという点について，あなたは実験科学者としてまったく同意できず，激しく反対するかもしれない。しかし，仮説にかわるフレームワークがあり，それを使えばどんな実験結果も同じくらい重要なものとみなせるようになるとしたらどうだろう。すべての実験結果を「ポジティブ」とみなせるように実験を組むことができ，再現性がありさえすれば，出た結果はすべて有用なデータになるとしたらどうだろう。もしもあなたが批判的合理主義は良いやり方だと信じていたとしても，そのような方法があったとしたら，批判的合理主義者のアプローチの仕方よりもそちらのほうが良いと思わないだろうか。

　この後の章で，仮説にかわるフレームワークを提示していく。さらに，仮説が実質的に役に立たないような場合があることを例示して，それによって，仮説にかわるフレームワークが必要であることを説明しよう。

要約と注意

　この章では批判的合理主義に対して批判を浴びせてきたものの，この哲学的なアプローチの仕方は，科学がおそらく最も多産だった時代に最もよく使われたものだった。したがって，実験をうまく組むために仮説を立てることが有用

なのは間違いない。しかし，経験を積んだ科学者なら，仮説を不適切に用いることで無理なデータ解釈をしてしまう場合があることを認識しており，批判的合理主義のフレームワークには問題になりうる点があることを警戒していたはずである。次の章では，批判的合理主義にかわるフレームワークを提示する。そのフレームワークにおいても仮説を用いることはできるが，そこでは「問題」，あるいは「問い」が支配的な役割を果たす。その後に実験における対照という，非常に大きな問題にアプローチする。

　次の章に進む前に，カール・ポパーと批判的合理主義には，これまでにも多くの哲学的批判が行われてきたことを知っておいてほしい。ポパーに対する批判の多くは，帰納的推論に対する彼の批判は首尾一貫したものだったかとか，実際は帰納的推論を仮説に紛れ込ませていたのではないかといった，哲学固有の問題についての批判である。しかし，私はこれらの批判者とは対照的に，帰納的推論は最も生産的な実験システムで使われるものであり，帰納的推論が批判的合理主義に忍び込むという事実こそが批判的合理主義の取り柄になっていると主張したい。この本を読んでいる哲学者は，このような意見は乱暴すぎると思うかもしれない。しかし，そのような哲学者は，ヒュームやカントやラッセルが，わずかな経験に基づいているといって（例えば経験主義は特に経験に基づいているわけではないことを指摘して）帰納を否定した時代の科学と今日の科学とは，まったく異なるものになっていることを考慮すべきである。現代の科学では，さまざまな道具を使って膨大な量のデータに基づいた経験主義的アプローチをとることが可能になっている。例えば，以前は適当にサンプルを釣り上げただけだといって捨てられてしまったような実験も，今や包括的な解析を行い得るものになっている。このような状況では，経験主義は実際に真に包括的なものになり得るのであり，過去に行われた帰納的推論に対する批判は，今日では適切ではなくなっている[8]。

　帰納的推論に対するこれ以外の反対意見については，第9章と第18章で議論する。

8　しかし，これらの批判があることは認識しておかねばならない。なぜなら，これらの批判は，推論から導き出された結論のどこに限界があるかを意識しておくのに有用だからである。帰納的推論に対する過去の批判については，本書全体を通して触れることになる。

3

仮説が実際的ではない科学研究の例

　1990年代，仮説の必要性を無視するようにして，いくつかの非常に巨大な生物学研究プロジェクトが開始された。例えば，明確な仮説がないにもかかわらず，いろいろな生物ゲノムの塩基配列決定プロジェクトが始められた。それらのプロジェクトは，動物や植物，さまざまな細菌の全DNA塩基配列を決定しようとするものであった。

　ヒトゲノムの塩基配列の決定の際には，研究のフレームワークとなるような，反証可能な仮説は存在したのだろうか。私たちは，ヒトのゲノムが約30億塩基対[1]から成っていることを今では知っている。ここでいう塩基とは，遺伝に関係するG（グアニン），A（アデニン），T（チミン），C（シトシン）の4種類の塩基のことである。ゲノムの塩基配列の決定によって，ゲノムのいろいろな領域を既知の遺伝子の塩基配列と比較できるようになった。そして遺伝子発現についての既存の知識を援用することによって，どんどん高い信頼性で，ゲノムのそれぞれの領域からどんな遺伝子産物がつくられるかを予測できるようになっていった。

　もしも，もとの塩基配列決定プロジェクトが仮説によるフレームワークに基

1　オークリッジ国立研究所の Human Genome Project Information より ［http://www.ornl.gov/sci/techresources/Human_Genome/publicat/primer/prim1.html］。

づいており，その仮説が次のような構造のものだったとしたら，どうだっただろうか。「ゲノムの全塩基配列がわかれば，ヒトのさまざまなことに関わっている遺伝子を見つけることができる」。ヒトのゲノム中に存在する遺伝子が，ヒトのさまざまなことに関わっているのは自明だから，この言明を反証することは不可能である。したがって，このような言明は仮説ではない。これは論理であり，願望である。

　それでは，「ヒトゲノムのある遺伝子群が，既知の他の遺伝子と関係がある」という仮説を立てたら有効だっただろうか。そのような仮説は，確かに反証可能だっただろう。「ヒトのゲノムには，インスリンと関係のある遺伝子が10個ある」という仮説は反証可能なので，批判的合理主義のフレームワークの中では有効である。そのような仮説は，ゲノムの全塩基配列を決定する際の言い訳としてなら使うことは可能かもしれない。しかし，実際のところ，そのような理由では，誰がこんな巨大プロジェクトを本気で進めようとするだろうか。「ゲノムの中には，既に見つかっているもの以外にもインスリンに関係する遺伝子群が存在する」とか，あるいはもっと守備範囲の広い仮説，例えば「ゲノム中には，（特定の遺伝子ファミリーに属する）受容体に関係する遺伝子群が存在する」というような仮説であっても，それを検証するための研究プロジェクトに，何十億ドルもの資金と，多くの人々の計り知れない時間を費やすことを想像してほしい。そのような仮説の検証のためにこのような巨額の資金を費やすのはあまりに不釣り合いであり，まず初めに「真面目度検定」で落とされてしまうだろう。

　ヒトゲノム・プロジェクトで，実際に何が起こったのかを振り返ってみよう。J.クレイグ・ベンター博士は，このプロジェクトで主要な役割を演じた一人である。ベンター博士は米国議会でゲノム塩基配列決定の目的について証言したが，その際に彼は，仮説を提示する必要があると思ったらしい。議会で彼は，次のように陳述した。「このアプローチは成功する，というのが私達の仮説です」[2]。

　このエピソードが示すように，ヒトゲノム・プロジェクトの場合，仮説を必要としなかったのは明白なようだ。このように，人類の歴史上最も巨大で最も労力を要した生物学上のプロジェクトに仮説は特に有用ではなかったが，ゲノムの塩基配列を決定することで，きわめて有益な情報を人類が得ることができたのも明白である。

2　1998年6月17日，米国議会科学委員会エネルギー環境部会におけるJ.クレイグ・ベンター博士の証言原稿。（訳注：次のURLで原文を読むことができる。http://web.archive.org/web/19990428081404/http://www.house.gov/science/venter_06-17.htm）

ゲノムの塩基配列を決定する際に，フレームワークとして何かが必要だったのだろうか。あるいは，フレームワークというものが現実に存在していたのだろうか。塩基配列の決定を成し遂げるのに必要な労力はたいへんなものであり，その動機付けのためには間違いなく何かが必要であった。プロジェクトを行う際に人は，意味もなくデータを集めるわけではない。データは，理由があって集められるのである。しかし，研究の動機は，フレームワークとは異なるものである。

　ヒトゲノムの場合，ある研究の過程で遺伝子を単離して調べることが必要になると，研究プロジェクトの進行が長期間にわたって停滞してしまうことが多く，そのため，塩基配列の決定はその場しのぎに必要最小限しか行われていなかった。そのことを多くの研究者が認識していたのである。ベンター博士は，限定された塩基配列決定プロジェクトにたずさわった経験があり，そのような仕事をもっと早く終わらせることができるようにしたかったのである。彼はたぶん技術それ自体に熱中するようになり，ちょうど登山家が高い山を見るときのように，このプロジェクトを解決すべき大きな問題として見ていたのだろう。しかし，このプロジェクトが進められていたときは，巨額の資金を既に与えられている状態で，「"それがそこにあるから"ゲノムの塩基配列を決定している」とは，誰も言うわけにはいかなかった。彼らには，合理的な理由付けが必要だった。そして，研究資金を得るための理由付けのひとつが，「ゲノムを理解することは，ヒトの病気の治療法の確立にかかる時間を短縮できる」というものだった[3]。この理由付けは実際に，ヒトゲノム・プロジェクトにかかわった多くの（あるいはすべての）人々にとって，誠実で偽りのないものだっただろう。1990年代後半にゲノム研究の会社に資金を提供した投資家たちはおそらく，ゲノムの塩基配列決定がクールだ（格好いい）と思ったからそうしたのではなく（たしかにそれはクールではあったが），役に立つ結果が得られると期待して投資したに違いない（そして実際に，役に立つ結果が得られた）。

　「ゲノムを理解することは，ヒトの病気の治療法の確立にかかる時間を短縮できる」という理由付けは，仮説として組み直すことは可能だっただろうか。答えは，ノーである。なぜなら，それは反証することができないからである。ゲノムの塩基配列の情報がなくても，病気の治療法は同じくらい早く確立できたのではないかということは，時間を戻すことができないのでわからない。ヒトゲノム・プロジェクトの合理的根拠は「それそのもの」，つまりゴールする

---

[3] *The genome war : How Craig Venter tried to capture the code of life and save the world*, by James Shreeve, 2004. Knopf, New York.（邦訳：『ザ・ゲノム・ビジネス―DNAを金に変えた男たち』古川奈々子訳，角川書店，2003年）

こと自体であった。

　ここで私たちは，動機に関する心理学的問題に直面している。それは，科学の研究に有用な，どんなフレームワークとも異なるものである。癌を治療するとか，人類の役に立つとか，終身在職権を得るとか，金儲けをするとか，有名になるといった目的は，科学者が研究を行う動機にはなるかもしれない。しかしそれは，実験のデザインやデータの解釈の指針にはならないので，研究プロジェクトのフレームワークとしては役に立たない。これは研究の目的に意味がないということではなく，研究のフレームワークとしては機能しないと言っているのである。

　ヒトゲノム・プロジェクトに認識可能なフレームワークはあったのだろうか。単純に考えるとそれは，ゲノムそれ自体——巨大な未知のもの——であった。塩基配列を知りたい者にとってはそれが問題であり，その問題は解かれる必要があった[4]。問題／解答の組み合わせは，「問い」として書き直されたときに，実験プロジェクトのより明確なフレームワークとして機能し得るであろう。例えば，

　　問い：ヒトゲノムの塩基配列は，どのようなものか。

　この「問い」や，「問いをフレームワークとして使うこと」については，第4章で議論する。ここでは，ヒトゲノムが解明されたあと，何が起きたかを説明しておくことが有用だろう。ヒトゲノム解読後の歴史は，どの時点で仮説が提示されるようになったかを教えてくれる。そしてそのことは，仮説が提示される前に何が準備されていることが必要かを教えてくれるからである。

意味のある仮説を立てるためには，その系に関する知識が前もって得られていることが必要である

　ヒトゲノムの塩基配列の決定で得られたデータを，既知の解析の進んでいる遺伝子の塩基配列と比較してみると，機能のわかっている遺伝子との塩基配列の類似性を探すことによって，新しい遺伝子を同定できることがすぐにわかった。また，その類似性から，新しく同定された多くの遺伝子について，どんな

4　問題と解決の二分法は，それ自体，特に哲学者のマルチン・ハイデッガーによって批判の対象にされてきた。しかし，彼の思想については，この本では取り扱わない。

機能を持っている可能性があるか推測することができた。例えば，これまでに受容体チロシンキナーゼと呼ばれる一群のタンパク質をコードする遺伝子が4種類知られていたとする。そして，ヒトゲノム・プロジェクトによって，ヒトゲノム内にこれとよく似た塩基配列を持つ遺伝子が新たに20個発見されたとする。この場合，これらの新しく発見された遺伝子は，受容体チロシンキナーゼをつくる遺伝子であると予測することができる。

このような予測は，例えば「ナンバー278の遺伝子は，受容体チロシンキナーゼの遺伝子である」というように，仮説として定式化することができる。この仮説は完全に検証可能な仮説であり，批判的合理主義のフレームワークによく合致したものである。研究者は，ナンバー278の遺伝子からつくられるタンパク質を実際につくってみて，それがチロシンキナーゼとしての酵素活性を持っているかどうか検証することができる[5]。したがって私たちは，仮説が有用な世界に再び帰還できたことになる。意味のある仮説を立てることができなかった状態と，有用な仮説を定式化できる状態の間にあったのは，膨大な量のデータを集めるステップ（ゲノムの塩基配列の決定）であった。したがって，ゲノムの塩基配列決定によるデータ収集にまつわる何かが，ヒトゲノムを基礎として仮説を定式化するために必要だったことになる。

これは完全に論理的に見えるが，実際には，批判的合理主義者にとっては問題の多いところである。なぜなら，厳密に言うと，仮説は帰納を基礎として立てられてはいけないものだからである[6]。実際，仮説に基づくフレームワークが構想された動機は，帰納的推論（経験に基づく推論）が持っている問題点を回避するためだったはずである。

しかし，ヒトゲノム・プロジェクトの例は，一式のデータが前もって用意されていて，それをもとにしてある程度のことがわかった状態になっていないと，仮説を定式化することができないことを示す良い例になっている。同様

---

[5] 「チロシンキナーゼ」は，チロシンにリン酸基を結合させる酵素である。キナーゼは他の分子にリン酸基を付ける酵素の総称で，そのうち，チロシンキナーゼはアミノ酸のチロシンにリン酸基を付けるもののことである。「受容体チロシンキナーゼ」は細胞の表面にあるチロシンキナーゼで，分泌型の成長ホルモンに結合する。チロシンキナーゼの分子ファミリーに属するタンパク質は，よく似たアミノ酸配列の領域を持っている。

[6] これは，やっかいな領域である。ポパーは，より良い理論を対比することについてはポジティブな見解を持っていた。しかし，それと同時に，理論の基礎として経験主義を用いることは，否定していたようだ。これについては，例えばポパーの，*Conjecture and Refutations : The Growth of Scientific Knowledge*, 2002. Routledge Classic, London〔訳注：邦訳としては，藤本隆志，石垣寿郎，森博訳『推測と反駁―科学的知識の発展』（法政大学出版局）がある〕を参照。

に，「空は赤い」という言明は，まず初めに，少なくとも空には色があり，その色は可視光のスペクトルの範囲内にあるということがわかっていないと定式化することができない。これらの仮説の定式化において，空の色合いの候補として選ぶことのできる色は，ヒトゲノムの塩基配列と厳密に相同的である。

ヒトゲノム・プロジェクトについては，認識しておかなければいけないことが他にもある。ヒトゲノム・プロジェクトは，仮説がない状態で遂行されたにもかかわらず，それは実際に完了し，ヒトゲノムの正確な塩基配列を有用な情報として人類に提供してくれた[7]。この巨大プロジェクトにおいては，最初は明確な仮説が立てられない状態だった。このことは，仮説がそもそも必要ないことを証明している（非常に複雑で，推測でものごとを進めることができないようなプロジェクトに仮説が不要だとしたら，もっと簡単な問題を解くときにどうして仮説が必要だろうか）。

要約

第2章で，仮説を用いるフレームワークに重大な落とし穴があることを論じたが，そこでは，仮説をまったく用いなくても有用な実験が行えることについては説明しなかった。実験プロジェクトの種類によっては仮説を受けつけることのできない場合があることを，ヒトゲノム・プロジェクトが少なくとも1つの実例として示している。そしてこの例は，最初に結果を予想することができなくても未知のことを解析できることを示しており，また，そのような解析は非常に大きなスケールで行えることを示している。このようなことが可能なのに，もっとスケールの小さい，結果の推測が可能なプロジェクトの場合に，どうして仮説を用いたフレームワークが必要なのか，疑問を抱かざるをえない。

---

7   完全に正確なものではない。塩基配列の間違いは，まだ訂正され続けている。

4

問題や問いを科学プロジェクトのフレームワークとして使う
帰納的推論への招待

　どうすれば「空は赤い」という仮説を使える形にできて，実験から意味のあるデータを出せるようにできるのだろうか。ここで，人々が毎日生活している中で，実際にどのようにして情報を集めているのか考えてみよう。自分を「科学者」などと思っていないほとんどの人が，「問い」を発することによって情報を集めているのである。

帰納的フレームワークのモデル：連続的質問による問題解決法は，どうしたら有効なものにできるか

　あなたはニューヨークを訪問中の旅行者で，ブロードウェイ116番通りのコロンビア大学に着いたところだとしよう。あなたは，これからカーネギー・ホールに行きたいが，どのようにして行けばよいのかわからない。さて，どうするだろうか。たぶんあなたは，「ブロードウェイを南に行き，57番通りを右に曲がればカーネギー・ホールに行ける」[1]という仮説を立て，それを反証することによって正しい解答が得られるまでひとつずつルートをつぶしていく……などという方法はとらないだろう。このような方法を，「仮説反証」アプ

仮説の検証

問いと答え

図 4.1. 仮説の検証によってある場所から別の場所にたどり着こうとするのがいかに難しいかを表した漫画。ここでは，ニューヨークのある場所からカーネギーホールに行くために，仮説の反証を行っている。「いいえ」という答えを得ることは何度でもできるが，前に進むことができない。それに対して，問いをフレームワークにして同じプロジェクトを行えば，遥かに速くプロジェクトを進めることができる。

ローチ法と呼ぶことにしよう。もうひとつのアプローチ法は，「どうすればカーネギー・ホールへ行けますか？」と問いを発することである（**図 4.1**）。あなたの質問に答えてくれるニューヨーカーを見つけることができれば[2]，3つのルートがあると教えてもらえるかもしれない。そうすればあなたは，どれ

1 　実際は，57番通りを左に曲がらなければいけない。

2 　「実践，実践，実践あるのみ！」などと言わずに。

が一番良いルートかを次に質問することができる。ただしその際，あなたが何を「一番良い」と考えるか，あなたのパラメーターを相手に提示しなければならない。例えばあなたはリンカーン・センターの脇を通って行きたいのだろうか。それとも，できるだけ早く目的地に着きたいだけなのだろうか。それを伝えればニューヨーカーは，今が何時なのかも考慮して，ちょうど良さそうなルートを教えてくれるだろう。しかし，これは重要なことなのだが，あなたが教えてもらったことは，そのニューヨーカーの限定された知識に基づくものであり，他にもっと適切なルートがある可能性もある。このように個人の経験に限界があることが，前に述べたように，帰納的推論に対する批判の対象になっている[3]。実際，少数の限定された観察が事前に行われていた場合，それが不適切な情報濾過装置として働いてしまうこともある。カーネギー・ホールに最も早く着けるルートは，すべてのルートをあらかじめたどって到着までにかかる時間を計測し，さらにそれを繰り返し行って再現性を見てからでないと，正確に旅行者に教えることはできない。

　しかし，以前に行われたような帰納的推論に対する反論は，膨大なデータを取り扱う技術が進歩したことによって，今ではそれほど有効なものではなくなっている。例えばニューヨーカーをつかまえて方向を聞くより，今はコンピューターを使ってニューヨーク市のすべての道についてのデータにアクセスしたほうが良いだろう。そうすれば，コロンビア大学からカーネギー・ホールに行くルートをすべて参照できることになり，考えられるあらゆるルートを考慮に入れて，あなたの質問に答えを出すことができるだろう。実際，生命科学の最近の大きな進歩は，この例と同じように，膨大なデータ一式を用いて研究を行えるようになったことである。これについては，もっと生物学寄りの問題を取り扱うときにまた議論しよう。膨大な量のサンプルにアクセスできるようになったことで，我々は，経験が限られていることから起こる問題を大幅に減らすことができるようになった。そして，全体を代表できないようなデータを採用してしまう可能性は，最小限に抑えられるようになっている。

　道順を調べる話を続けよう。コロンビア大学からカーネギー・ホールにどうしたら一番早くたどり着けるか調べるために，あなたはコンピューター・プログラムを使うことに決めたとしよう。ニューヨーカーに道を尋ねたときのアプローチの仕方と同じように，あなたがコンピューター・プログラムに向かうときの最初のステップは，問いを発することである。そのコンピューターには，

---

[3] 今，私たちは，西洋文明の偉大な哲学者であるイマヌエル・カント，デイビッド・ヒューム，バートランド・ラッセルたちに向き合っている。ヒュームとカントについては，第9章でもっと直接的に論じよう。

1000台の自動車にコロンビア大学からカーネギー・ホールへのありとあらゆる道路を走らせ，それぞれの自動車がかかった時間を測定したデータが入れてある（そのデータは，そのコンピューター・プログラムが自由に使える大きなデータベースの一部となっている）[4]。そして，コンピューターに質問を入力すると，あらかじめ測定して入力してあった時間が呼び出される。さらに，そのプログラムは交通情報を常にモニターしており，現在通行止めになっている道路は出力から除外されるようになっている。その後，コンピューターが計算を行い，出力情報が生成される。その出力は，過去の経験をもとにした予測とみなすことができる。ここで言う過去の経験とは，自動車を使って実際にデータをとったときに最速だったルートのことである。しかし，より正確に言えば，出力される情報は単に，あらかじめ入力されたデータをもとにして出された結論であって，そこから正しい結果が得られるかどうかは実際に確かめてみなければわからない。出力された情報はこちらに提示された問いであり，それが正しいかどうか，答えが出されるのを待っているのである。このプログラムがいつでも最速のルートを正確に予測できるかどうかは，実験で確かめる必要がある。実験を行えば，プログラムが正確な答えを出しているかどうかがわかり，プログラムが有効かどうか確認できる。プログラムの正確性は，プログラムが最速と判断したルートとそれ以外のルートを実際に自動車で走り，到着するのにかかる時間を測定することで確認できるだろう。もしこのプログラムの予測が一貫して（統計的に有意に）正確であれば，この方法が有効であると確認できる。もしもこのプログラムが不正確ならば（たとえば，プログラムが出力したルートよりももっと早く目的地に到着できるようなルートが一貫して見つかるような場合なら）プログラムを見直し，もっとたくさんのデータを加えて確認実験を繰り返すことによって，正しい答えを出すプログラムをつくりあげることができるだろう。

　この，コンピューターによる道路調査プログラムの例え話は，帰納的科学が実際にどのように行われるかを例示したものである。実験プログラムは，「A地点からB地点への最速ルートはどれか」というような問いに答えを出せるようにデザインされる。そして，データが集められ，データに基づいた解答が用意される。その解答は，統計的に有意な形で未来を予測できているかどうかを調べることによって，有効性がチェックされる。未来の予測に成功することが，問いに対する答えが「正確」かどうかを決める基準である[5]。

4　この方法は，地図を調べるためのプログラムが実際に採用している方法ではない。ここで述べているのは，帰納法で実験がどのように行われるかを示すための単なる例え話である。

帰納による検証も，仮説による検証も，未来予測によって有効性が確かめられる

「カーネギー・ホールに行く最速のルートはどれか」という問いに対して，正しい答えが得られているかどうか確かめたいと思っているとしよう。もしあなたが，批判的合理主義に対する批判はナンセンスだと思っているのなら，「私のコンピューター・プログラムが勧めるルートは，カーネギー・ホールへの最速のルートである」という仮説を設定してもよいだろう。そして，コンピューターが勧めるルートと，対照となる別の複数のルートをたどって，それぞれのルートにかかる時間を測定し，比較することによって，この仮説が否定できるかどうか調べることができる。仮説による検証の落とし穴に陥らない限り，このようなアプローチ法はあなたを「真実」に導いてくれるだろう。仮説によらないもうひとつのアプローチ法では，単純に，「コンピューター・プログラムが勧めるルートをとれば，カーネギー・ホールに最速で着けるだろうか」という問いを発することでコンピューター・プログラムの正確性を確かめることができる。

問いが発せられたゆえに，それに対する解答は，提示されたルートが本当に最速のルートなのかを決めるための実験的検証に基づいたものでなければならなくなった。どちらの場合でもその結果は，統計学的な分析の対象となりうるものである。

それぞれのアプローチ法の比較

これまでに述べたことを定式化するために，これら2つのパラダイムを同時にながめてみよう。

批判的合理主義のやり方では，そのアプローチ法は次のようになる。

5 　未来を正確に予測できる能力は，カール・ポパーに仮説を用いることを提唱させた「境界」と同様のものと見ることができる（訳注：ポパーは，科学と非科学を分ける境目のことを「境界（demarcation）」と呼んだ）。ポパーは，仮説を反証することは容易だが，何かが正しいことを証明するのははるかに難しいので仮説が必要だと言ったが，彼はまた，仮説が反証可能なことが明確な「境界」を提供していると主張した。しかし私は，問いに対する答えが，統計的に有意な形で未来を成功裏に予測できる場合，それは，ポパーが述べたような「境界」を提供していると主張したい。

1　実験プロジェクトとして採用することに決める。

2　仮説を立てる。

3　仮説の反証を試みる。

4　結果を得る。

5　仮説の検証を繰り返すことによって，結果が正しいかどうか決定する。

質問−解答のやり方では，アプローチ法は次のようになる。

1　実験プロジェクトとして採用することに決める。

2　問いを発する。

3　答えを得る。

4　「問いをもう一度発しても同じ答えが得られるだろうか」という問いを発することによって，答えが正しいかどうかを決定する。

　どちらも予測に基づいて実験を行うことが必要なので，一見この2つの方法は互いによく似ているように見える。したがって問題となるのは，質問−解答法を採用することが，科学者にとって，仮説反証法よりも何か利点になることがあるかどうかである。

科学プロジェクトのフレームワークとしての問い

　質問−解答法を批判的合理主義と対比するためには，仮説を用いることに対する批判をここで再び見直してみて，質問−解答法がそのような批判を免れることができるようになっているか検討してみるのが有用だろう。そこで，最初の仮説に戻ってみよう。

仮説：空は赤い。

　この仮説を，実験のフレームワークとして使えるような問いの形にするにはどうしたら良いだろうか。まずはこの文を，単純に問いの形にしてみよう。

問い：空は赤いか。

　この質問は，「閉鎖型」，あるいは「二元型」と呼ぶことができる。答えるときに，説明を付け加えることはできるが，基本的に「はい」か「いいえ」で答えることを要求しているからである。

　前に述べた道順を調べる例では，「カーネギー・ホールに行くにはどの道が一番速いか」という守備範囲の広い開放型の問いに対して，問題を閉鎖型（二元型）のたくさんの問いに分解することによって解答を得た。そこでは，それぞれの閉鎖型・二元型の問いは，「カーネギー・ホールに行くには，Xのルートが一番速いか」，「カーネギー・ホールに行くには，Yのルートが一番速いか」，「カーネギー・ホールに行くには，Zのルートが一番速いか」というような一般的構造を持っていた。これらの二元型の問いは，もっと守備範囲が広くて開放型な，「カーネギー・ホールに行くにはどの道が一番速いか」という問いに答えるための系統的な方法の一部として機能している。

　このように守備範囲の広い開放型の問いでなければ，実験プロジェクトのフレームワークとしては適当でない。どの二元型質問にも，もとの質問以上の質問を生じさせるような働きはない。例えば「カーネギー・ホールに行くにはどの道が一番速いか」という枠組みがなければ，「カーネギー・ホールに行くには，Xのルートが一番速いか」という問いの答えを，「カーネギー・ホールに行くには，Yのルートが一番速いか」という問いの答えと比較する必要性は生じない。守備範囲の広い開放的な問いが枠組みとして存在しない場合，実験者はXを不適切な限定されたデータと比較してしまい，限られた経験に基づいて帰納的推論を行う落とし穴にはまってしまうだろう。

　空の色を決める実験プロジェクトの場合なら，枠組みとして使える開放型の問いは次のようなものになるだろう。

問い：空はどんな色か。

開放型の問いを導き出す

　既に述べたように,「空は赤い」という仮説からすぐに導き出せる問いは,「空は赤いか」というものになる。この閉鎖型の問いでは,赤以外の色を守備範囲に含むような反復質問を導き出すことはできない。例えば,もしあなたが「空は赤いか」という質問から始めた場合,「空は青いか」という質問を発する必要性は特に見いだせない。

　あなたが空の色を決定する実験プロジェクトを始めることになり,その際,「問い」をフレームワークにしてそのプロジェクトを行うように命じられたとしよう。その場合あなたは,特定の色に関する問いを設定するよりは,「空はどんな色か」という開放型の問いからプロジェクトを始めることだろう。実際のところ一歩下がって考えてみると,仮説が存在せず,ただ単に空の色を決めることがもともとのプロジェクトだったとすれば,「空は赤いか」というような二元的な問いは,特定の結論に飛びつこうとする奇妙な問いとして,とうてい採用し難いだろう。空の色を正確に決めることがこのプロジェクトの目的なのに,そのプロジェクトのフレームワークとして,どうして特定の色に関するひとつの問いだけを発する必要があるだろうか。「空は赤いか」という問いは,より大きな枠組み（フレームワーク）の中で,一連の問いのひとつとして発せられるべきものである。そして,その枠組みが,開放型の問いなのである[6]。

　仮説から開放型の問いを導き出すのが簡単でないことは,仮説に対するもうひとつの批判とみなすこともできよう。すなわち,仮説はそれ自身の性質として特定のものに飛びつこうとするものであり,それが反証可能なフレームワークには必要なのである。それとは対照的に,連続的質問法にはそのような必要性はない。こちらの場合は,解答可能なイエスかノーかの二元的な問いに分解することのできる守備範囲の広い問いを発することで,科学者はその答えを得ることができる。開放型質問の網が大きければ大きいほど,それを分解した二元型質問では,「イエス」という解答を得る場合が多くなる。

6　どうしてそれが枠組み（フレームワーク）となるのか疑問に思うかもしれない。フレームワークとは,「真実」を明らかにするために必要な実験を科学者が行うときの実験プロジェクトの哲学的な構成概念である。ここではそのことを,統計学的に正確に未来を予測するのに必要な実験と定義する。このあと示すように開放型の問いは,望むところにあなたを連れて行ってくれるだろう。「空はどんな色か」という問いがどうしてフレームワークになるのかまだよくわからない場合は,とりあえず,「イエス・ノー型の二元的な問いではなくて,開放型の問いをフレームワークとして選ぶという決まりがある」と考えておいてほしい。

イエスかノーかの二元型の問いや開放型の問いは，結論とは異なる文法構造をとる

「空は赤いか」という問いは，「はい，空は赤いです」とか，「いいえ，空は赤くないです」とか，さらには「夜明けと日暮れには空は赤いです」というような，予想される答えとは異なる文法構造を持っている。「空は赤い」という仮説の場合は，その結論は元の仮説と同じ文法構造を持っていたことを思い出してほしい。

仮説（証明されていない）：空は赤い。

結論（証明されている）：空は赤い。

これを，問いと答えのフレームワークと比較してみよう。

問い（証明されていない）：空はどんな色か。

答え（証明されている）：空は青い[7]。

実験を始める動機となった陳述と，実験データに基づいて出された解析結果が，異なる形式になっていることはたいへん有益である。質問によるフレームワークは，実験をしない限り質問に対する答えはわからないという事実に，科学者を正面から向き合わせることになる。すなわち，質問によるフレームワークでは，科学者が証明された答えをまだ持っていないことが強調される。質問は，無知な状態をさらけ出させるために発せられているのである。このよう

---

[7] 明らかに，これは完璧な答えではない。しかし，このあとすぐに，答えの残りの部分がどうやって得られるかわかるだろう。今ここで出した例は，単に，質問と解答の構造が違っており，それがどうして科学者にとって有用なのかを読者に示すためのものである。読者はここで，私が仮説に対する結論よりも問いに対する答えのほうをわざと正確なものにして，議論遊びをしているように思うかもしれない。しかし，もしそう思うなら，これらがどのようにして導き出されたか思い出してほしい。仮説に対する結論が正しいものでなくなったのは，議論を一方の方向に向かうようにしむける仮説の効果で，結論が偏ってしまったのが原因である。ここで述べたような問いを単純に発すれば，「空は赤い」というような答えを出してしまう可能性は小さくなる。このことを説明するための議論は，本文でさらに続けていく予定である。

に，質問が無知を強調するのは，仮説の場合とはまったく正反対である。仮説は，科学者が結果について十分な知識を持っており，反証できないであろう（と科学者が望む）説を生み出すことができることを示唆してしまう。もっと正直に書けば，仮説はそれを提示した科学者に，「聡明にも実験をしないで現実に関する正しい説明を導き出した」と思わせてしまうのである。そして，この場合，その科学者の聡明さは，実験によってあとから証明されることになる。

問いは，特定の結果を要求しようとはしない

批判的合理主義者のフレームワークでは，仮説は反証するために設定される。反証の必要性と，仮説を証明したい科学者の欲求が相反するために，科学者はここではストレスのある状態に置かれてしまう。それとは対照的に開放型の問いは，実験者と実験結果との間に緊張状態を生み出さない。「空はどんな色か」という問いについて考えてみよう。この問いのフレームワークでは，空から届く光の波長を測定することによってどんな答えが得られても，それはすべて「ポジティブ・データ」である。そこでは，得られた答えを（空が赤いことを支持しているというような）前もって決められた成功の基準で「濾過」する必要性はない。どんなデータが出ても，「成功」とみなすことができる（**図4.2** 参照）。

どんな結果が出ても「ポジティブ」とみなせるように実験を組めることは，科学者にとっては現実的にたいへん重要なことである。実験者がもっとも恐れるのは，仮説を長い時間かけて追いかけた末に，結局それが間違いだとわかって時間を浪費してしまうことである。失敗するほうにバイアスがかかったフレームワークの中で研究を行い，「ポジティブ・データ」を出すことができずに研究の世界から去ることになってしまう若い研究者は数知れない。「空は茶色い」という仮説を証明するように命じられた若き大学院生を哀れみたまえ[8]。もしもその問いが「空はどんな色か」だったとしたら，その学生の未来はどんなに違うものになっていたことか。

---

8 カリフォルニアのロサンゼルスで研究を行っている大学院生は，たぶんここから除外されるだろう。ロサンゼルスの空は現在，スモッグのせいで不快な茶色い影におおわれている。

図 4.2. 仮説には，科学者に「ポジティブな結果」を求めさせる働きがあることを表した漫画。科学者は，仮説を反証するのではなく，仮説が正しいことを証明したいと思ってしまうので，「外は暗い」という仮説があれば，それが正しいことが証明できるまで待ち続けて，その仮説が立てられた状況とは違う状況で証明されることになっても意に介さない。

質問−解答方式によって，実験者が正しい答えにたどり着くことは保証されるか

　質問−解答方式によって正しい答えにたどり着けるかどうかは，必ずしも保証されない。もし，この本が書かれたのが 1970 年代だったら，守備範囲の広い開放型の問いで実験の枠組みを決めるという，ここで提案されているような処方箋は，最初からうまくいかないものとして退けられてしまっていただろう。その頃は，生物学的な問題について大量のデータを集めるのは，今よりはるかに困難であった。仮説を使うのが魅力的なのは，それによって科学者は，手持ちの材料を使って実験を行うことに集中できることである。例えば科学者が技術的な制約から「赤」と「赤でない色」しか測定できなかったとしたらど

うだろう。そのような状況では開放型の問いは，手持ちのもの以外の装置を購入することを科学者に要求する。生物学の実験を実際に行う際には，「どの遺伝子の産物の活性を阻害すれば癌を治療できるか」というような大雑把な開放型の問いは，役に立たないものとみなされるかもしれない。そのようなフレームワークは膨大な数の二元型質問に答えることを要求するが，実際のところ，それに答えられるだけの実験装置を持っている研究室はほとんど存在しない。しかし，この章で後述するように，大雑把な質問は，たいていの研究室で研究を行えるような，もっと扱いやすい小規模な開放型質問に分解することが可能である。その上，ある開放型質問に科学者が完璧な形では答えることができず，プロジェクトにおいて不完全な解答しか出せなかったとしても，大雑把な開放型質問は，そのような状況においても次のようにいくつかの利点を持っている。

守備範囲の広い開放型の問いが，その問題の視野の範囲を決める

　過剰に発現したときに癌を治癒させる効果のある遺伝子が存在するかどうか確かめたいと思っても，1人の科学者がすべての遺伝子について実験を行って調べることはできないかもしれない。しかし，たとえたったひとつの遺伝子について調べているだけであっても，守備範囲の広い開放型質問を発しておくことは，全体の可能性の一部に自分が取り組んでいるのだということを，科学者に意識させるのに役立つだろう。35,000個の遺伝子のうち，たったひとつの遺伝子だけが，過剰発現したときに癌を治癒させる効果を持っているとしよう。そのような場合，科学者が研究しているひとつの遺伝子がポジティブな結果を出す見込みは1/35,000の確率しかない。そのため，「第99番の遺伝子が癌を治癒させる」というような仮説は，失敗に終わることが最初からほとんど決まっている。それに対して，「どの遺伝子が癌を治癒させるか」という問いがあれば，少なくとも科学者は，その問題全体の視野に立って研究に取り組むことができ，ヒトの全遺伝子を調査できる方法が開発されるまで，研究に取り組み続けることも可能になる。

開放型の問いは，科学者の研究を一部の特定の研究だけに制限するようなことはない

　ある開放型のフレームワークが，（その問いがあまりに大きいために）科学者が「正しい」解答を得るための指針にはならなかったとしても，少なくともそれは，研究を進めるうえで邪魔になることはない。しかし仮説の場合は，現

実に研究を制限してしまうことがある。「空は赤い」というフレームワークで研究を行えば，科学者は青を測定することは現在の研究とは無関係だと考えてしまうだろう。それに対して「空はどんな色か」という問いが与えられれば，「空は赤いか」という二元的な問いを超えて，さらに研究を進めることを強制されることになる。

開放型の問いは，実験が無知の状態で行われることを科学者に伝えてくれる

これは前にも議論したように，形式の問題である。質問の文法構造や，問いによるフレームワークの定式化は，解答が既にわかっていると科学者に錯覚させることがない（答えがわかっているのなら，どうして質問が発せられるだろうか。その科学者にとって答えがある程度推測できるものであったとしても，質問がなされている以上，答えはまだわかっていないに違いない）。

開放型の問いは，複数の閉鎖型の問いを定式化することを科学者に強制する

開放型質問の解答を得るためにはたくさんの閉鎖型質問が必要とされるが，これは，より良い方法論の開発をうながすことになる。「空は赤いか」という閉鎖型質問に答えるためには，赤いか赤くないかの2つの解析ができる装置が有りさえすればよい。しかし，「空はどんな色か」という開放型質問に答えるためには，可視光のスペクトルの範囲のすべての色を調べられるものに装置をアップグレードしなければならない。

開放型の問いは，特定の答えを偏重することがない

質問 - 解答の枠組みの中では，空が青ではなくて黄色であることを科学者が発見したとしても，それはただそれだけのことである。これは前もって成功の基準が決まっている状態，すなわち，実験で特定の結果が得られたときだけアイディアが正しいと証明できる状態とは対照的である。もし私が「どんなアイスクリームが好きですか」とあなたに尋ねたとしたら，あなたがチョコ・アイスが好きだと答えても，チェリーベリー・アイスが好きだと答えても，どちらでも私は気にならないだろう。しかし，もし私が「あなたはバニラが好きでしょう」と，自分の意見をあらかじめ言っていたとしたら，私はあなたの答えをそのように予想しているわけで，あなたがチョコ・アイスを好きだと答えた

りしたら，ちょっとした議論をしなければならなくなるだろう．

問いによるフレームワークは，答えを出す技術がありさえすれば，「実験の成功」を保証する

　もしある科学者が実験を行って，「空はどんな色か」という問いに答えられなかったとしたら，その科学者はその問いを自分の当面の実験プロジェクトとして採用すべきではない．特定のひとつの色しか測定できないのなら，もっと大きな問いが存在する以上，その実験プロジェクトが成功する見込みはない．したがって科学者は，成功する可能性の低いプロジェクトに突っ込んだりしないで，フレームワークの鷹揚さにより，問題を解くための道具と方法の開発のほうに集中することができるだろう．こうしたことの例が，「ヒトのゲノムの塩基配列はどんなものか」という問いである．この問いに答えるためは，画期的に新しい塩基配列決定法の開発が必要であった．染色体全体の塩基配列を決定する方法が開発されなければ，この問いに答えることはできなかっただろう．もちろん，この問いが最初に発せられたときは，それらの方法はまだ開発されていなかった．このような例は，問題や質問の提示によるアプローチ法の利点を浮き彫りにしてくれる．

問いは，新しい有用な技術の開発を実際にうながす

　これは仮説にも当てはまるかもしれないが，特に開放型の問いはそれ自身の性質によって，守備範囲の広いフレームワークを扱うための新しい技術の開発を強くうながす傾向があるようだ．

もっと個別的な問いを発する

　開放型の問いは，広範囲の事項を包含するような包括的なものである必要は必ずしもない．守備範囲の広い問いをフレームワークとして使うことを提案した理由は，そのようなフレームワークを設定して問題の広がりの範囲を認識できるようにしておくことが，研究者に開かれた心を保持させるために重要だからである．そうすれば，ハンマーしか実験道具がないからといって，「世界は釘でできている」と結論したりすることはなくなるだろう．ただし，だからといって，「どの遺伝子が突然変異を起こすと癌の原因になるか」という問いか

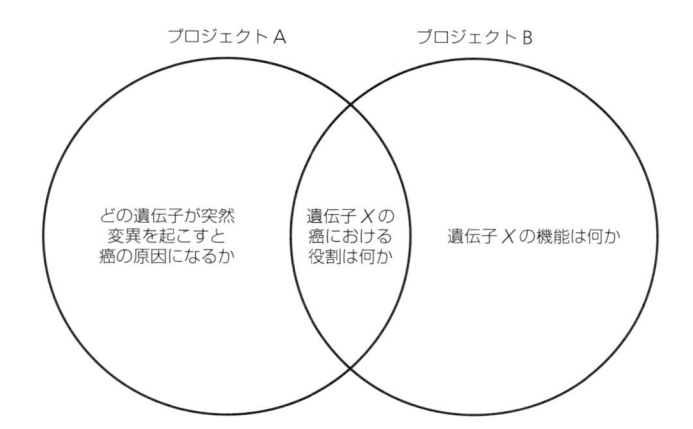

図 4.3. 実験の前には，遺伝子 X の突然変異が癌の原因になるかどうかはわかっていない．しかし，遺伝子 X が癌において何らかの役割を果たしていることがわかった後は，2 つの知識の集合を重ね合わせて，遺伝子 X の癌における役割を調べるために，癌の原因となる遺伝子の情報にアクセスすることができる．

ら，「遺伝子 X が突然変異を起こすと，癌の原因になるか」という二元的な問いに一気に飛んでしまう必要はない．真に包括的な問いを設定しようと思うと，しばしば実験技術の面で障害があるので，多くの場合（あるいは，ほとんどすべての場合），その問題の内部のもっと小さな部分を切り取って問題を設定することが必要になる．例えば，「どの遺伝子が突然変異を起こすと癌の原因になるか」という問いを，「どの遺伝子が突然変異を起こすと膵臓癌の原因になるか」というもっと小さい問いに変えることもできる．あるいは，もし遺伝子 X に特に興味を持っているのなら，まず「遺伝子 X の機能は何か」という開放型の問いを発して，その後にこの問題を癌に結びつけることもできる（**図 4.3**）．こうすれば，「遺伝子 X の癌における役割は何か」という開放型の問いが生まれる．この問いの形では，遺伝子 X が癌において何らかの役割を果たしていることを示唆しているようにも見えるが，この問いの答えとしては，「遺伝子 X は癌において何の役割も果たしていない」というものも有効であることには注意しておいてほしい．仮説と同様に問いの場合も，仮定が問いの中に忍び込んでしまうことがある．しかし，**図 4.3** に図示されているように，全体の問題は，「遺伝子 X の癌における役割は何か」という守備範囲の狭い問いよりもずっと大きいことを理解してほしい．また，何らかのデータによって 2 つの集合が交わることが明らかになるまでは，2 つの集合は交じわらせないでおくこともできる（**図 4.4**）．

別の見方をすれば，**図 4.3** に示したフレームワークのどちらかで実験を行

第4章 問題や問いを科学プロジェクトのフレームワークとして使う

A 実験前

（左の円）どの遺伝子が突然変異を起こすと癌の原因になるか

（右の円）遺伝子 X の機能は何か

B 実験データによって，遺伝子 X が癌に関係していることがわかった後

（左の円）どの遺伝子が突然変異を起こすと癌の原因になるか

（重なり部分）遺伝子 X の癌における役割は何か

（右の円）遺伝子 X の機能は何か

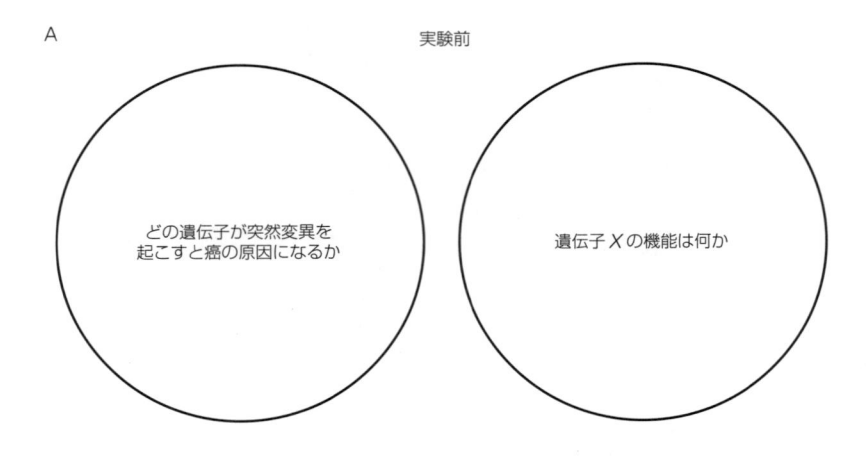

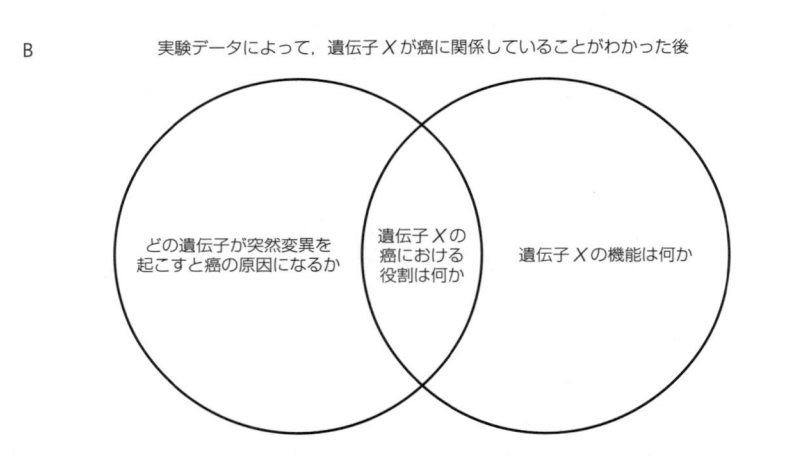

図 4.4. (A) 実験前の 2 つの問いと (B) 実験後の 2 つの問いの重なりを表したベン図。

い，遺伝子 X が癌において何らかの役割を果たしていることを示すようなデータが得られていなければ，どうして「遺伝子 X の癌における役割は何か」という問いを発することができようか。

使えるものを材料として，フレームワークとなる問いを設定する練習を行うのは有用である。それは，何が問題で何が問題ではないかを定義し，現在使える技術でフレームワークとなる問いにどのように包括的な答えを出すことができるか，研究者を教育するのに役立つだろう。研究に使えるシステムが限られている場合なら，フレームワークも同様に限られたものになる。しかし，こうした限定があるからこそ科学者は，得られた結果が（実際にはそうではないの

に）包括的で適切なものだなどと考えなくてすむのである。得られる結果は実際，そのように包括的なものではない。

5

問いに対する答えが得られたとき，それが受け入れられるものであると判断するためには何が必要か

　「空はどんな色か」という問いがあったとき，その答えとして科学的に受け入れられるのは，どんな答えだろうか。答えが得られたら，その答えは現実を反映したものと，すぐにみなしてよいのだろうか。
　ここで「空はどんな色か」という問いに答えるために，ある科学者が正午に実験を行うことにし，第4章に書いた一連の閉鎖型の問い（空は青いか，空は緑色か，空は黄色か，空は赤いか，など）を発して，可視光のすべての波長を測定したとしよう。そして，次の答えが得られた。

　　答え：空は青い。

　その科学者は，さらに追跡調査のための問いを発する。

　　問い：空は青いか。

　その科学者は，全スペクトルの測定をさらに10回行った。その際，実験誤差を少なくするために，それぞれの測定は連続した日の正午に行った。追跡調査の答えは，30回のうち27回が，「はい。空は青いです。」となった（6日目，7日目，14日目は曇っていたため，空は灰色だった）。空が青かった日数

と，空が灰色だった，すなわち青くなかった日数の差は，統計的に有意である。そして，「空は青い」という結果は，最初の問いで得られた答えと同じである。

しかし，この科学者は，発せられた問いにほんとうにうまく答えられたのだろうか。有効な答えが得られたかどうかを決める基準に従えば，問いに対する有効な答えが得られたように見える。最初の問いに対する答えによって，蓋然性が高いと思われる2回目の問いを発することができた。そして，その問いに対して，統計的に有意な形で最初の問いの答えと同じ答えが得られた。

したがってこの科学者は，「有効な答え」が得られたと言ってもよいかもしれない。しかし，この科学者は，夜間の測定をしていないし，正午以外の時間帯にも測定を行っていない。それで良いのだろうか。実際は，問いに対する完璧な答えがこの実験で得られたとは結論できないのである。しかし，この実験で得られた答えからは，未来を予測することができる。あるモデルが成功裏に構築できているかどうかを示す基準が，そのモデルが統計的に有意な形で未来を予測できるかどうかだとしたら，「空は青い」というこのモデルは，毎日正午に測定が行われる限り成り立っているといえる。このモデルに疑問が差し挟まれるとしたら，それはおそらく，この科学者が不眠症になって夜中に実験をしたときのことだろう。そして，その実験はモデルに修正をもたらすだろう。このように，それまで決定的だと思われていた答えが新しい実験結果によって修正を迫られるのは，科学研究の正常なプロセスである。修正が必要になったからといって，「空は青い」というのが間違いだったわけではない。しかし，深夜の測定で新しい発見がなされたあとは，もともとの質問の意味からいって，「空は青い」という結論は差し止めざるを得なくなる。いったん科学者が深夜に空の色を測定することも考慮に入れるようになれば，モデルは変更されて，「空は正午には青いが，深夜には青くない」というものになるだろう。

このように答えを修正していくプロセスは，第6章でもっと詳しく説明する「モデル構築」の概念の導入となるものである。今は，質問に対する答えは，それが現実を反映した「モデル」を提供してくれるなら，「正しい」とみなすことができることを確認しておこう。モデルは，それが正確に未来を予測できるなら，現実を反映しているといえる。例えば空のモデルが，「ところどころに白い雲の浮かぶ青い空を，明るく輝く太陽が照らし出している」というもので，私たちが次の日に目覚めてこれと同じ姿の空を見たとしたら，このモデルは正確だと信じることができる。同様に，重力に関するモデルが「物体を放すと地面に落ちる」というもので，物体を落とすといつも必ず地面に落ちるなら，このモデルを私たちは信じることができる。

このようにモデルは，科学者が現実であると信じているものを表現したもの

であり，それが正確かどうかは，未来に起こることをどの程度正確に予測できるかにかかっている。もしも私たちが木の葉を地面に落とし，その木の葉が風に吹かれて舞い上がったとしたら，そこに重力とは異なる力があることを知ることができる。そうすれば，重力に関するモデルは，そのような力についても考慮に入れなければならなくなるだろう。

　モデルが不完全であっても「正しい」ものとして受け入れられることがあるということには，不満があるかもしれない。しかし後述するように，生物学的な現象を扱うときは，一般的なことは簡単には言えないのである。したがって生物学の研究者は，その答えの限界が認識できているかぎりにおいて，問題の一部を正確に調べることだけで満足しなければならない場合がある。

6

実験結果をもとにして現実をどのように表現するか
モデルの構築

　問いを実験プロジェクトのフレームワークとして使い，その問いに答えを出して，知識を有用な形で蓄積していくためには，実験が終わってから次の2つのことを行わなければならない。

1　実験の解釈を行い，結論を導き出す。

2　実験結果を，過去に行われた研究の中に位置づける。それによって，得られた結果が過去にわかっていたことを再確認するものなのか，それとも過去にわかっていたこととは異なるものなのかを明らかにする。このように，過去の研究結果との関連性を明確化するプロセスは，「モデル構築」と呼ぶことができる。これは，フレームワークとしての問いに対して，その答えを定式化するプロセスである。

　仮説は，実験を行う前に定式化されるので，推測や憶測によって作られるものである。それに対してモデルは，実験が終わった後に作られ，実験で得られたデータに基づいて構築される。これが，モデルと仮説の大きな違いである。それ以外の点では，両者は同じような役割を果たすものと言えるだろう。モデルが「モデル」と呼ばれるのは，解析している問題の特徴をとらえて表現した

ものになっているためである。モデルは，フレームワークとしての問いの答えを具体的な形で表現したものとなる。モデル構築は帰納によって行われるプロセスであり，集められた事実をどのように理解するか考えるための，経験主義を基礎にしたボトムアップ型の行為である。

モデル構築の例：フレームワークとなる開放型の問いから始める

　モデルがどのように構築されるかを示す例として，実際に行われた実験プロジェクトについて分析してみよう。具体的で少々細かい話になるけれども，読者は，話の途中で道に迷ったり，どうしてもっと象徴的な話を例として使わないのかと思ったりしないでほしい。ここで述べるのは「現実世界」の例ではあるが，モデルというものが一般にどのように構築されるかを示す例え話でもある。また，後でわかるように，話を一般化しすぎると，実験のプロセスに影響を与えるいくつかの系統的な問題が見えにくくなってしまう。実際の実験の詳細に触れてそれと格闘しないかぎり，有用なモデルを構築する際に使われる一般的なプロセスについて理解するのは難しい。有用なモデルとは，例えば，実験プロジェクトのフレームワークとなっていた問いに対して，答えとして機能するようなモデルのことである。

　さて，ある科学者が，MuRF1というタンパク質の機能を理解したいと思ったとしよう[1]。この科学者は，この実験プロジェクトのフレームワークを，次のような問いで表すことに決めた。

　　　問い：MuRF1の機能は何か。

これはフレームワークとなる問いであり，まだ実験を行っていないので，MuRF1の機能については何のモデルも持っていない。また，MuRF1について帰納を始めるのに十分な実験データは，まだ何も存在しない。ここでキーになる単語は，「十分な」である。MuRF1はタンパク質である。生体分子としてのタンパク質についてはこれまでに実験の対象とされてきたので，ある程度は帰納のもとになる知識が蓄積されている。しかし，知識が蓄積されていて

---

[1] ここで述べたように，MuRF1は実際に存在するタンパク質である。しかし，MuRF1とその解析実験の話は，実験プロジェクト一般の例え話として見ることができる。

(図:二重の同心円。外側の円に「タンパク質の機能は何か」、内側の円に「MuRF1の機能は何か」)

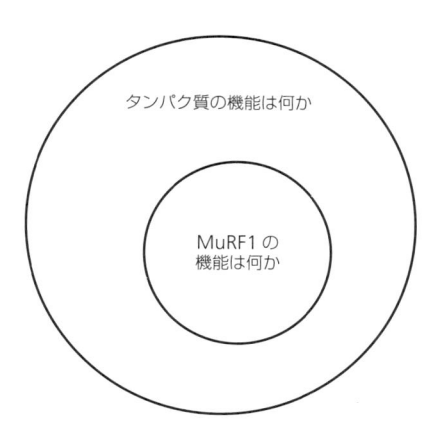

図 6.1. 実験前には，MuRF1 がタンパク質であることがわかっている。しかし，MuRF1 がどんな種類のタンパク質なのかがわからないと，その機能を考えるうえではすべてのタンパク質が同じ位置づけになる。これでは調べるべき情報が多すぎるため，その情報を実際に使うのは難しい。

も，他のタンパク質についてわかっている情報が，MuRF1 とどこでどう交わるのかがわからないので，他のタンパク質についての知識は今のところ役立てることができない。ひとつだけわかるのは，MuRF1 はタンパク質なので，MuRF1 に関する情報は他のタンパク質の機能に関する情報の部分集合になるだろうということだけである。

したがって私たちは，白紙の状態から始めなければならない。MuRF1 については特に白紙の状態であるが，MuRF1 が特定の種類の生体分子，すなわちタンパク質であることだけはわかっている。しかし，MuRF1 やその機能に関するデータは何もないので，MuRF1 が他のタンパク質とどのような関係にあるのかはまだわからない。例えば**図 6.1** について言えば，MuRF1 の円の外側にあるタンパク質が，MuRF1 の機能と関連があるのかどうかはまだわからない。MuRF1 は変わったタンパク質で，他のタンパク質に関する情報は MuRF1 の働き方とは何の関係もないかもしれない。このように無知な状態にあることは不利なように思われるかもしれないが，特権的な立場ととらえることもできる。なぜなら，最初の問いを発するときに，先入観が忍び込む可能性がないからである。このような状態のときの科学者は，フレームワークとなる問いに答える際にどんな可能性も許容することができる。

前章の議論を思い出しながら，この「特権的な立場」についてもう少し考えてみよう。まず，「MuRF1 の機能は何か」という開放型の問いを前にした科学者と，「MuRF1 は X をするか」という閉鎖型の問いを前にした科学者を比べてみよう。閉鎖型の問いは，先入観のない「特権的な立場」に立つことを許

さないのは明らかだろう。なぜなら，背景となるデータが何もない状態で X を持ち出すことは，(1) X を調べることによってプロジェクトを開始するように仕向け，(2) X の研究だけを要求することによって，このプロジェクトを X の解析で終わらせるように仕向けているからである。「MuRF1 は X を行う」という仮説を立てた場合については，論じるまでもないだろう。それについては，既に十分に説明したと思う。

さて，実験がまだ行われていない，「MuRF1 の機能は何か」という問いが発せられた直後の「特権的な立場」に戻ろう。この時点では，考えうる答えをモデルとして表現できるような可能性はまだない。なぜなら，MuRF1 について帰納を行うのに必要な情報を，科学者はまだ何も持っていないからである。実験はまだ行われておらず，何の結論も出ていない。また，タンパク質一般に関するデータもまだ収集していない。モデルというものは，結論をもとにして，それを部品にして組み立てるものだから，この時点ではモデルを構築するのは不可能である。では，科学者は何をするのだろうか。

帰納空間にアクセスして，実験のための最初の問いを定式化する

まず，フレームワークの設定のための問いを発して実験プロジェクトの守備範囲を決めた。このあと，どうやってそこから一歩進んで，実験のための問いを発すればよいのだろうか。実験のための問いを発することによって，実験するのに何が必要かが決まってくる。また，その最初の問いによって実験の焦点が定まり，フレームワークとしての問いに対する答えを出すためのデータが集められるようになる。どんな問いを発すれば，そのような有用な問いになるのだろうか。

前述したように，MuRF1 は研究される初めてのタンパク質ではない。これまでに何千ものタンパク質の機能が既に明らかにされている。これらのタンパク質はそれぞれ決まった構造を持っており，ドメインと呼ばれる構造領域を含んでいる。ドメインとは，それまでの研究の結果から，何か特定の機能を持っていると予想されるタンパク質の領域である。科学者の最初の問いは，たぶん次のようなものだろう。

問い：MuRF1 は，機能のわかっている他のタンパク質と似ているか。

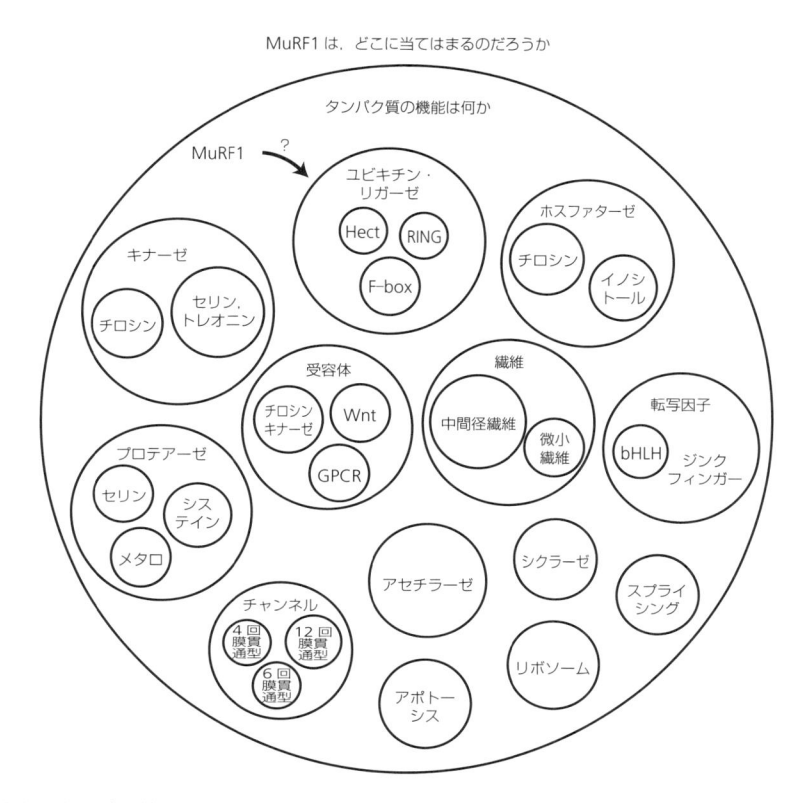

図 6.2. タンパク質の構造と機能の関係が理解されて，タンパク質が種類分けされると，「MuRF1 はどんな種類のタンパク質か」というような，もっと焦点を絞った問いを発することができるようになる。

　この問いによって，MuRF1 の構造が他のタンパク質の構造と比較されることになり，MuRF1 と似ている一群のタンパク質が見つけ出されてくる。もっと一般的な言い方をすれば，機能が既知のタンパク質と MuRF1 を比較する際に科学者が行っていることは，現在の問題を理解するために，関連する他の問題についてのデータにアクセスしようとしているということである（**図 6.2**）。ここでは MuRF1 という特定のタンパク質が，すべてのタンパク質という広範なグループのどこに位置づけられるかを調べているが，これと同様のプロセスは他のどんな研究課題でも行われる。したがってこの MuRF1 の話は，もっと一般的な研究の例にもなりうる。特定の問題を，その問題と関係のあるデータ集合の中に位置づけることを，ここでは"「帰納空間」へのアクセス"と呼ぶことにしよう。

背景となる情報の必要性：帰納に用いることができる広い文脈を確立して，実験のための最初の問いを形づくる

　ある研究対象があったとき，それに関連した研究対象における以前の研究を参考にすることで，現在の研究対象に関する問いが導き出せるというのは，常にありうることなのだろうか。ロバート・ノージックの『哲学的説明（Philosophical Explanations）』[2] を参照すれば，答えはイエスである。なぜなら，既知の研究対象から推測される情報を新しい研究対象に適用するのが間違いだと判明したとしても，その新しい研究対象に適用できないことがわかること自体が有益なことだからである。A と B が共通の性質を持っているにもかかわらず $A \neq B$ であることを理解することは，既にわかっている研究対象と，まだわかっていない研究対象の間の，意味のある相違点を抽出するのに役立つだろう[3]。そのうえ，質問-解答プロセスは，帰納空間を特殊な方法で利用する。帰納空間を，答えを「演繹」するための材料として用いるのではなく，問いを発するための材料として用いるのである。

　前に述べたように，以前の哲学者たちが帰納的推論を避けたのは，限られた経験から推論することは思い込みの原因になり，間違った結論を導くのではないかという懸念からであった。しかし，質問-解答プロセスでは，未知の対象についての結論を出すためではなく，未知の対象についての問いを発するための基礎として，既存の知識を用いるのである。これが，質問-解答法の方法論と，批判的合理主義の方法論の重要な相違点である。批判的合理主義者は仮説を立てるために既存の知識を用いるが，質問-解答のフレームワークでは，科学者は，問いを発するために既存の知識を用いるのである。

　MuRF1 の例の場合でいえば，MuRF1 の機能を推測するためにタンパク質一般についての既存の知識を使うのではなく，MuRF1 に関する問いを発するために既存のデータにアクセスする。その問いに対する答えに基づいて，さらに問いを発することになる。繰り返された問いに対して最初の問いと同じ答え

---

[2] 「ある説明が間違いだとわかっていたとしても，その説明によって理解が深められることがあると私は信じている。原理的に何がある現象をひきおこし得るのかを見ることは，その現象の諸様相を浮かび上がらせてくれるのである。」（R. Nozick 著，*Philosophical Explanations*, Harvard University Press, Cambridge, Massachusetts, 1981 年）．（訳注：同書の邦訳としては，坂本百大監訳『考えることを考える（上・下）』，青土社，1997 年がある）

[3] 例えば，2 つのタンパク質が，同じアミノ酸から始まり同じアミノ酸で終わるからといって，これらのタンパク質の機能が同じということにはならない。このようなことを知ることは，どのようなときに類似性に意味があり，どのようなときに意味がないのかを学ぶのに役立つ。

が得られたら，モデルが構築され，それが結論，すなわち実験上の問いに対する解答として機能する。このような推論の仕方では，発見したことをもとにしてモデルが構築され，そのモデルがより大きな原理を生み出すのに使われる。これが，帰納というものである。

これまでに研究されていたものとはまったく異なる研究対象に直面したときはどうすべきだろうか

　関連する既存のデータがまったく存在せず，問いを発することすらできないような実験対象に科学者が遭遇することは，生物学の分野では今では稀になりつつある。しかし，このような「自然状態」を考えることは，モデル構築の処方箋が一般化できるかどうか確認するためには重要である。「自然状態」を分析することは，実験のフレームワークの中で，問いを定式化するのに必要な最初の帰納空間をどうやって確立するかを理解する助けにもなるだろう。

　実験の枠組みとして使えるような既存のモデルがない研究対象に直面したときは，その研究対象について「記述的」な事実を明らかにするような問いを発する必要がある。タンパク質が初めて単離されたときに問題になったのは，単純に「それは何なのか」ということであった。その後，タンパク質はそれぞれ特有の機能を持っていることが発見された。次に，タンパク質の各部分の構造が，機能とどう関わっているのかを調べる実験が行われるようになった。「MuRF1の機能は何か」というような問いを発するのに必要な文脈が構築されるまでには，何十年もかかって行われた記述的な分析と，それに続いて行われた比較分析が必要であった。

　守備範囲の広い記述的な問いに答えることによって集められた情報は，最初の帰納空間を設定するのに役立つ。例えば，次の質問のリストは，既存の知識がないタンパク質についての問いとなりうるものである（タンパク質以外の対象にも適用できるように，それぞれの問いをより一般的な形で括弧内に書き直してある：図 **6.3**）。

1　そのタンパク質は何からできているか。（未知の物，Xの組成は何か。）

2　そのタンパク質はどんな形をしているか。（未知の物，Xはどんな構造をしているか。）

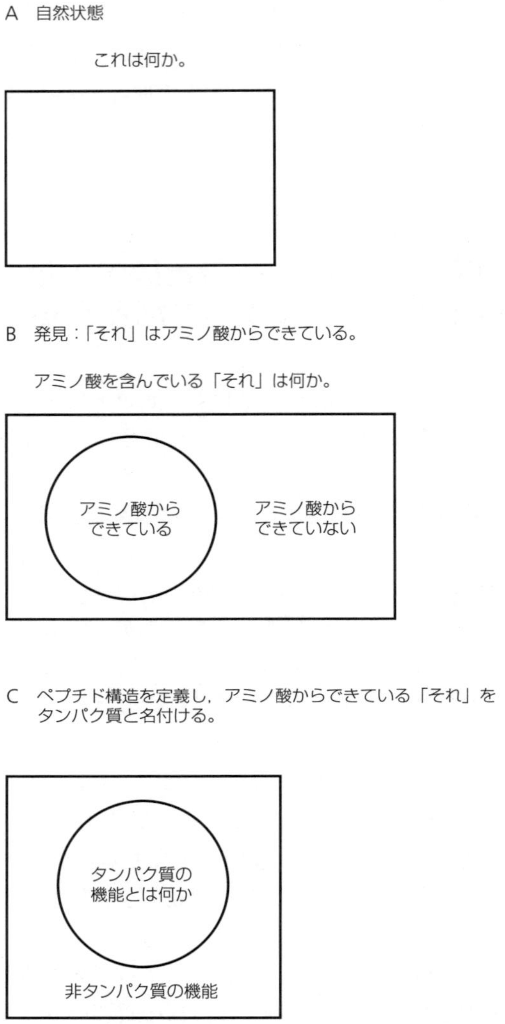

A 自然状態

これは何か。

B 発見:「それ」はアミノ酸からできている。

アミノ酸を含んでいる「それ」は何か。

アミノ酸からできている／アミノ酸からできていない

C ペプチド構造を定義し,アミノ酸からできている「それ」をタンパク質と名付ける。

タンパク質の機能とは何か／非タンパク質の機能

図 6.3. 研究対象について何の情報もなければ,帰納空間が存在しないので,それがどんなカテゴリーに分類されるものなのか理解することができない。その場合,「それ」をカテゴリー分けするための基本的な実験から始めなければならない(A)。「それ」がアミノ酸を持っているというような何らかの情報が得られたら(B),それに対応するカテゴリーを設定することができる。この例の場合なら,タンパク質というカテゴリーである(C)。「タンパク質」というカテゴリーが設定されたら,そのカテゴリーを使って「タンパク質」に分類されるもっと広範な種類の「それ」を調べることができる。そして,あるひとつのタンパク質に関する情報が,他のものにも適用できることなどもわかってくる。このようなカテゴリー分けによって,タンパク質ではないものを除外することもできるようになる(C の非タンパク質)。

3 そのタンパク質の機能は何か。(X は，何をしているか。)

4 そのタンパク質の構造は，どうやってそのタンパク質に機能を持たせているか。(X の機能は，X の構造と関連があるか。もしあるなら，その構造からどうやってその機能が生じているか。)

　これらの問いは，重力，光，物質，地球，空間，大気，人体といった，まったく異なる未知の対象についても発することができたかもしれない。これらの問いを分析すると，構造的な情報から始まって，研究対象が機能する際のメカニズムの理解まで，徐々にデータが蓄積されていっているのがわかる。科学者はこのような情報をもとにして，例えばタンパク質の振る舞いの一般的な様式から，環境中での個々のタンパク質とその機能の解析といったより特殊なものまで，さまざまな実験プロジェクトを進めることができる。「MuRF1 の機能は何か」という実験プロジェクトは，そのような一連の研究によって進めていくことができるのである。

実験プロジェクトに情報を提供してくれる帰納空間を確立する

　この時点で，フレームワークとなる「MuRF1 の機能は何か」という問いのまわりには，タンパク質一般についての情報があることが理解できただろう。「MuRF1 の機能は何か」という問いを発するためには，それ以前に，「一般に，タンパク質の構造と機能はどのようなものか」という問いを科学者が発して，より広範な問いに取り組むのに十分なモデルが構築されていなければならない。実際，フレームワークとなる「MuRF1 の機能は何か」という問いは，もっと守備範囲の広い「タンパク質の機能は何か」という問いの部分集合と見ることができる (**図 6.1**)。「タンパク質の機能は何か」という問いは，現在の科学者にとっては有用な実験プロジェクトにはなり得ないが，ある問いが，他のもっと大きな問いの部分集合になっていることを理解しておくことは有益だろう。守備範囲の広い問いが，その実験プロジェクトに関連した帰納空間を決めるのに役立つからである。

未知の研究対象と異質な研究対象

　MuRF1 について有効な問いを発することができるのは，前もっての知識が何もない「真の」開始点から出発するときではなく，それまでに蓄積されている知識がバックグラウンドにある状態のときであることがわかったと思う。たぶん，簡単な実例を挙げてもう少し説明することで，この点がより明確になるだろう。フレームワークとなる次の 2 つの問いを比べてみてほしい。

1　象の顔に付いた長い管状構造物の機能は何か。

2　地球外生命体に，象の顔に付いた長い管状構造物に似た構造体が見つかった。この構造体の機能は何か。

　質問 1 に答えるための実験の枠組みを決めるには，科学者は，象自体の性質を細かく調べる必要はない。なぜなら，それは既にわかっていることだからである。象は，心臓，血，肝臓，脳，口，鼻腔などを持っており，これらの構造は既にわかっているとおりに働いているものと推測できる。また，象の顔に付いた長い管状構造物は，物理的に口や鼻腔と近い場所にある。帰納空間は既に用意されており，そこからその構造物に関する問いを設定することができる（**図 6.4** を参照）。しかし，質問 2 に答えるための実験の枠組みを決めるには，象やその他の動物について前世紀に行われた研究をすべてやり直さなければならない。そうしなければ，質問 2 に答えることはできない。

　象の顔に付いた長い管状構造物の機能に関するモデルを構築するためには，まず実験を行わなければならないが，実験を行う際には，その研究対象に関係のある別の経験を援用することが有用である。そのような別の経験があるからこそ，科学者は問いを発することができるのである。

実験プロジェクトと最初の問いに戻る

　帰納空間の概念をさらに詳しく説明できたので，MuRF1 の機能に関する最初の問いに戻ろう。MuRF1 の研究例の詳細を説明することによって，どのようにして最初のカテゴリー分けの問いから，もっと突っ込んだ実験上の問いや結論，そしてモデルの構築へと進んでいくのかを理解できるだろう。最初の問いは，これまでに研究されているタンパク質の文脈上で，MuRF1 がどこに分類されるかを知るためのものである。

既知

未知

WOODY FU

図 6.4. このイラストは，帰納空間にアクセスすることがいかに有用かを表している。象の顔に付いた長い管状構造物の機能がわからず，それが未知のものだったとしても，象の他の部分の機能について知っていれば，それが管状構造物についての問いを発するための十分な文脈を提供してくれる。例えばそれが他の動物の鼻と同じ位置にあるので，他の動物の鼻と同様の機能を果たしているのかどうか問うことができるだろう。このように，それまでの知識に頼り，それを使ってもっと広い知識を得ようとすることは，帰納的推測と呼ばれる。この本で提唱しようとしているのは，帰納によって理論を確立することではなく，帰納によって問いを発することである。実験を行ってその問いに答えることによって初めて，象の顔の管状構造物の機能に関するモデルを構築することができる。象の場合とは対照的に，地球外生命体に象の鼻に似た構造物が付いていた場合は，その地球外生命体に関する情報は何もないので，基本的な問いをもっとたくさん発してからでないと，その象の鼻に似た構造がどんな機能を果たしているのか決めることはできない。

問い：MuRF1 は，機能のわかっている他のタンパク質と似ているか。

　この問いは，バイオインフォマティクス（生物情報科学）を用いたコンピューターへの質問として定式化することができる。具体的には，BLAST[4] のようなコンピューター・プログラムを使って，MuRF1 タンパク質のアミノ酸配列を他のタンパク質のアミノ酸配列と比較することになる。BLAST 検索

を行えば，MuRF1と共通のドメインを持つ数百個のタンパク質のリストを得ることができる。

　科学者がさらに調査を進めて，そのドメインを持つタンパク質についての文献を検索すれば，これらのタンパク質の多くは「E3 ユビキチン・リガーゼ」と呼ばれるタンパク質のグループに属していることを知ることになるだろう。これらのタンパク質は，基質となる特定のタンパク質にユビキチンと呼ばれる小さなペプチドを数分子結合させ，それによってそれらのタンパク質を細胞内で分解させる働きをしている。4分子以上のユビキチンがタンパク質に結合すると，そのタンパク質はプロテアソームと呼ばれる巨大なタンパク質複合体のところに行き，そこで分解されるのである。

　ここまでのところで，「MuRF1は，機能のわかっている他のタンパク質と似ているか」という問いに対する答えは，「はい。MuRF1は，E3 ユビキチン・リガーゼと似ています」であることが，アミノ酸配列の比較によってわかった。質問−解答のフレームワークを用いていても，批判的合理主義の立場であっても，科学者はまだMuRF1が実際にE3 ユビキチン・リガーゼとして機能しているかどうかは確認していない。MuRF1とE3 ユビキチン・リガーゼが特定のドメインを共通して持っているということだけでは，MuRF1の機能について確実なことを言うためには十分でない[5]。それを言うためには，実験を行わなければならない。

　MuRF1については，タンパク質の構造に関するさまざまな分野の研究を援用することによって，もっと細かい，たくさんの問いを発することができる。例えば，MuRF1を結晶化することができ，X線回折によって原子レベルで構造を解明できるかもしれない。また，MuRF1は，これと結合するタンパク質を見つけることで，生化学の別の文脈上での解析ができるかもしれない。そのような研究を行うことで，科学者はどんどん正確にMuRF1の性質について

4　BLASTは，Basic Local Alignment Search Tool（基本的局所並置化検索ツール）の略である。たとえば，http://blast.ncbi.nlm.nih.gov/Blast.cgi を参照。〔訳注：BLASTは，DNAの塩基配列を入力すると，データベースからそれと類似した塩基配列を持つ既知のDNAを探してきて，そのリストを表示してくれるプログラムである。日本では，日本DNAデータバンク（DDBJ）が日本語でBLASTを提供している。http://blast.ddbj.nig.ac.jp/top-j.html〕

5　これは，議論のあるところかもしれない。そしてその議論は，帰納と演繹の違いを浮かび上がらせてくれる。例えば，このドメインを持っている百万種類のタンパク質について解析を行い，すべての場合でE3 ユビキチン・リガーゼとしての機能を持っていることがわかったとしたら，その構造のドメインを持っていることは，そのタンパク質がE3 ユビキチン・リガーゼの機能を持っていると判断するのに十分だと推論することも可能かもしれない。しかし，その場合でも，MuRF1の場合も本当にそれらと同じなのだろうかという疑問は残る。したがって，最終的な証明を得るためには，やはり実験が必要になるだろう。

の理解を深めていくことができる。このような研究の目的は，どのタンパク質がMuRF1と「本当に関係があるか」を少しずつ正確に決めていくことにある。本当に関係のあるタンパク質なら，さまざまな細かい要素についてもMuRF1と共通の特徴を持っているはずである。

構造に関する最初の問いから，機能に関する次の問いに進む

　MuRF1がE3ユビキチン・リガーゼと類似しているように見えるという構造上の情報が得られたら，次のステップをどうするかはたぶん誰にでもわかることだろう。批判的合理主義のフレームワークで動いている科学者なら，次のような仮説を立てるだろう。「MuRF1はE3ユビキチン・リガーゼである」。この例の場合でさえ，批判的合理主義の中に帰納法が忍び込んでいるのを見ることができる。少なくとも何らかのデータを持っていなければ，このような仮説を立てることはできなかっただろう。そのような事前に得られている実験データが，仮説を設定する際には必要なのである[6]。質問–解答のフレームワークでは，新しい問いが発せられる。

　　　問い：MuRF1は，E3ユビキチン・リガーゼとして機能するか。

　この問いが，二元的な問いであることに気付いてほしい。答えは「イエス」か「ノー」のどちらかである。この種の問いは，「空は赤いか」という問いを発した場合と同じように働いてしまうのではないだろうか。しかしここで，この例ではフレームワークとなる「MuRF1の機能は何か」という問いが全体を覆う形で存在していることを思い出してほしい。これは，空の色について考えた際の「空はどんな色か」という全体を覆う質問と同様の働きをする。したがって，MuRF1がE3ユビキチン・リガーゼとして機能するかどうか決めようとしたとしても，それが他の領域の研究を阻害するようなことにはならない。

機能に関する実験を行い，得られたデータを使ってモデルを構築する

　「MuRF1は，E3ユビキチン・リガーゼとして機能するか」という新しい問

---

[6] もしもこれを疑うなら，自分に次のような質問をしてみればよい。「他のタンパク質の構造と機能についての情報が全く使えないとしたら，MuRF1の機能を理解するために，どんな仮説が提示できるだろうか。」

いによって科学者は，MuRF1 が E3 ユビキチン・リガーゼの活性を持っているかどうかを確かめる実験を行わなければならなくなる。ここで読者は，E3 ユビキチン・リガーゼが他のタンパク質をユビキチン化するだけではなく，自分自身もユビキチン化できる場合が多いことを知っておく必要がある[7]。科学者はまだ MuRF1 のほんとうの基質を知らないので，最初にできる機能上の実験は，MuRF1 を適当な実験条件のもとに置いたとき自己ユビキチン化できるかどうかを調べることである。

そのような実験が行われて，MuRF1 を自己ユビキチン化の条件に置くと，MuRF1 がユビキチン化されることが発見されたとしよう[8]。この機能に関する実験によって科学者は，「MuRF1 の機能は何か」という実験プログラムの最初の結論を得たことになる。ここで，質問と解答のフレームワークを進めるための，4つのステップのアプローチ法を思い出しておこう（第4章参照）。前に述べたのは，次のようなステップだった。

1　実験プロジェクトとして採用することに決める。

2　問いを発する。

3　答えを得る。

4　「問いをもう一度発しても同じ答えが得られるだろうか」という問いを発することによって，答えが正しいかどうかを決定する。

実際の例を手にしているので，これらのステップをもう少し洗練させてみよう。

1　実験プロジェクトとして採用することに決める。

2　実験プロジェクトのフレームワークとして，大枠を決める問いを発する。

---

[7]　「ユビキチン化」とは，ユビキチンをタンパク質に結合させることをいう。タンパク質が自分自身にユビキチンを結合させることを，「自己ユビキチン化」という。

[8]　実験のデザインと対照実験については，このあとの章で議論する。

3 「大枠を決める問い」に答えるのに使うデータを得るために，部分集合の実験の枠組みを決める問いを発する。

4 その問いに対する答えを得る。

5 「問いをもう一度発しても同じ答えが得られるだろうか」という問いを発することによって，答えが正しいかどうかを決定する。

6 その答えを使って，モデルを構築する。

7 部分集合となる新しい問いを発する。

　この流れを見れば，科学者が次にどのように研究を進めるべきかは，たぶんもう明らかだろう。「MuRF1 は E3 ユビキチン・リガーゼとして機能するか」という問いに答えるために機能を調べる実験は，これまでにたった 1 回行っただけなので，同じ問いをもう一度繰り返すことになる。

問い：MuRF1 は，E3 ユビキチン・リガーゼとして機能するか。

　この 2 回目の問いは，前の問いとまったく同じである。しかし，前の答えが「イエス」だったので，今や科学者は，どんな解答になるか既に「賭け金」を払った状態になっている。この 2 回目の実験は予想の下に行うことになるが，この予想は科学者にとって正当なものである。このようなプロセスで研究を進めることの良いところは，データを集めてからでないと答えを予想できないことである。また，実験のデザインは，最初のデータが出る前に行われる。したがって実験を繰り返す際は，最初の実験と厳密に同じ条件の下で行わなければならない。このことは重要なので，強調しておかなければならない。そうすれば，2 度目の実験のやり方を変えて，無理に最初の実験と同じ結果が得られるようにしてしまうことはなくなるだろう。この点を考慮に入れれば，実験プロジェクトの流れをさらに次のように修正することができる。

1 実験プロジェクトとして採用することに決める。

2 実験プロジェクトのフレームワークとして，大枠を決める問いを発する。

3 「大枠を決める問い」に答えるのに使うデータを得るために，部分集合の実験の枠組みを決める問いを発する。

4 その問いに対する答えを得る。

5 「問いをもう一度発して，**最初と同じ方法で答えを出したときに同じ答えが得られるだろうか**」という問いを発することによって，答えが正しいかどうか決定する。

6 その答えを使って，モデルを構築する。

7 部分集合となる新しい問いを発する。

科学者は，「MuRF1は，E3ユビキチン・リガーゼとして機能するか」という問いを再び発して，実験をもう一度行う。そして得られた答えは再び「はい。MuRF1は，E3ユビキチン・リガーゼとして機能します」であった。

モデルを構築する

再現実験がうまくいった段階で初めて，「MuRF1の機能は何か」という問いの答えとなるモデルを構築するための最初のステップに踏み出すことができる。データに基づいて有効性が確認された結論がくだされたので，それを使ってモデルの最初の試作品を作成することができる。

最初の結論が「MuRF1はE3ユビキチン・リガーゼとして機能する」というものだったからといって，この結論を将来絶対に変えることができないわけではない。単に，現在得られているデータではそれが正しいとみなされるというだけである。ここで得られている結論は実験的アプローチの枠内にあるものであって，以前の理解と両立できないような新しい結論が将来得られた場合は，後述するようにモデルを修正することができる。

結論を統一モデルに変換する

次に，「MuRF1はE3ユビキチン・リガーゼとして機能する」という実験に基づいた最初の結論を，フレームワークの「MuRF1の機能は何か」という

問いに対応づけてみる。科学者は既に，フレームワークの問いに対する結論を手にしている。そのモデルは，現時点では次のようなものになるだろう。

モデル：MuRF1 は，E3 ユビキチン・リガーゼとして機能する。

最初の実験を行ったあとでは，科学者はたったひとつの結論しか得られていないので，このモデルはその結論と同じ構造になっている。

新しい結論が得られるたびに，新しい特定の帰納空間に集中できるようになり，それによって新しい問いを発することができるようになる

今や科学者は，最初の問いに続く第二の問いを発することによって，「MuRF1 の機能は何か」というフレームワークの問いをさらに追究できる状態になっている。ここで，「MuRF1 は，E3 ユビキチン・リガーゼとして機能するか」という最初の質問は，他のタンパク質で既に得られているデータがあり，MuRF1 をそれらの既知のタンパク質と比較することで設定できたことを思い出してほしい。そのようにして，帰納の基盤が確立できたのである[9]。

今や「MuRF1 は E3 ユビキチン・リガーゼとして機能する」というモデルが立てられたので，MuRF1 をとりまく帰納空間が以前とは違っていることに気付いてほしい。それまではタンパク質の構造と機能に関する膨大な量の一般的知識があった。それはすばらしい資源ではあるが，データの深い森であって，特定のタンパク質についての適切な問いをそこから導き出してくるのは困難だった。しかし，MuRF1 の機能に関する最初の発見があったあと科学者は，既知の E3 ユビキチン・リガーゼについてのデータだけを用いて，さらに問いを発することができるようになった。

E3 ユビキチン・リガーゼに関する既知のデータは，すべてのタンパク質についてのデータを含んでいる大きな帰納空間の部分集合になっている（図 **6.5**）。この狭められた新しい帰納空間によって，E3 ユビキチン・リガーゼに関するデータに，もっと鋭く焦点を当てることができるようになる。そこには，ニューヨークの市街地を 30 キロ上空から見ているのと，月の上から見て

---

[9] 質問と解答による方法論で主張されているのは，MuRF1 が他の E3 ユビキチン・リガーゼと似ていることが問いを設定するのに使われて，それが実験的証明を要求することになったということである。その後細かいデータが蓄積されるにつれて，一般的な結論（モデル）が徐々に構築されていく。

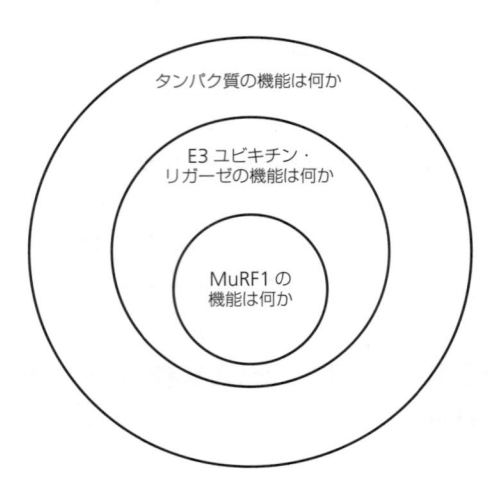

図 6.5. MuRF1 が E3 ユビキチン・リガーゼというタンパク質のカテゴリーに属していることがわかれば，最初よりもずっと少ない数のタンパク質を MuRF1 に関連した帰納空間とみなせるようになる．そうなると，MuRF1 研究のヒントを得るために，前よりも少ない数のタンパク質，すなわち一群の E3 ユビキチン・リガーゼに焦点を当てて考えることができるので，科学者は速やかに研究を進めることができるようになる．しかしその場合も，タンパク質の大きな全体集合の中で研究を進めていることは意識しておかねばならない．そうすれば，もし MuRF1 が E3 ユビキチン・リガーゼとしての機能以外に別の機能も持っていることが発見された場合でも，それに関係する情報にアクセスすることができる．

いるのと同じような違いがある．観察者が焦点を絞ることができるようになれば，ニューヨークのそれぞれの街区どうしの関係なども見えるようになるだろう．それと同じように，帰納空間が特定の種類のタンパク質だけに焦点を当てたものになれば，MuRF1 について発せられる問いもずっと焦点が絞られたものになる．

帰納空間が小さくなることは，実験を早く進められる契機になると同時に濾過装置としても働き，科学者が重要な発見を見逃す原因にもなり得る

ここで，既知の E3 ユビキチン・リガーゼについての情報の集合が，新しい帰納空間となった．この新しい帰納空間は，タンパク質一般に関する情報の部分集合であり，MuRF1 の機能に関して焦点を絞った問いの集合を科学者に提供してくれる（**図 6.6**）．例えば，既知の E3 ユビキチン・リガーゼはすべて，

[図: 三重の同心円。外側「タンパク質の機能は何か」、中「E3 ユビキチン・リガーゼの機能は何か」、内「MuRF1 の機能は何か」、矢印で MDM2 と Skp2]

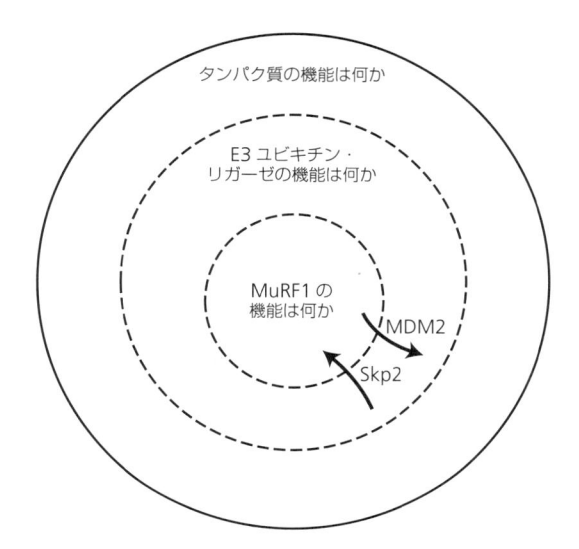

図 6.6. 帰納空間が洗練されたものになってくるにつれて，すぐにアクセスしなければならない情報の量も少なくなり，したがって，研究に直接関係する情報に容易にアクセスできるようになっていく。例えば MuRF1 が E3 ユビキチン・リガーゼの集合に属することがわかれば，他の E3 ユビキチン・リガーゼで得られているデータを直ちに MuRF1 の研究に役立てられるようになる。MuRF1 が E3 ユビキチン・リガーゼであることがわかっていなかったときには，タンパク質一般に関する知識はどれも MuRF1 の研究には同等に重要なものとして見なければならなかった。しかし，いったん MuRF1 が E3 ユビキチン・リガーゼであることがわかれば，それ以前よりもはるかに速やかに研究を進められるようになる。

それぞれ特定の決まったタンパク質を基質としてユビキチン化する。具体的な例を挙げれば，Skp2 と MDM2 というタンパク質はどちらも E3 ユビキチン・リガーゼであるが，これらはどちらも特定の基質タンパク質と物理的に相互作用し，それと同時に，基質タンパク質のユビキチン化を開始するのに必要な他のタンパク質装置と結合する（**図 6.6**）。既知の E3 ユビキチン・リガーゼである Skp2 と MDM2 の機能に関してこのようなモデルがあることがわかったら，MuRF1 の機能に関して次に発せられる問いは，次のようなものになるだろう。

問い：MuRF1 の基質となるタンパク質は何か[10]。

MuRF1 については他にも新しい問いがたくさん考えられるだろうが，この問いはそれらのうちのひとつであり，(1) MuRF1 は E3 ユビキチン・リガーゼで，(2) E3 ユビキチン・リガーゼにはそれぞれ決まった基質タンパク質が

あること，をもとにして設定した問いである（図 **6.6**）。モデルと，モデルによって確立される帰納空間の重要性がわかるであろう。それらが科学者に，未知の事象の解明を迅速に進めさせてくれるのである。ただしその未知の事象とは，科学者が認識した帰納空間の内部にあるものに限られる。

モデルを絞り込んだりモデルの解像度を上げたりすることは，科学者にとっては絶対必要なことだが，それは同時に，質問−解答法の問題点となりうるものでもある。批判的合理主義が提案された主な理由は，限られた経験によって結論にバイアスがかかるのを阻止するためだったことを思い出してほしい。

コロンビア大学からカーネギー・ホールに行くときに，たった1人のニューヨーカーから聞いた道順を採用するのは避けるように，MuRF1 の機能に関するモデルを立てたそのことが，それ以降の実験を行う際の濾過装置として働いてしまうのではないかと科学者は危惧するのである。別の言い方をすれば，MuRF1 が E3 ユビキチン・リガーゼとして働くということがいったん確立されると，MuRF1 に E3 ユビキチン・リガーゼとは異なる機能がある可能性があったとしても，科学者はその探求をやめてしまうのだろうか。

次のモデルの構造を見てみよう。

モデル：MuRF1 は，E3 ユビキチン・リガーゼとして機能する。

これは宣言文であり，MuRF1 の他の機能を除外するとすれば，研究対象を制限するものと見ることができる。しかし，このモデルには，別の性格があることに気付いてほしい。これは，他の機能を排除するようなものではないのである。このことで，フレームワークの重要性がさらによくわかるだろう。フレームワークとなる，

問い：MuRF1 の機能は何か。

という問いが，モデルが濾過装置として働くのを阻止してくれるだろう。すなわち，不適切な濾過が起こるのを防いでいるのは，フレームワークとなる問いを発することによって使えるようになった大きな帰納空間である（図 **6.6**）。

---

10 批判精神に富んだ読者は，この新しい問いが，「MuRF1 の基質となるタンパク質が実際に存在する」という証明されていない事項を前提にした問いになっていることを指摘するかもしれない。MuRF1 の基質が存在しないことを証明するためには，ゲノム中に存在するすべてのタンパク質を解析しなければならない。しかし，ここで提示した問いによって，「MuRF1 の基質となるタンパク質は存在しない」という結論に至ることも可能であることに注意してほしい。

この場合なら，既知のタンパク質について使うことのできるすべてのデータ，あるいはタンパク質一般がどのように機能するかについてのモデルのことである。

　科学者は最初のモデルを立てたあと，大雑把な問いからより細かい一連の問いに進むことによって，帰納空間の特定の部分集合に焦点を絞って研究することができるようになる。そして，そのことにより，新しい実験データを素早く出せるようになったことを理解してほしい。

7

実験系を確立する

　ここまできて，ようやく実験のデザインについて考えることができるようになった。この本の残りの部分は，実験のデザインについての内容である。ただし，最初の章で述べた哲学上の問題についても，ある種の実験でそれを考慮することが必要になったときに，説明のためにまた触れることになる。

　「空はどんな色か」という問いに戻ってみよう。この問いに答えるためには，まず実験系を開発して，必要な実験が行えるようにしなければならない。例えば可視光のスペクトルのそれぞれの色について一連の二元的な問いを発することによって，この問いに答えることにしたとしよう[1]。そのような研究を行うために科学者は，研究に使う装置がそれらの色を実際に測定できることを確認しておかなければならない。さらに，その色が測定されなかったことを知る方法も用意しておかなければならない[2]。したがって科学者は，色の測定装置を

---

[1] この科学者は，ここで「帰納空間」にアクセスしている。その帰納空間は，他の状況で光を測定した結果や，色とは何かという知識，可視スペクトル光とは何かという知識などである。これらはすべて，採用されたアプローチ法の「背景」として機能し，表には出ないものである。しかし，過去の知識から実験的アプローチの仕方が導き出されるのだから，その存在は認識しておかなければならない。

[2] これがどうして必要なのかは，この章の後半で説明する。

空に向ける前に，まず，測定装置の出す答えが「有効」であることを証明しておかねばならない。このようなプロセスは「実験系の確立」と呼ばれる。残念なことだが，このようなステップは研究室では無視されていることも多い。しかし，実験系をあらかじめ確立しておくことは，実験プログラムの成功を確実なものにするためには絶対に必要である。試薬が「宣伝されているとおりの」結果を出せることをまず確認しておかなければ，その試薬を使って得たデータが確かなものだとどうして確信できるだろうか[3]。

実験に使う系の有効性の確認

ある女性が，制限速度 100 キロの高速道路を車で走っていたとしよう。彼女は制限速度を超えないように注意していたが，スピードガンでスピードを測定していた警察官に止められてしまった。スピードガンの測定値は，彼女の車が時速 115 キロで走っていたことを示していた。警察官は，制限速度を超えていたことを彼女に告げたが，彼女は怒ってそれを否定した。彼女が車を運転していたとき，車の速度計はもっと低い数値を表示していたからである。

この話では，どちらの人物も観測者とみなすことができる。そして両者は，「この車はどのくらいのスピードで走っているか」という問いを発しながら，違う装置で同じものを測定していた。

この例は，次のような問題を提起している。

1. ひとつの事象を測定するときに異なる方法を用いると，まったく違う結果が出ることがある。

2. どちらの方法が正確かは，正確であることがこれらとは独立に確認されている標準装置を使って，確認しなければわからない。

3. このように正確さを確認することが必要なので，プロジェクトには「対

---

[3] 確信と懐疑の問題や，確信には何が必要とされるかは，それ自体，大きな問題である。科学認識論は経験論に基礎を置いており，見たものに対する信頼によって成立している。確信と懐疑に関する哲学的な問題に興味がある人は，Robert Nozick 著，*Philosophical Explanations*, Harvard University Press, Cambridge, Massachusetts, 1981 年（邦訳：坂本百大監訳『考えることを考える（上・下）』，青土社，1997 年）から読み始めるとよいだろう（本書第 6 章を参照）。

照」が必要になる。

　ほとんどの科学者は，対照とは，データ解釈の際の比較対象にできるように，それぞれの実験にあらかじめ組み込んでおくものだと考えている。しかし，得られたデータが正確なデータだと確信できるためには，最初の実験をする前にも対照を一式揃えておかなければならない。このことを理解するために，車の運転の例に戻って，警察官がいなかった場合のことを想像してみよう。車の運転者が外部の観測者（警察官）なしに走っていたとしたら，彼女はおそらく，自分の車は毎時 100 キロで走っていると信じていただろう。なぜなら，車の速度計がその値を示していたからである。車を運転しているときに，自分の車が本当に速度計に表示されているとおりのスピードで走っているのだろうかと思い悩むような人はまずいない（結局のところ，彼らは運転者であって科学者ではないのだ）。しかし実際は，速度計が毎時 100 キロを指しているだけでは科学者や運転者にとっては不十分で，その表示が正確であることを決定できる外部基準が存在しなければならない。

　警察官は，車の速度の外部基準として機能できるだろうか。それが彼の目的なのだから，確かにそのように機能することが期待されているはずである。しかし，基準となるものを使ってスピードガンをあらかじめ校正し，正しいスピードが表示されるようにしておかないかぎり，スピードガンの表示は車の速度計の表示と同じくらい疑わしい。

　この話では，警察官は文字通り運転者に対する「対照」として働いている。彼の役割は，制限速度を超えて走っている車がいないかどうかを確認することである。しかし，対照として彼が置かれていたとしても，彼の測定装置の正確性が事前に確認されていなければ，彼は対照としての機能を果たすことはできない。対照は，基準となるデータを提供することによって，比較対象として用いられるものである。しかし，そのように機能するためには，対照自身の信頼性が高くなければならない。それゆえに，系の有効性をあらかじめ確認しておく必要があるのだ。

　対照でさえ疑わしい場合があるというパラドックスは，予想されるとおりに材料が働いてくれるかどうかを最初に確認せずに実験を始めることが，いかに問題のあることであるかを見せつけてくれる。もし警察官が使っているスピードガンが不正確なら，たくさんの運転者がスピード違反で間違って捕まることになるだろう。スピードガンが不正確であればあるほど，無実の人が多数捕まることになる。それとは逆に，運転者の速度計が不正確なら，思っていたよりも速く走ってしまい，その速度計を信じたことによって命にかかわる事故を起こしてしまうかもしれない。ところが，正確性が確認されている速度計がどこ

にもない場合，外部からの観察者は，誰が悪かったのか，あるいは何が原因で事故や異常な交通取締まりが起きたのかについて，結論を下すことができない。なぜなら，彼らにも，どのデータを信用すればよいかわからないからである。

　速度計の数値を正確なものにするには，どうすればよいだろうか。例えば，レース場に行けば，1メートルごとに距離が刻んである1キロのコースを使わせてもらえるだろう。そして，その距離が正確なことを，実際に距離を測り直して確認することも可能だろう。このようにして，正確であることを確認した1キロのコースを使って車を走らせ，走るのにかかった時間をタイマーで測定することができる。そして，その測定値を使えば，車の速度計の校正を行うことができる。ここでタイマーの正確性を疑う人もいるだろう。合理的な懐疑主義と硬直した不信との間には線を引く必要があるが，実際のところ，どこでその線を引くかを決めるのはそれほど簡単ではない。研究室では現実的に，秤やタイマーの正確さを心配するよりは，信頼性がそれほど確立できていない実験材料（抗体やDNAプローブなど新しく調製したもの）について，信頼性を確認しておくことが必要だろう。また，確認実験をせずに実験器具を使うと，その器具が実験結果に違いを生じさせてしまうこともある（例えばプラスチック製の試験管はブランドによって違うプラスチックが使われているので，どのメーカーの製品を使うかによって，細胞へのDNAの導入効率が変わってしまうことがある[訳注1]）。注意深い科学者は，常にこういった問題に気を配って実験を行っているものである。

　ある「試験車両」の速度計が校正できたら，次にスピードガンの表示を校正することができる。その車の速度計は「科学的に正確」であることが確かめられているので，その表示は信頼できるはずである。その試験車両を使ってスピードガンの表示を校正できたら，今度はそのスピードガンを使って別の車の速度を測定することができる。その車の速度計は，正確かどうか調べられていなくてもよい。今度の場合は，校正されたスピードガンが「対照」として機能する。

　実験データを信頼できるものにするためには，まず初めにたいへんな苦労と細心の注意をもって実験系を確立しておかなければならないことを，よく理解しておくべきである。

訳注1　プラスチック製品には，プラスチックに柔軟性を出したり，射出成形時に型から外しやすくしたりするために，可塑剤と呼ばれる物質が添加されている。プラスチック製品を実験に使用する際に，この可塑剤が溶液中に溶け出して実験に影響を及ぼすことがあるので，ここに書いてあるように注意が必要である。

実験の際の対照

前述したように，対照とは，科学者が実験結果の正確性を確かめるために使う道具である。不幸な慣習だが，対照は通常，「ネガティブ」あるいは「ポジティブ」という言葉を付けて呼ばれる。

ネガティブ対照

発せられている問いに対して，「Xではない」という基準を確立するのが「ネガティブ対照」である。例えば「空は赤いか」という問いがあった場合，ネガティブ対照は「赤くないもの」を測定したときの実験装置の表示を確立するために使われる。この例で科学者は，今使っている実験系が「赤が存在しないこと」を測定できることを知っておきたいはずである。それができないと，「赤い」という結果になったとしても，それと比較するものがないことになってしまう。言い換えるなら科学者は，実験装置が「赤」を検出できなかった場合でも，実験装置自体は正常に作動していることを知りたいはずである。そのためには，赤が存在しない場合でも実験装置が測定結果を出してくれる必要がある。もっとわかりにくいのは，ネガティブとポジティブな結果が何回出たかを比較するためには，赤が存在しないことを定量しなければならないことである。

このことをもっとよく理解するために，第2章で述べた話を思い出してほしい。あの話では，「赤」が測定されたときにだけ，実験装置は「赤い」という表示を出した。そのような実験系では，「赤」が検出されたという「ポジティブ」な結果だけを知ることになる。実際は「赤くない」という結果のほうがたくさん出ているのに，それを知ることはできない。

このようなことを避けるためには，「赤くない」ことを測定することが必要であり，それをデータとして認識する必要がある。このことは，「ネガティブ」と「ポジティブ」という言葉を用語として使うことの問題点を浮かび上がらせてくれる。しかし，この問題を詳しく論じるとこの本が目的とするところを超えてしまうので，今は，「X」の状態の測定だけではなく「Xでない」という結果も重要なものとして認識しなければならないことを知っておいてほしい。

ネガティブ対照については，第12章でさらに詳しく議論する。ネガティブ対照の概念についてここで触れたのは，それが実験系の有効化の問題に関係してくるからである。この場合，実験装置や実験材料の有効性を確かめるために，ネガティブ対照が必要になる。

M-カドヘリンというタンパク質を認識して，それに結合する抗体について考えてみよう．この抗体は，「M-カドヘリンはどの組織に局在しているか」という問いに答えるために用いることができる．科学者がカタログを見て，「M-カドヘリンを認識する」と宣伝されている抗体を購入し，それを組織切片にかければ，どの組織にM-カドヘリンがあるか調べる実験を行うことができる．そのような実験を行う科学者は，購入したM-カドヘリン抗体が，(1) M-カドヘリンに結合し，(2) 他のタンパク質には結合しないこと，を当然だと思っている．

　ここで，どちらかの仮定が間違っていたらどうなるか考えてみよう．もし第一の仮定が間違っていて，この抗体がM-カドヘリンに結合できないものだったら，「ネガティブ」な結果が不正確なものになるだろう．M-カドヘリンを調べるために使っている道具自体がうまく働いていないのだから，どの組織でもネガティブな結果になってしまい，この抗体を使っている科学者は，どの細胞や組織にM-カドヘリンがあるか決めることはできないだろう．

　第二に仮定されていたのは，この抗体は他のタンパク質には結合しないということである．すなわち，この抗体はM-カドヘリンに特異的な抗体であり，M-カドヘリンだけに結合するという仮定である．もし，この仮定が間違っていたら，ポジティブな実験結果が出ても何も言えないことになってしまう．ポジティブな結果が出ても，それがほんとうにM-カドヘリンがあることを示しているとは限らず，無関係なタンパク質に抗体が結合してポジティブな結果を出しているかもしれないからである．

　したがって，科学者が実験を行うために新しい抗体を購入したら，まず新しい問いを発さなければならない．

問い：この実験系は，有効か．

M-カドヘリン抗体の場合なら，この問いは次のようなものになる．

問い：このM-カドヘリン抗体は，規格どおりに働いてくれるか．

この問いによって，科学者は次の2つの問いを新たに発することになる．

1　このM-カドヘリン抗体は，M-カドヘリンを認識するか．

2　このM-カドヘリン抗体は，M-カドヘリンだけを特異的に認識するか．

M-カドヘリン抗体は，M-カドヘリンについて調べるための「実験系」とみなすことができる。抗体が期待どおりに使えるかどうか確認するためには，上の2つの問いに答えを出す必要がある。M-カドヘリン抗体がM-カドヘリンを認識してくれるかどうかは，いくつかの方法で調べることができるだろう。最も直接的な方法は，M-カドヘリンの組換えタンパク質[訳注2]を作成し，それを精製して，抗体がその組換えタンパク質を認識するかどうか調べる方法であろう。これはそれ自体で，ネガティブ対照を必要とするひとつの実験である。この場合のネガティブ対照は，単純にM-カドヘリンがない状態だろう。抗体がM-カドヘリンを認識するかどうかは，一方のサンプルには何も入れず，もう一方のサンプルにはM-カドヘリンを入れて実験を行い，決定することができる。

　次に，このM-カドヘリン抗体がM-カドヘリンに特異的であり，他のタンパク質を認識しないかどうか調べるためには，もっと洗練された実験が必要になる。この抗体が有効かどうか調べるための最良の方法は，M-カドヘリン以外のすべてのタンパク質に対してこの抗体を試してみることだろう。今や，個々の遺伝子を欠いた動物を作成することができるので，そのような実験を実際に行うことが可能である。例えば，M-カドヘリンを発現していない動物から取った組織を用意できれば，それはM-カドヘリン抗体の理想的な「ネガティブ対照」になるだろう。なぜなら，M-カドヘリンを持っていない動物の組織に対して抗体が少しでも交叉反応を示せば，それは，その抗体が完全には特異的でないことの証明になるからである。

　もちろん，実験材料がうまく働くかどうか確かめるときに，遺伝子をノックアウトした動物のような理想的な系は使えないことも多い。単純にいろいろな細胞のmRNAを調べて，M-カドヘリンを発現していない細胞（M-カドヘリンのない細胞）を探し，その細胞を使って抗体が特異的かどうか調べてもよい。M-カドヘリンのない細胞はネガティブ対照であり，その細胞にM-カドヘリンの遺伝子を導入して発現させることによって，抗体の特異性を調べることもできるだろう。

訳注2　あるタンパク質について調べたいときに，実験操作の容易な細胞（例えば大腸菌や培養細胞など）にそのタンパク質の遺伝子を入れて，そのタンパク質を大量に作らせることがよく行われる。元々の生物の中では微量しか存在しないタンパク質でも，そのようにすれば大量に調製できるからである。このようにして作られたタンパク質は，組換えDNA（recombinant DNA）から作られたタンパク質なので，組換えタンパク質（recombinant protein）と呼ばれることがある。

系の有効性の確認のためのポジティブ対照

　上記の例では，M−カドヘリン・タンパク質の組換え体をポジティブ対照として使って，M−カドヘリン抗体の有効性を確認している。このような実験では，組換え体のM−カドヘリンを精製し，そのアミノ酸配列を決定することによって，確かにそれがM−カドヘリンであることを確認できるので，これを用いれば，M−カドヘリンが実験系の中に確かに存在していることを確信できる。そうすればこれは「有効性を確認済みの対照」となり，これを使って調べたい抗体がほんとうにM−カドヘリンを認識できるかどうか確認できることになる。

　ポジティブ対照なしで実験を行ったらどうなるか想像してみよう。科学者は，M−カドヘリンの存在しない細胞をネガティブ対照として使うことにし，まず，M−カドヘリンのない細胞のタンパク質に対してM−カドヘリン抗体を反応させ，何も認識されないことを確認した。そしてこの細胞を，他の器官からとったタンパク質試料を調べる際の比較対象として使ったとする。抗体を使ってすべての試料を調べたところ，どの試料にもM−カドヘリンが検出できなかったので，すべてネガティブなデータということになった。

　この科学者は，「すべての細胞にM−カドヘリンは存在しない」という結論を出すかもしれない。しかしここで，ポジティブ対照を加えてみよう。ネガティブ対照とそれぞれの試料に加えて，M−カドヘリンを $10\,\mu g$ 入れた試料を用意する。そして科学者は再び実験を行ったところ，今度もすべての試料でM−カドヘリンは検出されなかった。つまり，M−カドヘリンを入れたポジティブ対照でもM−カドヘリンを検出できなかったのである。こうなると，実験の解釈は最初と変わってくる。「M−カドヘリンを含んでいる組織はない」という結論のかわりに，「検出に問題があった」と結論しなければならなくなる。なぜなら，少なくともひとつの試料には間違いなくM−カドヘリンを入れてあったのに，それが検出できなかったのだから。ポジティブ対照の価値はここにある。これによって，「調べている研究対象が，そのときに使っていた実験系で間違いなく検出可能であること」を確認できるのである。

感度の対照

　ネガティブ対照とポジティブ対照の間には，灰色の領域が存在する。前に述べた自動車の例え話でいえば，自動車がいろいろな速さで走れることは明らかである。したがって，問いが「あの車はどのくらいのスピードで走っているか」というものだったとしたら，スピードガンは，ある範囲内のいろいろなス

ピードを測定できなければならなくなる。また，警察官は時速115キロのときには交通切符を切るが，時速110キロのときは切らないとしたら，毎時5キロのスピードの差をそのスピードガンが検出できるかどうか，あらかじめ確認しておくことが重要になる。

このような場合は「感度の対照」と呼ぶことのできる新しいタイプの対照が必要になる。M-カドヘリンの場合なら科学者は，どの組織にM-カドヘリンがあるかということ以上のことを知りたいかもしれない。どのくらいの量のM-カドヘリンがあれば抗体で検出できるのかを知りたいかもしれない。例えば，この抗体を使って実験を行っても，1gの組織あたり10μg以上のM-カドヘリンがないとM-カドヘリンを検出できないとしたら，それより少ない量のM-カドヘリンが発現していても，それが存在するかどうかは決められないことになってしまう。したがって，もしある細胞で1gあたり8μgのM-カドヘリンしか作られていなければ，感度の悪い抗体のせいで実験はネガティブな結果になってしまうだろう。しかし，科学者がこの問題に気付いていれば，他の方法（例えば，免疫沈降法）を使って，タンパク質をあらかじめ濃縮しておくこともできるだろう。

ネガティブ対照，ポジティブ対照，そして感度の対照は，科学者が実験系の有効性を確かめるための手助けとなる。実験系の有効性を確かめることは，実験の成功のためになくてはならないステップである。

8

実験をデザインする
用語の定義，タイムコース，実験の繰り返し

　ここまでで，実験のデザインについて考えるためのフレームワークが確立され，実験結果を評価するための系も確立された。科学者は，ここで初めて実験ノートを開いて実験を組み立てることができる。これまでの章で述べてきたように，実験は，問い，あるいは仮説をもとにして行われる。質問–解答のフレームワークの採用を考慮するのが良いということについては，これまでに議論したとおりである。実験のデザインの際には，実験でデータが得られたあとにそのデータを使ってうまくモデルを構築できるように実験を組み，そのモデルで，問いに対する答えが出せるようにしなければならない。この本では具体的な実験例をいくつか挙げて説明するが，ここではまず，これまでの章で述べた哲学的な議論に基づいて，実行可能な実験をどのようにして組み，それがいかにして有用なデータを生み出すかがわかる実験例を見ていこう。初めに例として，「空はどんな色か」という問いに答えるための実験を組んでみよう。

用語を定義する

　次の問いについて，再び考えてみよう。この問いが，この実験プロジェクト

のフレームワークとなる。

問い：空はどんな色か。

　この開放型の問いに答えるために，科学者は色を「可視的な色」と定義することに決める。そして，可視的な色を構成する光の波長の範囲を割り出し，その範囲で測定を行うことに決める。可視光のスペクトルを測定すると決めたことで（より一般的には，特定の用語の意味を定義したことで），データの濾過装置が設定され，実験結果には制限が加えられることになる。この濾過装置は，適切な場合もあれば不適切な場合もある。しかし，濾過装置が設定されたことを意識できていれば，その実験を解釈する者は少なくとも，その結果が導き出されたときの文脈を理解することはできる。例えば「空はどんな色か」という質問の答えを見せられた者は，きちんとした情報さえ持っていれば，科学者が「空は，どんな可視的な色か」という問いに対する答えを出したことを理解できるだろう[1]。

　さらに科学者は，「空」という用語も定義する必要がある。例えば，測定装置は真上に向けるべきだろうか，それとも水平線に向けるべきだろうか。たぶん，一方の水平線から反対側の水平線までの範囲全体に設定するのが良いだろう。このような決定は，実験の結果に影響を与える。科学者はこれから行う一連の実験で，測定装置を一方の水平線からもう一方の水平線まで，180度回転させて測定することに決める。そして個々の実験では，その範囲の空を一点ずつ測定することにする。

　このように用語を定義することで，実験をデザインするプロセスが開始されたことになる。

---

[1] これは，ここに挙げた例では自明なことのように思われるかもしれない。しかし，「空はどんな色か」という例は，この例ほどには問題点が見えやすいわけではない他の実験の例え話になっていることに気づいてほしい。多くの科学者は，どの実験結果を重要とみなすべきかが用語の理解の仕方によって大きく変わることに気づいていないかもしれない。そしてちょうどこの例で可視的な色を選んだ科学者のように，そのとき彼らにたまたま「見ることのできた」ものを選んでしまい，後になって他の重要な要素が無視されていたことに気づくことになる。このように，あとになって新しいことが発見されると，科学上の問題の調査のやり直しが行われることになる。

実験対象は「典型的な条件」のもとで研究しなければならない

　このように科学者は，実験上の問いや仮説で使われている用語を科学の言葉に翻訳し，それによって実験方法についてのある種の決定を行う。その後「典型的な条件」がどんな場合かを考えることによって，さらに実験条件の選択を行う。もし典型的でない条件や非生理的な条件で実験が行われたとしたら，その実験から得られた結果が通常の条件下でも成り立つかどうかはきわめて疑わしいことになる。

　例えば空の例なら，既に議論したように，「典型的な条件」がどのようなものなのかを決めるためには帰納的な情報が役に立つ。私たちは，空の色が1日24時間の間に変化することを知っている。また，雨が降っているときと晴れているとき（あるいは，雨の直後で虹ができやすいとき）で空の色が違うように，環境条件によって空の色が変わることも知っている。さらに，空の場所によっても違う色が見えることがあることを知っている。この帰納空間（すなわち，既に持っている知識）を，実験デザインの際に使うことができる。そして，それは，積極的に使うべきである。

　帰納空間にアクセスしたあと，空の色を24時間にわたって調べることに決めたとしよう（もっと広範で一般的な結論を出すときにも同じ帰納空間を使うかどうかは，実験結果によって判断される）。このとき，もし帰納空間にアクセスしなかったとしたら，科学者は測定装置を空の一点に向けるだけで実験を行い，測定時間も5分間だけにしてしまうかもしれない。実際のところ，もしも研究の背景となる情報を何も持っていなければ，そのようにしない理由はどこにも見あたらない。既存の知識とそれが実験のデザインに及ぼす影響については，きちんと認識しておくべきである。帰納空間が変われば実験のデザインを変えなければならず，以前に発せられた問いについても再検討する必要が生じる。例えば，一年のうちの特定の期間には，夜空に特定の惑星が見えるかもしれない。科学者が「空はどんな色か」という問いをどのように解釈するかによって，火星のような赤い惑星が空に出現することは，その問いと関係のある意味ある現象とみなされる場合もあれば，そのようにはみなされない場合もある。

　実験は，研究対象が現実の中に存在するときの「典型的な条件」で行わなければならないが，そのためにも用語の定義は重要である。また，どの実験結果が「普通の」状態であるのか，そして，その状態からどのように変動する可能性があり，その変動がどのように解釈できるかを理解するためには，研究対象

を複数の条件で「とらえる」ことが重要であることも認識しておかなければならない。この場合,「典型的な条件」の定義は解釈し直される可能性がある。それは帰納空間と,それがどのように発展するかに依存して変化し得るものである。世の中とはそういうもので,科学者がその系に詳しくなればなるほど,「より良い」実験をデザインできるようになるものである。また,そのことが,系の理解が深まれば深まるほど,答えやモデルがより厳密になっていく理由である。したがって,「空はどんな色か」という最初の問いでは,直感的な答えは「青い」というものだろうが,時間が経つにつれて,適切な実験を通じて,その質問で問題になり得る点や,もっと細かい点が理解されてくる。問題になり得る点がわかってくると,質問の立て方やその理解,そして問いに対する答えがより洗練されたものになっていく。例えば,時間が経つにつれて「空はどんな色か」という問いは,「午前10時ちょうどにある特定の場所に立って,測定装置を2007年12月15日の火星の方向の地平線から45度上方に向けて測定したときの,可視的な色は何か」というような細かい問いになっていくだろう。これほどまでに細かい問いになることは,すべてを包含する大きな結論を導き出したいと願っている科学者を失望させるかもしれない。しかし,まさにそれが,この本の目指すところなのだ。すべてを包含する大きな結論だが,それにもかかわらず現実に合っていない結論を出そうとする実験者は,失望しなければならない。

　今の例では,科学者はこの系について研究を始めたばかりで,事前にわかっていることは,空の色が1日の間に時間によって変わっていくことだけだとしよう。その場合,科学者は,代表的なサンプルを集めるために,最初の実験は24時間にわたって行うという決定を下すことになるだろう。

タイムコース実験と,実験の繰り返し

　科学者は,まず,測定装置を特定の方向に向けて,24時間にわたって空の色を測定することに決めた。そして測定は,5分ごとに行うことにした。これは,既に持っている知識から帰納的に決めたことである。科学者は,1時間ごとに色を測定すると,夜明けや日没を見逃してしまうことを知っていた。しかし,だからといって,測定を連続的にする必要はないと考えたのである(測定結果を統計学的に処理する予定のとき,無限に近い測定点をとることは,人生を非常につらいものにする)。このように時間を追って繰り返し測定する実験は,「タイムコース実験」と呼ばれる。これは,ある系において,どの時点の

測定値でも一般的な値とみなせるのか，それともそれが基本的に時間によって測定値が変わる系なのかを理解したいときに行う実験である．例えば，空はあるときは赤く，また別のときは青いというように，その系が「均一ではない」ことが実際にわかったら，科学者はそのような複雑さをどのように解釈したらよいか決めなければならない．科学者が何を重要とみなすかによって，日没のときに空が赤くなるような稀な事象は重要でないものとして捨てられることもあれば，また他のパラダイムのもとでは，すべてのデータが等しく重要なものとして採用され，一般的な事象に対する例外が見つかったときは，ちょうど人が日没の美とはかなさを眺めてひと時を過ごすように，珍しい事例として喜ばれる場合もある．

　ここまでは事前にわかっている知識を参照しながら考えてきたが，ここで，私たちがふだん問いを発するときは答えがまだわかっていないということを思い出してみよう．いつ，どこで，どのように空の色を測定するかによって，1日のうちのごく短い期間に空の特定の領域で起こる劇的な色の変化を，私たちがいかに容易に見逃してしまうか再認識しておくことは大切である．これは，実験をデザインする際には細心の注意が必要であること，そして，ある系についてのデータが集まったあとに前と同じ問いを発してみることによって，なぜ前よりも多くのことを知ることができるのかを示す例え話となっている．

　統計学はこの本の主題ではないが，無視することのできない存在である．前に述べたように，統計学は正しく使えばきわめて有用である．統計学を使うと，実験をデザインする際に，データが現実を反映していることを証明できるように実験を組むことを強制される．これは，統計学を使って実験を組む際にはモデルを立てる必要があり，それによって未来にその系がどのように振る舞うかを予測しなければならないからである．

　統計学には有用な点がたくさんあるが，そのうちのひとつは，ひとつのことを決める際に「複数回の実験を繰り返す」ことを科学者に強制することである．しかし，この場合の「繰り返し」は，タイムコース実験の場合とは異なっている．統計学的な意味での反復実験は，特定の，同一の操作や処理，そして出来事の事例を複数回測定するために行われる．次に述べるのは，反復実験の例である．科学者が，ある薬に体重を減少させる効果があるかどうか決めることにして，多数の被験者で試験を行ったとしよう．体重を減少させる可能性のある薬を1000人に与え，別の1000人には何も効果がないことがわかっている偽薬を与えた．ここでは，それぞれのグループの被験者について1000回の「繰り返し」が行われていることになる．それによって，統計学者はその効果の程度や，標準偏差などを決定することができる．

　空の色を決定しようとするときは，5分ごとのそれぞれの時間について複数

回の測定を行わなければ，各時刻における空の色を統計的に有意な形で決めることはできないだろう。ここで，午前6：15における空の色の測定は，午前6：00の測定の繰り返しとはみなせないことを強調しておく必要がある。例えば，午前6：00には空の色は黒く，午前6：15には（太陽が昇り始めて）赤かったら，午前6：15に違う空の色が観測されたからといって，午前6：00の測定結果が無効になるわけではない。しかし，これら2つの時刻で空の色が違うことは，実験上の問いに科学者が答えを出す際，その答えを複雑なものにしてしまう。「空はどんな色か」という問いにおける繰り返しとは，このように違う時刻で測定を繰り返すことではなく，例えば午前6：15での空の色の測定を，数日間にわたって繰り返すことである。1週間にわたって測定を行えば，その時刻での7回の繰り返し測定のデータを得ることができる。

実験の繰り返しとタイムコース実験が，どのように実験の「答え」に影響を及ぼすか

　タイムコース実験を行う前の科学者は，「空はどんな色か」という問いに対する答えが，ひとつの単語から成る単純なものになると予想していたかもしれない。ところがタイムコース実験を経験した今では，空の色はひとつではなく，時間と共に変化することを理解した。したがって科学者は，もとの質問に対してひとつの単語で答えることはできない。データに合うようにモデルを作成しなければならないので，そのモデルは，空の色が変化することを示すモデルになるだろう。問いに戻ると，既に述べたように午前6：15の空の色は午前6：00の空の色とは異なっているが，それは午前6：00での結果を無効にするものではない。しかし，午前6：00における空の色の測定を例えば翌日にもう一度行い，同じ答えが得られなかったら，午前6：00の空の色についてはっきりしたことは言えないということになる。また，実験を行ううちに科学者は，2005年2月23日の午前6：00の実験の繰り返しを2005年2月24日の午前6：00に行ってもそれは真の繰り返しにはならず，むしろ2006年2月23日に測定を行ったほうが良いことに気づくだろう。このように，実験を同じ条件で繰り返すことができているのかどうか，わかりにくい場合がある。これは，「真の繰り返し」を行うためには，できるかぎり同じ条件になるように測定を行わなければならないことを示す例である。この点については，またあとで述べよう。

実験のやり方を決め，それをもとに繰り返し実験のやり方を決める

　実験をどのように行うか決めることができたので，それに従って1回の実験は24時間にわたって5分おきに測定を行うことにする。この実験の繰り返しを行うためには，別の日の24時間を使って実験全体をもう一度行わなければならないだろう。

　どうしてこのような繰り返し実験が必要なのだろうか。測定を1日だけ行ったとしたら，5分ごとの測定データの各々について，ひとつのデータしか得られない。このようなタイムコースでも，ある1日に空の色がどのように変化したか，大まかに知ることはできる。しかし，実験を行ったその1日が「典型的な日」とみなせるかどうかや，その日の各時刻の状態が，毎日のその時刻の状態の代表的なものなのかについては何の保証もないし，そのようにみなすことに合理的な根拠は何もない。実際，「典型的」とか「代表的」という言葉を使うためには統計学が必要になってくる。ある1日や，ある時刻の状態が典型的・代表的なものかどうかを知るためには，まず十分なデータを集めて標準偏差や標本平均の標準誤差を決定し，ある結果が統計的に有意な結果かどうかを計算する必要がある。

　統計的に適切な分析を行うためには複数回の測定が必要なことを知った科学者は，1週間にわたって測定を毎日行うことにした。既に議論したように，問題の複雑さを考えると，これは「ベスト」の選択ではない。しかし，この最初の実験で科学者は，とりあえず1週間の測定を行うことにしたとしよう。

　ここまでの段階で，実験をデザインする過程でいくつもの決定が行われている。

1　特定の範囲の波長の光について測定すること。

2　それぞれの測定では，測定装置を同じ方向に向けること。

3　特定の期間（24時間），空の測定を行うこと。

4　規則正しく特定の時間間隔で（5分ごとに）測定を行うこと。

5　統計的に有意なデータを得るために，タイムコース実験を十分な回数（7日間にわたって毎日）繰り返すこと。

科学者は，実験週の終わりに統計学を適用することによって，空の色がそれぞれの時刻で一貫したものになっているかどうか（例えば，標準偏差や標本平均の標準誤差が大きいか小さいか）や，いろいろな時刻で統計的に有意な色の変化が起きているかどうかを決定することができる。このように，問いにどうやって答えるかについての最初の決定ができたので，次に科学者は，測定によって「正確な」答えが確実に得られるようにするために，対照を適切に設定しなければならない。

実験系の有効化と対照の設定

　この種の実験で用いられる対照の種類については，後の章で詳しく述べる。ここでは，この実験が必要とする対照についてだけ触れておこう。ここでの議論を読むことによって，どうして実験の際に対照を置くことが要求されるのか理解できるようになるだろう。まず第一に科学者は，「装置の対照」を設定し，目的どおりの波長の光を測定できることを確認しなければならない（第7章参照）。簡単に言うと，各々の色のポジティブ対照を集め，それらを使って実験装置の出すデータが正しいものになるように装置を設定する。第二に，空を本当に測定できていることを確認できるようにしなければならない。それにはたぶん，単純な観察とポジティブ対照を必要とする。ポジティブ対照としては，そのときに測定している特定の色を装置が検出していない場合でも，装置が空からのデータを受け取っていることがわかるようなものが必要である。例えば，実験装置は「茶色」を測定するように設定されているが，茶色の情報を装置が受け取ったことを示すデータが出力されておらず，本当に装置が茶色を測定できる状態になっているのかわからない場合がある。そのようなときには，装置が壊れておらず，正常に働いていることを確認することが重要である。測定装置に関するポジティブ対照はまず，青と黒を同時に測定することだろう（空は多くの場合で青か黒なので）。そのような対照によって，装置が確かに動いていることを確認できるはずである。また，装置が茶色を検出できる状態になっていることを確認するための第二のポジティブ対照として，茶色であることがわかっているものを用い，それを測定してみることも必要である。

　実験系についてある程度わかってからでないと，ここに挙げたような対照を選択することはできないことに注意してほしい。このことは，問いの対象について学べば学ぶほど，自然に実験が改良できるようになっていくことを示している。アクセスできる情報が多くなればなるほど，対照を数多く設定すること

ができるようになり，新しいデータを確実に集められるようになっていく。この点は，批判的合理主義の理論に逆らっていることに気づいてほしい。批判的合理主義を信奉する哲学者は，過去の経験を未来の予測に使うのを拒絶するものだからである。彼らはそのかわりに，「ものごとは変化する可能性がある」と主張し，例えば重力は知られている限りこれまでずっと存在していたが，それすら未来にも存在する保証はないと主張する。反証の材料として仮説を用いることをカール・ポパーが推奨したのは，そのような議論に触発されてのことだった。もし過去の経験によって未来を予想することができないなら，「あることがもう一度起こる」と予測する形で，何かが「真実である」と言うことは不可能である。しかし，科学の明白な企図は，「自然の法則」を導き出すことである。それは，未来において対象がどのように動くかを決定する形で，ものごとがどのように動いているかを理解することである。こういった哲学的な問題は第9章で詳しく議論するが，ここでは，ポジティブ対照を設定するときは，特定の材料についてそれ以前に行われた実験が参考にされるということを理解しておいてほしい。現在の実験の有効性を確認するために，過去に得られた材料を使えるということである。

　実験の際の対照の選び方について話を続けるためには，最初の実験をデザインした際につくったリストに戻って，設定すべき対照をそれぞれの項目のところに書き加えるとわかりやすそうである。次のリストは，科学者が最初の実験の前にどんな決定を行ったかをまとめたものである。そこに方法の概要と，使われる対照が書き加えてある。

1. **特定の範囲の波長の光について測定すること**。それぞれの波長での測定は，対象とする色を持っていることがわかっている物体をポジティブ対照として使い，測定装置がその波長を測定できることを確認することによって有効性を確認する。それぞれの波長での各々の測定では，その色を持っていないことがわかっている物体をネガティブ対照として使い，測定装置があやまってポジティブな結果を出すことがないことを確認する。測定装置が正しく動いていることは，青，黒，赤を毎回測定することで確認する。もし測定装置がこのうちのひとつでも測定できなかった場合は，その時点で装置を点検する。

2. **それぞれの測定では，測定装置を同じ方向に向けること**。水平線からの角度を測定し，記録する。例えば，水平線から45度の方向を測定するように装置をセットする。装置は1週間同じ場所に置く。装置の場所は，周囲の目印を使って三角測量しておくのもよいだろう。

3 　特定の期間（24時間），空の測定を行うこと。24時間を測定するためには，タイマーを用いる。対照として，インターネットを使って定期的に時刻を確認する。

4 　規則正しく特定の時間間隔で（5分ごとに）測定を行うこと。5分ごとにアラームを鳴らせるタイマーを使う。対照として，インターネットを使って時刻を確認する。

5 　統計的に有意なデータを得るために，タイムコース実験を十分な回数（7日間にわたって毎日）繰り返すこと。それぞれの日の終わりに，データを記録し，カレンダーに印を付ける。実験は，7日間同じように行う。

データを集めて分析し，最初の実験の解釈を行う

科学者は，24時間にわたって5分ごとに空の特定の場所の色を記録することを，1週間にわたって毎日行う。実験週の終わりに，それぞれの時点での空の色を割り出し，データを得る。それは，表8.1のようなものになるだろう。

表8.1

2007年	1月1日	1月2日	1月3日	1月4日	1月5日	1月6日	1月7日
6：05 a.m.	黒	黒	黒	黒	黒	黒	黒
6：10 a.m.	黒	黒	黒	黒	黒	黒	黒
6：15 a.m.	黒	黒	黒	黒	黒	黒	灰
6：20 a.m.	黒	黒	黒	黒	黒	黒	灰
6：25 a.m.	黒	黒	黒	黒	黒	灰	灰
6：30 a.m.	黒	黒	黒	黒	灰	灰	赤
6：35 a.m.	黒	黒	黒	灰	灰	赤	青

表8.1を見ると，午前6：05と午前6：10ではデータは常に同じだが，それより遅い時刻になると（日の出が始まると）データが一貫していない。実験者は，このデータにいろいろな解釈を加えるだろう。

1 　このデータによって，異なる時間帯の空に異なる色が観察されることが明らかになった。

2 このデータによって，空の色が時間と共に黒から赤，そして青に変わることが明らかになった。

3 このデータによって，空の色は午前6：05と6：10には黒であり，その後6：25までは統計的に有意に黒であることが明らかになった。6：25より後については，空の色に関してはっきりした結論は得られなかった。

この実験からは，3番目の解釈しか有効ではない。なぜなら，統計的に支持することができるのは，これだけだからである[2]。初めの2つの結論をもっとよく見てみよう。

1 **このデータによって，異なる時間帯の空に異なる色が観察されることが明らかになった。**統計的な枠組みでは，データはこのようなことを支持していない。このデータでは，青は1回しか観測されておらず，赤は2回しか観測されていない。2007年1月7日の6時35分に青が観測されたことは，他の日の6時35分のデータと一貫性がなく，他の日にはその時刻に同様のことがまったく観測されていないのに，どうして1月7日のデータが正しいと言えるだろうか。科学者が，2007年1月7日の6時35分に空が青かったと確実に言えるのは，2007年1月7日の6時35分に複数回空の色を観測して，いずれの場合も一貫して青だった場合だけである。しかし，この実験は，そのようなデータがとれるようにはデザインされていない。赤の測定の場合も同様である。それらも，この実験デザインのもとでは統計的に有意なレベルには達していない。したがって，「空はどんな色か」という問いのもとでひとつの時刻に青が観測されたが，違う日には青は観測されていないので，この問いの答えを青にすることはできない。

　ただし，そうはいっても，青を観測したことを完全に捨て去る必要はない。科学者は，空の色が認識可能な傾向性をもって変化していくことに気づいたのだから，それをもとにして新しい問いを発することができるだろう。

2　実際の統計学について説明するのはこの本の目的を超えているので，この点についてきちんとした文脈で説明するのは難しい。この例では，6：05から6：25までのデータは統計的に有意なレベルで空が黒であることを示しており，他の色については統計的に有意なレベルに達していないと理解してほしい。

2 **このデータによって，空の色が時間と共に黒から赤，そして青に変わることが明らかになった。**このデータを見れば，このような結論を出したいという誘惑にかられることは理解できる。しかしそれは，いくつかの理由で適切ではない。第一に，上に述べたように，青と赤の観測についてはまだ確かなことは何も言えない。第二に，この結論は「空はどんな色か」という問いに対応したものではない。これは重要なポイントであり，科学というものがどのように進められていくかを示す良い例となっている。この科学者は，「空はどんな色か」という問いに取り組んでいるときに，空の色が一定ではない可能性を示すデータを得，空の色が変化するらしいことを見いだした。そして，1日のうちに順序だって色が遷移し，さらに，1週間の間に色の変わる時間帯がシフトしていくらしいことにも気づいた（そしてもう少しすればこの科学者は，それが1年を通じて周期的に変化していくことに気づくだろう）。この発見をもとにして，太陽と地球の相対的な位置関係に応じて起こる現象についての，かなりエキサイティングなモデルを構築できる可能性がある。しかしまだ，そのような形で結論を出したり，そのようなアイディアをモデルに取り入れたりするのは適切ではない。それは，新しい問いを発して，統計的に有意で，全体像の典型となるようなデータを繰り返し集めることができたときに初めて行えることである。

　仮説の検証のフレームワークを使う場合は，上のようなデータを使って，「空の色は黒から赤，そして青へと変化し，それらの変化が起こる時刻は毎日少しずつ変化していく」という仮説を立てることができるだろう。この新しい仮説は，そのために新たにデザインされた実験によって検証されなければならない。

　ここで私たちは次のようなことを見ることができた。すなわち，統計学を援用することによって，統計学的に支持される結論がどのようにして導き出されるのか。フレームワークに応じた結論を科学者が出す際に，問い（あるいは仮説）がどのようにその結論の範囲を制限するのか。そして，いま出すべき結論以外の結論は，別の実験プロジェクトとして実験をデザインし，そこで結果が出るまでは，それを出すのを先延ばしにすべきであること。たとえ科学者がどんなに聡明で，最初の実験の結果を見ただけで空の色の時間変化の全体像を推測することができたとしても，そのための実験プロジェクトを適切にデザインし，実験の繰り返しによってデータの有効性を確かめるまでは，その推論をモデルに組み込むことはできない。したがって，「空の色は変化するか」というような質問をフレームワークにして新しいプロジェクトを組み，空の色を1

週間にわたってもう一度観測して，同じ結果が再び得られるかどうか調べなければならない。もし同じ現象が観測できたら，空の色が黒から青へ変化することや，日の出との関係を統計的に確認できるまで，同じ実験をさらに何度か繰り返さなければならなくなるだろう。そうして初めて科学者は，その問いに対応したモデルを組み，その実験の結果をモデルに取り込むことができるのである。

「空はどんな色か」という例に実際に取り組むことはせず，わずかなデータを見て考えただけでも，この問いに答えるにはたくさんのやり方があることがわかるだろう。

1 　ある特定の時刻を挙げ，その時刻にどんな色が観測されたかを提示する。

2 　実験の繰り返しによって観察され，確認された最も一般的な色を，典型的な1日の「標準状態」として提示する（科学者が不幸にもこのアプローチ法を採用してしまったら，結論には決して到達できないだろう！）。

3 　完全なデータの報告として，すべてのデータを問いに対する答えとして提示する。

これらのデータ処理の方法は，どれも有効なものと見ることができる。しかし，第一の方法で提示される答えは「青」か「黒」のどちらかで，特定の時刻についてしか有効なものにはならないし，また，第三の方法で提示されたものはそうとう複雑なものになるだろう。このデータの提示の仕方について，「ベストな」方法の処方箋を書くのは難しいが，問いの内容に即していると同時に，データ全体を最も正確に表現した答えを提示することが，方法として好ましいと言うことはできる。

9

モデルの有効性を確かめる
未来を予測する能力

　古代には，未来を予言できる人は「魔法使い」とか「魔術師」と呼ばれた．しかし，経験に基づいた科学が発達すると，人々はある種の「自然の法則」が存在することに気づいた．そして，この法則を理解すれば，過去に現実がどのように振る舞ったかを記述できるだけでなく，未来において現実がどのように振る舞うかも予測できることを見いだした．例えば，誰かがボールを空中に投げたときに，別の誰かが「それは地上に落ちるだろう」と予言しても，その人のことを誰も魔術師とか魔法使いとは呼ばない．重力を構成する宇宙の紐[1]は私たちには見ることができないにもかかわらず，私たちは重力についての十分な経験と「自信」を持っている．誰かが石を落としたときに，それが予測できる方向に動いていくのは「統計的な真実」である．石を空中で放したときに何が起こるかを予測できるのは，重力が物体にどのように作用するかについての「モデル」があり，そのモデルから得られる知識に基づいていると言うこともできる．地球上では，質量を持つ物体が放たれると，（風が，落ちる葉を重力に逆らって吹き飛ばすように）他の力が加えられない限り，その物体は地面へ

---

[1] これは紐理論（string theory，M理論）をそのまま唱えているわけではなく，ただの例えとして出したものである．紐理論は，実験的に確かめるのが容易ではないため，経験主義者にとっては問題のある理論である．

と落ちていくのである。

　経験主義的な科学においては，未来を予言する能力があることがその実質的なゴールとみなされるが，分野によってはこのゴールが特に強く意識されることがある。例えば気象学の場合，気象予報士の毎日の仕事は，次の日の朝，私たちが家を出るときに傘を持っていく必要があるかどうかを予言することである。私たちは，その日の雨を気象予報士がうまく予言できていたことを確認したり，昨日の晩の天気予報を罵ったりすることによって，天気についてのモデルの正確性を毎日のように審査している。したがって，私たちが気象学者の言うことを信じるのは，自らの信念として信用しているからではない。私たちは経験主義者として行動しており，これらの人々が実際に天気をある程度予測できることを経験的に知っているからそのように振る舞っているのである。ある意味で，天気予報を見ている人々は，実験上のモデルを審査している自然科学の審査員と見ることができる。そして彼らの行動は，そのモデルを彼らが一般に正確なものとして受け入れていることを示している。それは，経験的にそうであることがわかっているからである。

　人々はたぶん自分では気づかないうちに，未来を予測する例に毎日のように遭遇しており，そのつど科学上のモデルを受け入れて行動している。もし1800年代の人が41トンの重量を持つ飛行機の前に連れてこられて，「この乗り物は空を飛べるから乗ってみろ」と言われたら，その人はおそらく尻込みするだろう。しかし今では，毎日何千人もの人々がそのような乗り物に平気で乗り込んでいる。彼らは，その乗り物がきちんと制御された形で彼らを空に浮かび上がらせてくれることを信じて疑わない。飛行機が飛ぶことを予測する科学上のモデルは，航空学の実験に基づいている。エンジニアは蓄積されたデータによってエンジンの推力を計算し，ある物体を空に浮かべるのに必要な浮力を計算することができる。過去の飛行によって得られたデータは，明らかに，未来予測を行うのに十分なデータである。そうでなければ，毎日のように飛行機が空から落ちているだろう。

　未来を予測するというゴールは多くの場合，「既に与えられているもの」として理解されているが，このゴールは科学上のモデルの有効性を確認するための方法としては，たぶんその真価がきちんと認識されていないようである。実際，統計的に有意であるということは，特定の結果が何度でも繰り返されることを表しており，それによって別々のできごとを比較することができ，研究の対象となっている複数の集団の間に有意な差があるかどうかを決定できるということである。統計的に有意であるためには，そのようなことが要求される。これを言い換えると，統計的に有意であるためには，ある集団はすべて同様に振る舞うことが要求され，その行動は対照群の振る舞いとは十分に異なってい

ることが要求されるということである。何度繰り返しても特定の結果が確認できることが統計学で要求されるということは，モデルが現実をうまく表現していることを実験的に確認できる必要性があることを，別の形で表現したものと捉えることができる。

質問-解答のフレームワークでは，未来予測でモデルの有効性を確認できるかどうかを，いつ確かめるのか

　科学上の問いに答えるための実験が終了したら，モデルが構築され，「そのモデルは正確なものか」という問いが発せられる。もし最初の問いが「空はどんな色か」というもので，実験の結果構築されたモデルが，空の色がどのように変化していくかを時間を追って記述した表だったとしたら，次に，「このモデルは正確だろうか」という問いを発することによって，私たちはそのモデルが正しいかどうかを検証することができる。そして翌日，いろいろな時刻の空の色を観察して，その結果をモデルと比較し，モデルがいくつの時点で正確で，いくつの時点で不正確だったかを記録することによって，「このモデルは正確だろうか」という問いに対する統計学的な解答を得ることができる。

　モデルが正しいかどうかの究極の試験は，そのモデルが現実を予測できるかどうかを試すことである。問いが「空はどんな色か」で，モデルが「空は青い」と答えていたとする。このモデルが正しいかどうか試すために，異なる実験条件のもとでも（例えば夜間でも），このモデルが十分な回数現実を予測できるかどうか調べたとしたら，ほぼ半分の観測では不正確であることが明らかになるだろう。そうなったら，どの時間帯に空が青いのかについて，このモデルを修正する必要が生じる。しかし，空が青い時間帯だけしか調べなかったとしたら，このモデルを修正することはできない。

　科学者にこのような要求（すなわち，「モデルが現実を予測できるか」という問いに答えなければならないという要求）を課すことは，仮説を検証する際と同じように，科学者にバイアスをかけることになるのではないかとあなたは思うかもしれない。どちらの場合も，科学者は特定の結果に賭け金を支払った状態になっているので，それと矛盾するデータは濾過して捨て，予想される結果に合うデータばかりを探してデータを特定の方向に持っていこうとするかもしれない。しかし，仮説の反証を要求することと，モデルの検証を要求することには，いくつか違うところがある。最も大きな違いは，モデルは実験的な証拠に基づいて構築されていることである。「明日の正午，空は青い」というモ

デルがあった場合，このモデルは統計的に正確だと言えるだけの十分な実験に基づいているはずである。それに対して仮説は，帰納を用いず，実験を行う前に立てられなければならない。したがって数学的には，仮説が（少なくとも部分的には）反証される確率のほうが，モデルが反証される確率よりも明らかに高いはずである。モデルは，統計的に確かであることが既にわかっている結果に基づいて作られているからである。したがって，既に同じようにバイアスがかかっている科学者がさらなるバイアスをかける「必要性」は，質問-解答-モデルのフレームワークのほうが，批判的合理主義のフレームワークよりもはるかに少ない。

　もうひとつ重要なのは，それぞれのフレームワークが異なるものを要求することである。批判的合理主義が要求するのは，反証し，否定するための仮説を設定することである。前に議論したように，このことは何かを「真実」であると証明したい科学者と，その可能性を拒否するフレームワークの間で緊張を生み出すことになる。それとは対照的に，モデルは「正しい」として受け入れられてもよいものである。モデルが不正確であることが実験でわかったら，そのモデルは修正されたり批判されたりして，それが新しい研究のもととなる。したがって，モデルの構造には仮説よりもはるかに柔軟性があるのである。

未来を予測するための基礎としてモデルを使う

　デイビッド・ヒュームが，「太陽が毎日昇るからといって，明日も昇ると信じるべき論理的な根拠はない」と述べたことは有名である。ヒュームを信奉していたポパーは，反証のために設定される構築物，すなわち仮説を提示することによってヒュームに応えた。ポパーは，過去に現実がどのように動いていたかを記述すれば，それが未来の現実を表すものになるという思想を，実質的に破棄してしまった。しかし，ここで私は，太陽が毎日昇るというモデルを構築できるのは，まさにそれまでに観測されたすべての日[2]で太陽が昇ったからだと主張したい。そして，その有効性に疑問を抱く人がいたとしても，そのモデルが未来を正確に記述していることが（太陽が実際に翌日も昇ることによって）証明されたら，太陽がその次の日もまた昇ると合理的に信じることができると言いたい。

2　あるいは，統計的に有意なレベルに達するのに十分な日数。

過去の経験を現実についての記述へと翻訳する作業は，仮説の反証を行わずにやめてしまうことと同じではない。この場合その記述の有効性は，未来を正確に記述しているかどうかを調べることによって確認することができる。モデルの検証は，帰納的推論の一環として行われる作業である。そして，モデルが未来に起こることを正確に記述しているかどうか再び問うことによって，その帰納的推論の有効性を確認することができる。批判的合理主義者は，自然はいつでも変化しうるのだから，過去に依存して未来を予測しようとするのは誤りだと主張するかもしれない。しかしそれでも帰納主義的な科学者は，現実を支配している法則がこれまでに変化したことは確認されておらず，経験に基づいて立てられたモデルが未来を正確に表現できていることが示されてきたという経験的な事実があれば，それで満足することができるのである。

　モデルに未来をうまく予測できないところがあれば，どんなに些細なことであってもそれを修正することによってモデルを洗練させることができ，未来に起こることを正確に表現できるように少しずつ変えていくことができる。対象が将来どのように振る舞うかを実験的に首尾一貫した形で確かめられるようにモデルが機能している限り[3]，そのモデルが正しいかどうかは確認することができる。循環論法のように聞こえるといけないので付け加えると，「モデルが正しいと確認できない場合」よりも「モデルが正しいと確認できる場合」のほうがずっと多いときに，統計的な有意性が得られるものなのである。そして，「モデルが正しい」と確かめられない場合があったときには，それによってモデルの予言能力の限界を定めることができる。

　次に述べるのは，過去の経験によって未来を動かし難く予測することができ，それによって意味のあるモデルを構築できる例である。あなたは大きなビーチボールを見て，そのボールが赤いことを観察した後，目を閉じる。そして，「再び目を開けたときにもそのボールは赤いままだろうか」と考える。あなたは，「次に目を開けたときにボールは緑色になっているだろう」と予測するかもしれない。しかし，実際に目を開けると，ボールは赤いままである。あなたはこのようなことを，何度も繰り返し行う。ある時点で，「そのボールは赤い」というモデルに落ち着くだろう。ここであなたが「このモデルは未来を予測できるだろうか」という問いを発すれば，目を開けるたびにモデルが未来を予測できていることを確認できるだろう。しかし，未来のある時点で「そのボールは赤いというモデルがまだ正しいだろうか」という問いを発して目を開けたところ，ボールが緑色になっていることを発見してしまった。当然あなた

3　このように，どういったものが首尾一貫した結果であるのか，あるいは実験的に確かめられる結果とみなせるのかを定義することが，統計的な決定の基礎になる。

はその結果に驚くだろう．しかし，あなたが目を閉じている間に誰かがそのボールを緑色のペンキに浸けたことを知れば，驚きは失せて，以前のモデルは現実に反していたものだったなどとは考えないだろう．それよりも，あなたのモデルを現実に適合させて，「そのボールは以前は赤かったが，今は緑色である」と言うだろう．そして再び，そのボールが実際に緑色である限り，そのモデルが正しいことはずっと確認できるだろう．

私たちは，ある特定の人に癌が発生するかどうかを正確に予測することはできない．太陽が昇るのを予測したり，それまで見ていたボールの色を予測したりするのと同じレベルでそのようなことを予測するのは，私たちには不可能である．これはおそらく，癌などの場合では影響を及ぼす変数の数が多すぎるのと，どの変数が相対的に重要であるかについて，私たちの理解が足りないためだろう．癌になりやすい人を予測できるようになっていけば，予測が正しいかどうかは実験的に確かめることが可能である．帰納主義的な科学者が「測定値 X が出たということは次に Y が起こるだろう」と主張したときに批判的合理主義者がそれに反対したら，単純に「実際に Y は起こるだろうか」と問いを発して調べればよいのだ．

科学の哲学と科学の実践が出会わざるをえない結節点は，科学が特定の方法で実践される必要性がある理由をどのように理解するかという点にある．科学者が根源的に求めているのは，自然がどのように動いているかを研究して，自然がどのように動いていくかがわかるようにすることである．未来を正確に予測できることが要求されないなら，科学者と空想科学者には何の違いもない．例えばある人が「今から 1 秒後に重力が存在しなくなる」と言ったとする．このモデルには，過去と矛盾することは何も含まれていない．したがって，過去と完全に調和していると言うことができる．しかしそれと同時に，このモデルは未来を予測することはできないだろう．重力がなくなるというような過激な変化を予言することは，過去の経験と矛盾していると言う人もいるかもしれない．しかし，根源的な帰納主義者なら，そのような経験を帰納に用いることができないことに同意してくれるだろう．経験的なできごとを一般的なルールにしてはいけないのだ．しかしこの本では，モデルというものは「現実」が未来にどのように振る舞うかを表現したものであり，実際にモデルが未来を予測できるかどうかでそれが正しいかどうかを確認できるのであって，このことが科学と空想科学を分ける最も重要な点であると主張したい．重力がなくならないという事実，すなわち，先のモデルは未来に起こることを正確に表現していないという事実によって，そのモデルの有効性は否定されるのである．

私たちは，「ある時点の 1 秒後に重力がなくなるか」と問いを発して，そのようなことは起こらないことを証明できるし，何度でもそれを繰り返すことが

できる。重力が1秒後になくなるというモデルは，私たちが未来に起こることを予測するためには何の役にも立たない。逆にそれは間違った情報を私たちに与えており，私たちが未来にきちんと活動するための能力を実質的に減少させている。もし，重力が1秒後に消失するという予測を受け入れたとしたら，高いところから飛び降りても怪我をしないと考えて，人はこの機会に橋から飛び降りてしまうかもしれない。人が活動するためには，自分の行動であれ環境中の事物の行動であれ，その結果をあらかじめ予測しておくことが必要である。そのため，科学と空想科学を区別することが必要なのである。人は経験に基づいて予測を行うものだが，そのような予測はすべて，現実がどのように動くかというモデルに基づいた帰納的思考の実例となっている。

　哲学から科学上の実践の議論に入る前に，もうひとつの哲学的な問題に触れておかなければならないだろう。それは，知覚の問題である。哲学の系統としては，外界の物体の存在とその生得的特質についての叙述を受け入れるアリストテレスからデカルトを経る流れのほかに，カントから続く精神の哲学がある。カントの哲学は，現実についての私たちの経験が，知覚の限界と個々人の精神の働きによって支配されていることを重視するものである。空間と時間に関する理解がそうだったように[4]，私たちの知覚に誤りがあることは間違いないのだから，現実を確かなものと思っている私たちの確信にも誤りがあるだろうし，人ごとに異なるやり方でものごとを知覚しているにもかかわらず，その影響を受けずに存在するような「一般的法則」があるかどうかは疑わしい。そうだとしたら，事物の本質を記述することもできず，ただ知覚されたことしか記述できない科学者が，どうして事物の未来を予測したりできるだろうか。このような哲学的なレベルでの正確性を取り扱うのは，明らかにこの本の目的を超えている。しかし，現在のプロジェクトに関係する程度にはその問題に答え，プロジェクトが合理的なものであることを保証しておかなければならないだろう。

　現実についての科学的な予想は，その予想を行う者の限界にかかわらず，実際の現実を反映している。このことは，いくつかの思考実験で確かめることができる。例えば，科学者の発見がすべて，その科学者個人の知覚によって濾過された結果であったとしたらどうだろう。その科学者個人にしか関わりがなく，研究してきた因果関係がその事物の本質を何も反映していなかったとしたら，喫煙は癌の原因になるとか，HIV はエイズの原因になるとか，重量挙げの練習は筋肉の量を増大させると言ったとしても，それは他の人々にとっては

---

[4] 空間と時間についての理解は，カントが純粋理性批判を書いたときからは劇的に変わっているけれども。

無意味だろう。帰納を行うことは，他の事物に実際に働きかけることであるということを証明しなければならない。言い換えると，実験者が行う測定や現実についての予測は，その科学者個人の特質やその科学者特有の現実の知覚の方法に依存するものでなく，研究対象の本質に基づいたものであって，それ自体に意味があるということを示さねばならない。「帰納を行うことは，他の事物に実際に働きかけることである」と言うとき，それは，科学者が心に描いた予測を他の人が知っているかどうか，あるいは対象についての科学者の知覚が他の人とは違っているかどうかなどには関係なく，科学者の予測は他の人にとって意味のある予測となるということを意味している。

思考実験を行ってみよう。あなたは狙撃手で，麻酔弾を装填したライフルを持ち，熱帯雨林のジャングルの奥深くに分け入ったと想像してほしい。遠くに一群の人々がいるのを発見したので，あなたは向こうから見えないところに身を隠した。そしてあなたは，集団の中の1人に麻酔銃の狙いを定めた。標的の人物は，これまで銃というものを見たことがなく，したがってそれが何をするものなのかも知らず，まして，麻酔薬がどんなものかも知らない。その人の隣には観察者がいる。この観察者は「客観的な観察者」で，他の人が寝ているか起きているかを報告することができる。あなたは，標的の人物の脚に狙いを定めた。あなたは銃を撃つ前に，「麻酔弾が当たると，当たった人の意識を失わせるという自分のモデルは，正しいことが確認できるだろうか」という問いを発した。そしてあなたは，引き金を引いた。銃も弾も麻酔薬も，麻酔弾が当たった人物にとってはこれまでの知識の範囲外にあったが，それでもその人物の意識は失われた。そのことは，あなたのモデルと一致していた。その人物が意識をしばらく失ったことは，独立の観察者とあなた，そして，やがて意識を回復した犠牲者本人によって確認された。狙撃手と標的の人物との間には共通の枠組みは何もなかったにもかかわらず，弾丸はその人物のもとへ現実を運んでいったのである。

もう1つ，次の思考実験を行ってみよう。あなたは懐疑主義者と向き合っており，その人は，小児麻痺（ポリオ）の原因がポリオウイルスであることを否定している。あなたは，ポリオウイルスが実際にポリオの原因になっていることを示す証拠をすべて彼に説明したが，その懐疑主義者はまだ納得しない。この場合，あなたは単に，あなたが参照している知識の枠組みを共有していない人物と向き合っているのではない。あなたの主張が現実を基礎としていることを積極的に否定する人物と向き合っているのである。しかし，いかに積極的に不同意をきめこんでいたとしても，その人物がポリオにかかる可能性は低下させられないだろうし，実際にそれを証明することもできるだろう。例えば，ポリオウイルスがポリオの原因になるという証拠を受け入れている人々につい

てその症例を調べ，そのような因果関係を拒絶している人々の間でのポリオの症例と比較すれば，懐疑主義者のほうに症例が多いことがわかってもおかしくはない。なぜなら，彼らはそのウイルスに対するワクチンの接種に積極的ではないだろうから，ポリオにかかる割合が多くなる可能性が高いからだ。このことは，知覚の共通の枠組みを積極的に否定しても，研究対象（この場合ならポリオウイルス）の本質を変えることはできないことを示している。

　最後の思考実験として，あなたが石の壁のそばに立っていることを想像してほしい。そこであなたは，経験主義を否定し，物理的な物体や法則がそれ本来の現実性を持っていることすら否定している哲学者と向き合っている。その哲学者は，この世界を映画の『マトリックス』と比較し，自然界の物体は単に個々人の精神が生み出したものにすぎないと主張している[5]。あなたはそれに対して，「もしそうなら，その石の壁に実体はなく，私とあなたの間でも共有されない作り物なのだから，あなたはその石の壁に頭を突っ込んでも大丈夫だろう」と答える。そうすれば，その哲学者は，壁の存在について黙り込むか，あるいは壁が実際に哲学者を黙らせるかのどちらかだろう。そして，そのことによって壁の存在が確認される。この最後の例は，モデルの予見的な性質についての科学者の質問が，その科学者の形而上学的枠組みすべてを否定する他人にも共有されうることを示している。どんなに強情な懐疑主義者でも，石の壁の本質，すなわち科学的モデルの力から逃れることはできない。ここでの科学的モデルは，未来を予測できるかどうかを検証することによって，その正しさが確認されているのである[6]。

　こうして帰納主義的な科学者は，モデルが実際に現実を反映したものでありうること，そして，科学プロジェクトが他の人々にも意味あるものとなりうることを確認できた。たとえ他の人々が，フレームワークの存在論的な根拠や，彼が使う実験方法の前提条件を否定していたとしても，このことに変わりはない[7]。

5　映画好きな人は『マトリックス』で，観察者がコンピューターで生み出された「マトリックス」の世界の中にいるときだけ，精神の力でスプーンを曲げられたことを覚えているだろう。「現実世界」の中では，精神の力でスプーンを曲げることはできない。実際に観察者は，本当は「マトリックス」の中にスプーンなど存在しないのだから「マトリックス」の中でスプーンが曲がっているわけではないと教えられる。したがって，物理法則を破りうることが，観察者が見ていたものが現実ではないことの証明となった。逆に，物理法則に従う状況に移動したことが，「現実世界」にいることのあらわれとなった。

6　これらの例を選んだのは，物体の本質は，その本質を否定する者に対してでも提示できることを示すためである。このことは，これら2つの主張を対立させたときに，最もわかりやすく表現できるようだ。

第10章では，具体的な実験プロジェクトの例を用いて，未来を予測するためにモデルがいつ必要になるのか述べ，未来の予測が，どのようにしてモデルの正しさの確認に役立つのかについて論じよう。

7 　このようなことを書くと攻撃的に聞こえるかもしれないが，科学者の長所とみなせることがあるとしたら，それは，データをデータとして捻じ曲げることなくそのまま受け入れて，それに基づいた正確なモデルを構築できることかもしれない。

10

実験プロジェクトをデザインする
実際の生物学の例

　生物学の実験を新しく始める際には，研究対象について既にある程度のデータが存在する場合が多い。前の章で，研究対象について既知の情報がまったくない「自然状態」をとりあげ，その状態からどのようにして情報が少しずつ蓄積されていき，より高いレベルの問いを設定できるようになっていくかを説明した。しかし実際は，実験を始める際には研究対象について既に相当な知識が蓄積されていることが多い。哲学的な観点から見ると，このような状態から実験を始めるときに最も問題が起こりやすいと言えるので注意が必要である。ある知識を受け入れるのが適切かどうか（あるいは，どんな状態だったら受け入れるのが適切か）議論できるのは既にその知識を持っているときだけだが，そのような場合，結果が既存の知識によって捩じ曲げられたり，モデルが現実を反映していないものになったりするかもしれない。さまざまな知識が既に存在する状態で開始され，事前にわかっていたそれらの情報に従って（あるいは，それらの情報を修正して）モデルを構築できた例を，次に見てみよう。モデルがうまく構築されているかどうかの判断基準は，そのモデルを使って未来に何が起こるかを予測することができ，それによってモデルの正確性を検証することができるかどうかである。

実験デザインの例：制限酵素 *Eco*RI の切断点の決定

「制限酵素」と呼ばれる一群のタンパク質がある。これらのタンパク質は，二本鎖 DNA を特定の塩基配列の場所で切断する酵素活性を持っている。例えば，ある制限酵素は GCTAGC という塩基配列を持つ DNA をその塩基配列のところで切断するが，その配列を持たない DNA は切断できない[1]。

ここでは，マーシャル博士の研究室に所属する若い大学院生，ベニーが行った制限酵素の研究の過程を追ってみよう。マーシャルはこれまでに，*Eco*RI[2] というタンパク質を DNA と混ぜて保温する実験から，*Eco*RI が制限酵素であることを示す結果を得ていた。彼は，分子量が大きくて粘性の高い DNA をこのタンパク質と一緒に保温すると，DNA が分解されて小さな断片になることを発見した。電気泳動と呼ばれる方法を使ってそれらの断片を大きさの違いによって分離してみると，DNA は分解されており，再現性よく決まった長さの断片になっていることがわかった（**図 10.1**）。また，それらの断片を「DNA リガーゼ」と呼ばれる酵素と一緒に保温すると，断片がつながって，再び分子量の大きな DNA になった。マーシャルが *Eco*RI について観察した結果からは，*Eco*RI がこれまでに知られているすべての制限酵素と同じ挙動を示すこと，そして制限酵素としての特徴をすべて持っていることがわかった。これらの結果は，「*Eco*RI が制限酵素である」というモデルを立てるのに十分な結果だった。

これらの実験は，大学院生のベニーがマーシャルの研究室に入る前に行われたものだった。ベニーが研究室に入ってきたので，マーシャルは，*Eco*RI に関するプロジェクトを研究テーマとして彼に与えることにした。そのプロジェクトは，「*Eco*RI が認識して切断する DNA の塩基配列を正確に決定すること」だった。

ベニーはよくできる学生だったので，この本のここまでの章をすべて読んでいた。それで彼は，まず，ここまでの章に書かれていることに従って実験プロジェクトを設定することにした。彼は机に向かい，実験プロジェクトのフレームワークとなる問いを考え始めた。彼は，次の問いを紙の一番上に書いた。

---

[1] 制限酵素は細菌が作る酵素で，外から入ってきた DNA（例えば侵入してきたウイルス）に対する防御機構として働いている。この酵素は，外来の DNA を特定の塩基配列の場所で切断するが，細菌自身の DNA はその塩基配列の部分がメチル化などの修飾を受けているので切断されない。

[2] これは，実在する制限酵素である。

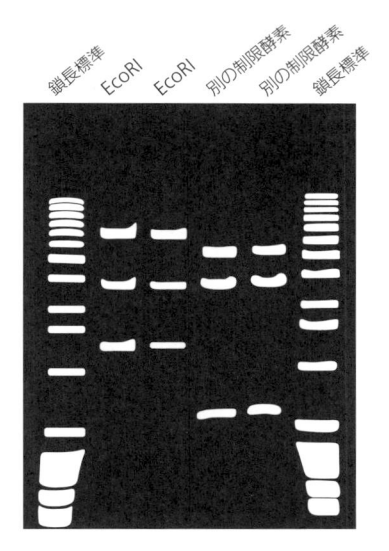

図 10.1. DNA の電気泳動。この方法を使うと，DNA の断片をその大きさによって分けることができる。

問い：*Eco*RI は，どんな DNA 塩基配列を認識して切断するのか。

　この問いがうまくできたものかどうか彼にはわからなかったが，とりあえず，自分のプロジェクトをベン図で表してみることにした。彼が描いた最初の円は，先ほどの彼の問いの守備範囲を表している（**図 10.2**）。しかしそのあと，最初の実験のフレームワークとなる次の問いを考えようとしたところで，彼は何もできなくなってしまった。どうしたらよいかわからないのだ。

　そこでベニーは，新しい紙を取り出した。*Eco*RI はタンパク質だから[3]，まず大きな円を描き，その円の中に，「タンパク質の機能は何か」と書いた（**図 10.3A**）。次に，その最初の円の中にもっと小さな円を描き，その中に，「制限酵素の機能は何か」と書いた（**図 10.3B**）。ここでベニーは，この小さな円の中に *Eco*RI と書いて良いものかどうか迷った。これまでにわかっていることだけを根拠にして，*Eco*RI を制限酵素と呼べるかどうかがわからなかったからである。彼は，もっと制限酵素についての文献を読んでおかなければなら

---

[3] 懐疑主義的な読者は，*Eco*RI がタンパク質であることはまだ証明されていないと言うかもしれない。ベニーがこの問題をどう取り扱うかは，このあとすぐに議論する。

第10章 実験プロジェクトをデザインする

```
┌─────────────────────────────────────┐
│                                     │
│         ╱─────────────╲             │
│        ╱               ╲            │
│       │  EcoRI は，どんな DNA 塩基配列を  │         │
│       │    認識して切断するのか。      │          │
│        ╲               ╱            │
│         ╲─────────────╱             │
│                                     │
└─────────────────────────────────────┘
```

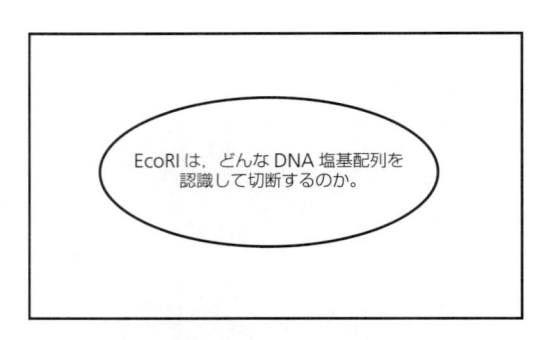

図 10.2. ベニーの実験プログラムの最初の問いをベン図で表現したもの。

ないことを悟った。そして彼は，すぐに一通りの文献を読み終わった[4]。

　ベニーがこの研究を始めたとき，50種類の制限酵素が既に見つかっており，その各々について，それらが認識して切断するDNA塩基配列がわかっていたとしよう。ベニーは，それらのうちの4つの制限酵素を図に書き加え，あと46種類についても情報があることをメモした（**図 10.3C**）。そして，それらの制限酵素の円と一緒に，*Eco*RIの円を破線で描き加えた。破線にしたのは，*Eco*RIについての問いはまだ答えが得られておらず，他の制限酵素に関してわかっている情報を使って，これから答えを得たいと考えているからである。この破線の円は，「*Eco*RIの機能は何か」という，守備範囲の広い問いを含んでいる（**図 10.3D**）。ここでベニーは，マーシャルがすでに得ているデータにアクセスした。そのデータとはつまり，*Eco*RIはDNAを分解して決まった長さの短い断片にすることができ，分解されたDNAは，DNAリガーゼを作用させると再びつながるというものである。マーシャルはこれらのデータに基づいて，「*Eco*RIは，リガーゼがつなぐことのできるような形でDNAを切断

---

[4] ベニーは，*Eco*RIがタンパク質であることは受け入れたのに，*Eco*RIが制限酵素であることには結論を出すのをためらった。懐疑主義的な読者は，このことにも異論があるかもしれない。この章のもっと後でわかるように，ベニーはどんな知識も拒否していない。彼はむしろ，どんな新しいデータも「ポジティブ」なものとして受け入れることができ，しかも，その新しいデータが従来の理解と矛盾するものだったら，モデルを修正できるような構造をつくろうとしたのである。
　もしベニーが疑い深い人をもう少し楽にしてやろうと考えたら，「タンパク質」という言葉のついた円の中に*Eco*RIを入れる前に，*Eco*RIをプロテアーゼで分解して，それがタンパク質の構成要素であるアミノ酸からできていることを示すことによって，*Eco*RIがタンパク質であることを証明することもできたはずである。しかし，前に議論したように，疑い深い人は結局何をやっても満足はしないものなので，そのようなことは無駄かもしれない。結局のところ，ベニーがやらなければならないことは，問いを発した後データが蓄積されてきたら，必要に応じてモデルを修正していくことだけである。

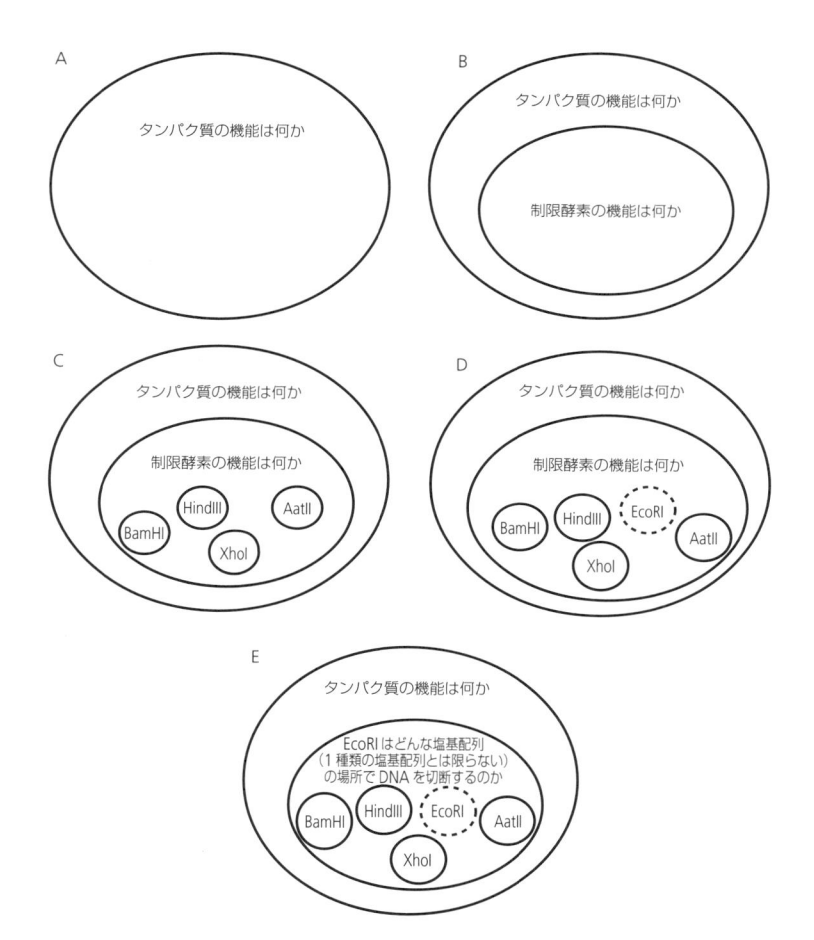

図 10.3. 実験プロジェクトのフレームワークを決めていく過程。帰納空間を決めるために守備範囲の広い開放型の問いを設定し（A），その後，特定の問題に焦点を当てるために，もっと限定された領域を設定する（B）。そして，関連するデータを参考にして（C），未知の事物を適切な場所に配置する（D）。必要なら，問いをもっと洗練されたものに変えることもできる（E）。

する」というモデルをたて，*Eco*RI が DNA をどこで切断しているかをベニーに決めさせることにしたのである。このような論理の流れを見直してみて，ベニーは，彼の問いを次のような開放型の形に変更した。

> 問い：*Eco*RI は，どんな塩基配列（1種類の塩基配列とは限らない）の場所で DNA を切断するのか（図 **10.3E**）。

この問いを，前に考えた問いと比べてみよう。

問い：*Eco*RI は，どんな DNA 塩基配列を認識して切断するのか。

前に考えた問いは，まだ証明されていない前提を含んでいた。すなわち，*Eco*RI が DNA の決まった塩基配列を認識して（すなわち結合して），そこで切断するということを前提条件として受け入れていた。それに対して，「*Eco*RI は，どんな塩基配列（1 種類の塩基配列とは限らない）の場所で DNA を切断するのか」という新しい問いでは，*Eco*RI が DNA を切断する際にその場所に結合することは仮定されておらず，*Eco*RI が DNA を切断するという，既に証明されていることだけを出発点としている。そして，それに続いて，DNA のどこが切断されるのかを決めようとする問いを発している。

この両者の違いは小さすぎて，何が違うのかわからないと思う人もいるかもしれない。しかし，問いを設定する際には，証明されていない前提から自分を隔離できるように気をつかうことが重要で，このことは特に強調しなければならない。証明されていない前提が問いに含まれていると，証明されていない仮説を使った場合と同じように，科学者がデータに濾過をかける原因になってしまうだろう。

さて，ベニーが描いた図をもう一度見直してみよう（**図 10.4**）。「*Eco*RI は，どんな塩基配列（1 種類の塩基配列とは限らない）の場所で DNA を切断するのか」というのは，マーシャルがベニーに与えた課題だが，ベニーは，この問いにすぐにたどり着いたわけではない。彼が最初に書いたのは，「*Eco*RI の機能は何か」という，彼のプロジェクトの枠組みを決める守備範囲の広い問いだった。そして，仲間の制限酵素の隣にその問いを書いた。*Eco*RI が，実際にこのタンパク質のグループに属していることを示唆するデータがあったからである。「*Eco*RI の機能は何か」という彼の最初の問いは，*Eco*RI の機能に関するどんなデータも「ポジティブ」なものとして受け入れられる問いだった。*Eco*RI が高分子量の DNA を分解して短い断片にすることをマーシャルが見つけていたので，ベニーはすでに *Eco*RI が何らかの機能を持っていることは知っていた。彼の第二の問いでは，*Eco*RI が DNA を切断することは受け入れているが，この問いを書くに際して *Eco*RI が切断するどんな塩基配列も「ポジティブ」なものとして受け入れられるようにした。彼は他の制限酵素の性質を知っていたし，*Eco*RI が切断する配列を解析するときに，それら既知の制限酵素の研究で使われたのと同じ方法を使うつもりでいた。しかしそれでも彼は，それまで知られている制限酵素の性質によって，第二の問いの守備範囲を狭めるようなことはしなかった。

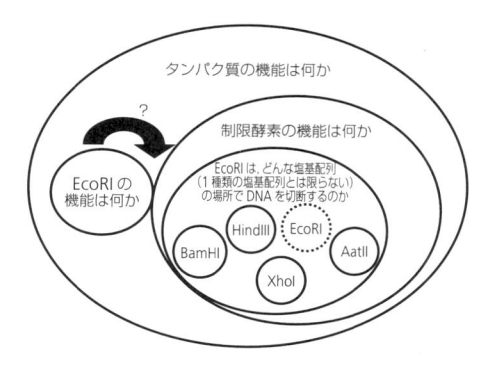

図 10.4. EcoRI が制限酵素以外の機能を持っている可能性のような，予期しない事態も想定しておくのが良い．

　懐疑主義的な読者は，なぜベニーは，もともとあった知識の特定のもの（EcoRI は DNA を小さな断片にするタンパク質である）は受け入れたのに，他の知識（EcoRI は，マーシャルが信じているように制限酵素の仲間のタンパク質である）は受け入れなかったのかと疑問に思うかもしれない．なぜベニーは，プロジェクトを始めるに際して，既存の知識をすべて拒絶しなかったのか．この問題では，ここが一番のポイントである．ベニーが書いた図では，彼はそれまでにわかっている知識を何も拒絶していない．彼は，マーシャルが得た結果を受け入れ，彼のプロジェクトをそれまでわかっている知識の文脈上に置いて，それによってプロジェクトをすぐに進められるようにした．しかし彼は，彼のプロジェクトの枠組みを開放型の問いにして，既に組まれているモデルと合わない結果が出た場合でも，問いに答えることができるようにしたのである．

　簡単に言うと，科学者がプロジェクトを開始する際，既存の知識を拒絶することは決してない．もしそんなことをしたら，科学者全員が研究を始める前にそれまでに得られていたデータを一から集め直さなければならなくなり，研究を進められなくなってしまうだろう．もし，EcoRI がタンパク質であるという考えをベニーが拒絶するなら，彼はマーシャルが既に行った実験をすべてやり直して，時間を無駄に費やさなければならなくなってしまう．それだけで終わればまだ良いが，本当に懐疑的な人ならば，話をどんどん後退させて，ベニーがすべての既存の知識を拒絶するまで許さないだろう．ベニーはそのようなことを行うかわりに，もっと単純に，用心深い方法をとったのである．つまり彼は，EcoRI の DNA 切断に関連したどんな答えが出ても受け入れられるような，開放型の問いを設定したのである．

ベニーは，これまでに 50 種類の制限酵素について，自分のプロジェクトと同様の研究が行われており，それらが成功裏に完了していることを知っている。彼は，自分の実験についてのアイディアを得るために，それらの制限酵素がどのように研究されたかを調べることにした。もしも何か決まった方法があって，それによって他の制限酵素について確実な答えを得ることができていたのなら，その方法を前もって知っておきたいと思ったのである。

　ベニーのアプローチの仕方のあら探しをするのは，このへんでやめておこう。既に述べたように，図 10.3 を描くときにベニーが行ったことや，他の制限酵素に関する文献を読むことに決めたことは，批判的合理主義では避けるべきとされていることである。その理由は，過去の実験例を参考にすれば，研究対象に対する間違った先入観や不完全な像を抱くもとになる可能性があるからである。新しい実験を行う際に過去の知識を用いれば，過去の研究に誤りがあった場合，それを繰り返すことにもなってしまう。

　第 1 章から第 7 章で述べたことを繰り返すことはせず，ここでは，ベニーの実験プロジェクトに絞ってポイントを見ていこう。まず指摘しておきたいのは，$EcoRI$ が認識する DNA 塩基配列の長さすらわからない状態では，塩基配列について仮説を立てるのは事実上不可能であるということである。$EcoRI$ の切断する塩基配列には文字通り何千通りもの可能性があり，仮に $EcoRI$ が 6 塩基対の配列を認識することがあらかじめわかっていたとしても，その塩基配列には 4096 通りの可能性がある[5]。したがって，それらを 1 つずつ選んで，それが $EcoRI$ の正しい切断点だという仮説を立てて検証していこうとしたら，仮説はほとんどすべて否定されることになり，ベニーは研究を進められなくなってしまうだろう[6]。この点は重要なので，読者はよく理解しておかねばならない。この例では，ベニーがプロジェクトを開始した時点で，仮説は実質的に使いものにならないのである。この例で，仮説を立てるとしたら次のようなものになるだろう。

5　DNA を構成するデオキシリボヌクレオチドには，A，C，G，T の 4 種類がある。DNA 認識配列中の 6 か所それぞれについて，その 4 種類のどれが選ばれても良い場合，$EcoRI$ の切断点には 4^6 通り，すなわち，4096 通りの可能性があることになる。

6　切断点の塩基配列が 6 塩基対の長さであることを知っていれば，4096 通りのそれぞれについて順番に試していくことができる。しかし，認識配列の長さに関する知識がなければ，それ以外に何百万通りもの可能性があることになり，そのような研究方法を採ることは実際上不可能である。可能性が 4096 通りのうちのどれかに絞られていたとしても，$EcoRI$ の切断点の塩基配列を実際に調べさえすればもっと直接的に答えが得られるのに，仮説を立てて数千の可能性をひとつずつ潰していくような方法を誰が採用しようと思うだろうか。しかし，どちらのフレームワークでも正しく使えば，「正しい」答えを得ることは可能である。

仮説：*Eco*RI は，ある DNA 塩基配列を切断する。

　*Eco*RI が DNA を切断し，それによって DNA が決まった長さの断片になることは，マーシャルが既に実験的に確かめているのだから，この仮説が正しいことは間違いない。文献では，ただ単に仮説に触れておいたほうがよいというだけの理由で，既に結果のわかっている仮説が提示されることがよくあるが，この仮説もそれと同じ類のものである。この仮説は，ただ官僚的な義務から立てられたようなものであって，実験を進めるためには何の役にも立たないと言ってよいだろう。もし「*Eco*RI は，ある DNA 塩基配列を切断する」という仮説が反証できなかったとしても，科学者が「*Eco*RI はどんな DNA 塩基配列を切断するか」という問いに答えるためには，何の役にも立たない。この問いに答えることができるのは，もっと多くの情報を集めて，ベニーが質問-解答によるアプローチ法で実際に答えを得ることができたときである。その方法では，最終的に二元的な質問-解答の段階で仮説のかわりに「真の」問いが発せられ，それに対する答えが得られることになる。それについては，その段階になってから詳しく述べるが，その際，批判的合理主義のフレームワークには，常に帰納的推論が忍び込んでいることに再び触れることになるだろう。また，もし現在の研究例に仮説を用いてアプローチしたとしても，実際に使われる方法は，以前の制限酵素の研究で使われた方法とおそらく同じものになるだろう。これも，既存の知識や帰納的推論が，いかに批判的合理主義に入り込むかを示している。仮説を用いたからといって，科学者が既存の方法を用いなくなるわけではない。既存の知識を使えないとしたら，多くの場合，実験ができなくなってしまう。最後に述べておかねばならないのは，ベニーは，*Eco*RI が切断する塩基配列について何の仮定もしていないことである。彼は，うまくいった方法を参考にするために以前の情報を利用しようとしているだけであって，特定の結論を仮定しているわけではない。

　ベニーが参考にしようとしている既存の知識は，彼が図 **10.3** で描いた円の中に書かれている。研究を迅速に進めるためには，彼は制限酵素についてもっと勉強しなければならない。それこそが，*Eco*RI について問いを発する際の「帰納空間」となる。彼の問いに解答を見つけられない場合があるとしたら，それは「*Eco*RI が DNA を特定の場所で切断する」というマーシャルの結論に誤りがあった場合だけだろう。その場合，実験系が正しく機能することを確認しながら実験してさえいれば，ベニーはそんなに時間をかけずにマーシャルの結論に誤りがあったことに気づくことができるだろう。

帰納空間へのアクセス：実験対象について何がわかっているかを調べる

　タンパク質に関するこれまでにわかっている全ての知識にアクセスすることは実際問題としてできないので，ベニーが描いたベン図（**図 10.3E**）では，制限酵素の性質に焦点が絞られている．読者がベニーの研究の進み具合を追えるように，ここで，ベニーが着目した制限酵素の性質について説明しておこう．そして，ベニーが実験的なアプローチの仕方を考える際に，既存の知識がどのように役立ったか見ておくことにする．その後，「必要条件と十分条件」の試験を導入することによって，ここで用いられた方法（たとえば実験方法を設定するために，既知のタンパク質に関する知識を援用すること）が，何かを見逃す原因になっていないか調べてみることにする．ベニーが制限酵素について調べてわかったのは，次のようなことである．

1. 制限酵素は，二本鎖 DNA を特定の部位で切断する．制限酵素が認識する塩基配列は，必ずではないが普通は"回文状"の構造をしている．ここで"回文状"と言っているのは，（5′末端から 3′末端へ塩基配列を読んだとき）[7]二本鎖を構成するどちらの一本鎖も同じ配列になるような塩基配列である．例えば，次の配列は回文状になっている．

    　　　5′ C C A T G G 3′
    　　　　 | | | | | |
    　　　3′ G G T A C C 5′

    すべての制限酵素が回文状の塩基配列の部位を切断するわけではなく，切断部位が回文状になっていない制限酵素も数は少ないが存在する[8]．

---

[7] 5′と3′という表記は，DNA の構造を表すときに使われる表記である．この本は，読者が DNA と基本的な生物学についての知識をある程度持っているものと仮定して書かれている．そのような知識がない場合は，生物学の基本的な教科書を参照するようにしてほしい．

[8] これは，現実というものをよく表している．現実の中では，絶対的なものは稀である．モデルを構築するとき，修正や例外を許すような形でつくられたものが最も有用なのは，そこにも理由がある．予期しない例外が出現するのは，避けられないものである．

2 制限酵素の「切断部位」を構成する塩基対の数は，制限酵素によって異なっている．4 塩基対だけを認識する制限酵素もあれば，6 塩基対やそれ以上の長さの塩基対を認識する制限酵素もある．

3 ほとんどの制限酵素は 1 種類の塩基配列の部位だけを切断するが，中には例外もある．例えば *Acc*B7I は，CCA*XXXXX*TGG という配列の部位を切断する．ここで，*XXXXX* はどんな塩基でもよいという意味である．このような制限酵素はよくあるというわけではない．そしてこの例の場合でも，*XXXXX* の両側は決まった配列になっており，切断は常に同じ場所で起こる．制限酵素によっては好んで切断する塩基配列以外に，特定の条件でだけ認識するようになる「それほど好みでない」塩基配列を持つものもある．稀ではあるが，そのような制限酵素が存在するのは確かである[9]．

4 制限酵素の中には，特定の塩基配列を認識するが，認識した場所とは違う場所を切断するものもある．例えば，ある制限酵素は CCCGGG という塩基配列にまず結合するが，そこから移動して，最後の G から 4 塩基対下流の部位で，その部位の塩基が何であるかにかかわらず，DNA を切断する[訳注1]．もしも *Eco*RI がそのような酵素だった場合，この酵素が機能するのに必要な塩基配列は，必ずしも *Eco*RI が切断する配列とは一致しないことになる．ベニーが最初の問いを修正しようと考えたのは，このことを知ったためであった．彼が最初に考えた問いは，次のようなものだった．

問い：*Eco*RI は，どんな DNA 塩基配列を認識して切断するのか．

しかしベニーは，*Eco*RI による切断部位が「認識」部位，すなわち結合部位とは異なる可能性があることを学んだ．最初の問いでは無意識

---

9 *Eco*RI が発見されたときは，このようなことは知られていなかった．ここに書いた例は，帰納的推論がどのように行われるかを示すための例であって，*Eco*RI の特異性が歴史的にどのように決定されたかを記述したものではない．しかし，ここに書いてあることは，新しい制限酵素が発見されたときに，それをどのように研究することができるかを表した例え話にはなるだろう．

訳注 1 ここに書いてある仮想的な例では，この制限酵素の認識塩基配列を CCCGGG と回文状の構造に書いてあるが，実際は，認識配列と切断部位が異なる制限酵素の場合は，認識する塩基配列が回文状でないのが普通である．

のうちに仮定が入ってしまっており，その仮定と，実際に例外があることが知られている現実との間で，矛盾が生じていることにベニーは気づいたのである．そこで彼は，実験プロジェクトの定式化をやり直して，問いを次のようなものに変更した．

問い：EcoRI は，どんな塩基配列（1 種類の塩基配列とは限らない）の場所で DNA を切断するのか．

しかし，もし EcoRI が結合部位とは別の場所を切断するような制限酵素だったら，この問いに対して意味のある答えを出すことはできない（なぜならその場合，結合部位から 4 塩基対下流でありさえすれば，EcoRI はどんな塩基配列の場所でも切断できることになるからである．上記の問いの形式では，このような可能性は考慮に入れられていない）．ベニーは，用語をしっかりと定義し，実際のところ何を明らかにしたいのかをもっとはっきりさせる必要があった．そこで指導教員のマーシャルに相談したところ，この研究のゴールは，EcoRI が DNA のどんな塩基配列を認識するのか，そして DNA をどこで切断するのか，その両方を解明することだと明確に答えてくれた．ベニーは，彼の問いを再考して，次のように書き直すことにした．

問い：どんな DNA 塩基配列（1 種類の塩基配列とは限らない）があれば，EcoRI が DNA を切断するのに十分か．

何かの事象が起こるために「十分である」という概念や，なぜそれが重要なのかについては，あとで議論する．今は，EcoRI が DNA を切断するために必要な塩基配列を見つけるということは，EcoRI の結合部位を決めることと，切断部位を決めることの両方を含んでいるということを明確にしておかねばならない．これだけ複雑なことをベニーが把握できたのは，他の制限酵素について文献で調べたからだということは押さえておこう．あとでわかるように，もしベニーがこのように特にやっかいな制限酵素があることを知らなかったとしても，実験系が正しく動くことをあらかじめ確認して，その系を用いて実験していきさえすれば，彼はどこかの時点で「正しい答え」にたどり着くことができただろう．しかし，以前研究された他の制限酵素についてあらかじめ勉強したおかげで，ベニーがずっと速くそこにたどり着けるようになったのは疑いのないところである．ただ自分であれこれ考えていただけだった

ら，彼は，そのような制限酵素があるとは思いもしなかっただろう。

5 制限酵素によって，DNA の切断の仕方は異なっている。例えばある制限酵素では，DNA の二本鎖が同じ場所で切断されるので，切断された DNA の末端はまっすぐなものになる。このような末端は，「平滑末端（blunt end）」と呼ばれる。

```
5′ C C A     T G G 3′
   | | |     | | |
3′ G G T     A C C 5′
```

また，他の制限酵素では DNA の二本鎖はジグザグに切断され，その末端は「粘着末端（sticky end）」になる。このように呼ばれるのは，この末端の場合は簡単に再結合させることができるためである。

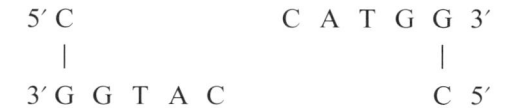

```
5′ C             C A T G G 3′
   |                     |
3′ G G T A C             C 5′
```

両方の末端から突き出している一本鎖の 5′-CATG-3′ という配列は，互いに水素結合できる配列になっている。そのため，前に述べた「DNA リガーゼ」という酵素で簡単に再結合させることができる。平滑末端の場合は末端同士が水素結合できないため，DNA リガーゼでつなぐのは粘着末端の場合ほど簡単ではない。

ベニーはこのことを知って，彼の問いでは，EcoRI で切断された DNA 断片の末端構造まで決めることにならないことが気になった。彼の問いは，

問い：EcoRI で切断すると，平滑末端ができるか粘着末端ができるか。

ではなかったからである。ベニーは，この点についてマーシャルに相談してみた。相談を受けたマーシャルは，ベニーがよく文献を読んでいることに感心した。マーシャルによると，彼がベニーに研究テーマを与えたときはそこまで考えていなかったとのことだった。そして，もしベニーが最初のプロジェクトを片付けられたら，次の問題としてそれに取り組んでみても良いとのことだった。

この例から私たちが学べるのは，問いに答える際にどの情報をその時点で重要とみなすかは，科学者自身が選択しなければならないということである。これは私たちを，「用語の定義」の問題に引き戻してくれる。ベニーは「*Eco*RIの切断部位はどのようなものか」という問いを，「*Eco*RIで切断されたあとのDNAはどんな構造になっているか」という問いを含む形で設定することもできた。しかし彼は，この酵素で切断したあとのDNAの構造を調べることではなく，単純に*Eco*RIがどこでDNAを切断するのかを決定することをプロジェクトにした。もしこの現在の問いに答えることができたら，次の問題としてそれに取り組むこともできるだろう。

6 制限酵素が機能するための反応条件は，制限酵素ごとに異なっている。ある制限酵素はDNAを切断するために100 mMの塩化ナトリウムが必要だが，その条件では機能できないものもある。また，ほとんどすべての制限酵素は，反応液の中に1 mMのジチオスレイトール（DTT）を入れてあるときのほうがよく機能できる。ほとんどの制限酵素は37℃のときに最もよく機能し，65℃では変性して活性を失う。
　ベニーはこれらのことを学んで，「系の確立」が必要なことをさらにはっきりと理解した。*Eco*RIを用いて実験を行う際は，それが確実に機能する実験条件で行わなければならない。幸い，*Eco*RIの反応条件は，マーシャルが既に確立してくれていた。

　懐疑主義的な人はここでまた立ち止まって，特定の条件で*Eco*RIがDNAを切断できるからといって，それが「どんなDNA塩基配列があれば，*Eco*RIがDNAを切断するのに十分か」という問いに対する答えになるのだろうかと疑問に思うかもしれない。「人工的な」系をつくって，その系で*Eco*RIがDNAのある塩基配列に作用できたからといって，それは，*Eco*RIが細胞の中で働くときに起きていることと同じではない。これは重要なことである。この問題については後で議論しよう。しかし，とりあえずベニーの最初の問いは，そこまでの厳格さは要求しない。それについては後でとりあげることになる。

用語を定義する

　ベニーは制限酵素について調べて，考慮に入れるべきことが新しくいろいろ

わかってきたので，最初の問いを見直して，そこで使っている用語をきちんと定義しておくことにした。実験によって，モデルの作成に使えるようなデータを確実に出し，問いに答えられるようにするためには，そのようなことを行う必要があるのである。彼の問いは，次のようなものだった。

問い：どんな DNA 塩基配列（1 種類の塩基配列とは限らない）があれば，EcoRI が DNA を切断するのに十分か。

彼は，ここに使われている用語を次のように定義した。

1 DNA は，二本鎖のデオキシリボ核酸のことである。

2 塩基配列（あるいは単に「配列」）は，DNA 塩基対の並び方のことである。ほとんどの制限酵素は DNA を 1 種類の DNA 塩基配列の部位で切断するが，ここでの塩基配列は 1 種類とは限らないとしてある。この問いの形なら，1 種類の塩基配列をベニーが見つけることになってもかまわないし，また，この問いに答えるためには，その 1 種類の塩基配列だけで十分なのか，それとも他の塩基配列もあるのかを調べなければならないので，「1 種類の塩基配列とは限らない」としたことでベニーが困ることにはならないだろう。

3 十分とは，「不足がない」という意味である。したがって彼は，「その配列があれば EcoRI が作用できる」塩基配列を見つけなければならない。ベニーはそれを見つけたあと，DNA の認識と切断を区別して問いを発することもできる。

4 EcoRI は，特定の制限酵素の名前である。この名前は，Escherichia coli（大腸菌の学名）から最初に見つかった制限酵素であることから，学名の省略形とローマ数字の I を組み合わせてこのような名前がつけられている[訳注2]。

[訳注2] より正確には，大腸菌（学名：Escherichia coli）の RY13 株から最初に見つかった制限酵素であることから，学名の省略形と株の名の頭文字，それにローマ数字の I をつないで EcoRI と命名されたものである。「株」という言葉は，遺伝的に純系の系統を呼ぶときに使われる。大腸菌にはたくさんの純系の系統があるが，RY13 株はそのうちのひとつである。EcoRI は，「エコ・アール・ワン」と読む。

5 「切断」は，DNA のヌクレオチドどうしをつないでいるホスホジエステル結合を壊すことによって，DNA を短い断片にすることを意味している。

系について既にわかっていることをもとにして一連の問いを設定し，それらの問いに答えを出す

他の制限酵素についての文献を読み，用語の定義を決めた後，ベニーは，プロジェクトを進めるためにはどんな方法論を使えばよいか考えることにした。研究は，まず実験系が正しく動くかどうかを確認することから始めることになる。しかしその前に，どんな方法で問いに答えるか決めなければならない。その方法は，「実験のデザイン」ととらえることができる。それは，実験系が正しく動いていることを確認することと，実験を実際に行うことの両方を含んでいる。その実験系が今回の実験プロジェクトに有効かどうかを確かめるためには，実験の流れを決めることが有用である。前もってすべての実験の詳細を決めておく必要はない。ときには，有効性がまだ確認できていないような系を使って実験を行わなければならなくなることもある。その場合，新しい実験を行うためには，その系の有効性をそのつど決定しなければならない。ベニーは，彼の実験系を確立して「どんな DNA 塩基配列（1 種類の塩基配列とは限らない）があれば，*Eco*RI が DNA を切断するのに十分か」という問いに答えるためには，いくつかのことを行う必要があると考えた。

1 *Eco*RI で分解するための DNA を用意すること（この DNA を「ラムダ（λ）」と呼ぶことにしよう）。これは，*Eco*RI の切断点を見つけるための試料として使う。この DNA は「系」の一部ととらえることができる。実験の問いに答えるためには，この DNA の有効性を確認しておかなければならない。すなわち，ベニーが自分の実験を行うためには，ラムダ DNA を *Eco*RI で実際に切断できることを事前に証明しておく必要がある。

2 *Eco*RI で分解できない DNA を用意すること（この DNA を「シータ（θ）」と呼ぶことにしよう）。ベニーはこの DNA を，系の一部の「ネガティブ対照」として使う。彼は *Eco*RI で切断される可能性のある配列をシータに挿入し，その配列が加えられたときにシータが分解されるよ

うになるかどうかを決定しようとしている。

3 **既知の制限酵素を 1〜2 種類用意する。** *Eco*RI と同じ実験条件にすると，他の 2 種類の制限酵素も DNA を切断できることを，マーシャルが既に確認している。そこでベニーは，これらの制限酵素を緩衝液や水などの「ポジティブ対照」として使いたいと考えた。これらの酵素は，ベニーの系の有効性をマーシャルが確認するためにも有用である。これはおそらく，有効性の確認の「核」となるものである。ベニーは，*Eco*RI を使ってラムダ DNA を切断できることを証明しなければならない。そのためには，*Eco*RI と同じ条件で働く *Eco*RI 以外の酵素を使った対照で，実際に DNA を切断できることを示すことが必要になる。

4 *Eco*RI での分解方法が決まり，*Eco*RI を使ったラムダの切断が再現性のよい結果を得ることができたら（短い DNA 断片ができて，それらの長さが再現性よく同じ長さになるようなら），次にベニーに必要になるのは，実験プロジェクトの枠組みとなる「どんな DNA 塩基配列（1 種類の塩基配列とは限らない）があれば，*Eco*RI が DNA を切断するのに十分か」という問いに答えるための方法である。DNA の塩基配列は，今は非常に簡単に決定できるので，ベニーは次のような一連の問いを発することによって研究を進めることにした。
   a. ラムダ DNA は，どんな塩基配列を持っているか。
   b. ラムダ DNA を *Eco*RI で切断すると，どんな長さの断片が生じるか。
   c. *Eco*RI で切断して生じる各々の断片について，その末端はどんな塩基配列になっているか。
   d. ラムダは，ステップ c で決定した塩基配列と同じ塩基配列で，そこで切断されたら *Eco*RI で切断して得られたものと同じ長さの断片が生じるような配列を持っているか。
   e. ステップ d の答えがイエスなら，その塩基配列はどんな配列か[10]。

---

10 この問いの答えがノーなら，*Eco*RI は複数の異なる塩基配列を切断できる稀な種類の制限酵素である可能性がある。その場合，この可能性に対応するために，ベニーは実験の方法論を変更しなければならなくなるだろう。このプロジェクトの方法論のリストを完全なものにするためには，この問いに対する答えがノーの場合についても付け加える必要がある。

f. ステップ e の塩基配列をシータに挿入すると，シータは *Eco*RI で切断されるようになるか。
g. 「どんな DNA 塩基配列（1 種類の塩基配列とは限らない）があれば，*Eco*RI が DNA を切断するのに十分か」という問いに対する答えが得られたと判断してよいか。言い換えれば，見つかった塩基配列は，*Eco*RI で切断されるラムダの中の配列すべてに対応するか。
h. ステップ g の答えがノーなら，見つかった塩基配列以外の切断点は，どんな配列なのか。

実験系を確立する

　ベニーはこれらの問いを発する前に，自分の実験系がきちんと機能するかどうかを確認しておかなければならない。もし彼の持っている *Eco*RI の試料に活性がなかったら，実験を進めることはできないだろう（誰かが間違えて，彼の *Eco*RI を 65℃ 以上の高温にさらしてしまったり，彼の試料にタンパク質分解酵素を混ぜてしまったりしていたら，彼の *Eco*RI は活性を失っていることもありうる）。試料をどんなに注意深く取り扱っていたとしても，例えば *Eco*RI が時間とともに壊れていくようなタンパク質で，実験のたびに新しく調製しなければならないようなものだったとしたら，ベニーはそのことをあらかじめ知っておく必要がある。さらに，酵素に活性があったとしても，彼の系が機能するとは限らない。例えば，反応に使う緩衝液を作る際，間違えて 100 mM 塩化ナトリウムのかわりに 100 mM シアン化カリウムを入れてしまっていたら，その緩衝液の中では *Eco*RI は働かないので，何もデータを得ることができないだろう。
　ベニーは，彼の持っている *Eco*RI に本当に活性があるかどうか確認するとともに，リストにある問いに本当に答えられるのかどうかを確認しておかなければならない。ベニーが答えようと思っている問いのリストを，次にもう一度挙げておこう。今度のリストには，それぞれの実験をする際にベニーがあらかじめ確認しておかなければならないことを書き加えておくことにする。その後，ベニーがそれぞれの問いに答えるために行う実際の実験を，対照実験も含めて書いてみよう。どの場合についても，仮説は提示しないことに注意してほしい。仮説を用いることなく，データを集めてモデルが構築されることになる。

a. ラムダ DNA は，どんな塩基配列を持っているか。

　この問いに答えるためには，ベニーは DNA の塩基配列を決定できなければならない。ラムダ DNA の塩基配列を正確に決定できていることを確認するためには，ポジティブ対照として，既に塩基配列のわかっている DNA 断片を用いて，その塩基配列を決定してみる必要があるだろう。また，彼が DNA を溶かすのに使っている緩衝液に実験とは関係のない DNA が混ざっていた場合，彼はラムダとは関係のない DNA の塩基配列を決定している可能性もある。関係のない DNA ではなく，確かにラムダの塩基配列を決定していることを確認するために，ネガティブ対照として，緩衝液だけを用いて塩基配列の決定を行ってみる必要がある[11]。したがって彼は，ラムダの塩基配列を決定する実験だけでなく，既知の DNA をポジティブ対照として用い，そして緩衝液をネガティブ対照として用いて，それらの塩基配列を決定する実験も行わなければならない。そうすればベニーは，自分が塩基配列を決定できることを確認でき（ポジティブ対照の既知の DNA を使って，既にわかっているその塩基配列を得ることができるから），自分の決めた塩基配列が，緩衝液に混ざっていた無関係な DNA のものではなく，本当にラムダのものであることも確認できる。正しい対照を用いることによって，ベニーは，実験プロジェクトの枠組みとなる問いに答えるための，系の確立を行っていることがわかるだろう。その過程で彼は，系の有効性をひとつひとつ確認し，それらを確立させていることになる（言い換えると，DNA の塩基配列を決定できることが確かなこととして確認できなければ，「ラムダ DNA は，どんな塩基配列を持っているか」という問いに答えることはできない）。

　前にも述べたが，実験は繰り返し行う必要があり，また，後の章で述べるように，ひとつの問いに取り組む際には複数のやり方で取り組む必要がある。そこでベニーは，そのような実験上のガイドラインを自分の実験に取り込むために，ラムダ DNA の両方の DNA 鎖について塩基配列を決定することにした。ここで DNA の塩基配列の決定法について簡単に述べておくと，塩基配列の決定の際には DNA の同じ配列を何度も読むことになり，それによって，塩基配

---

[11] さまざまな対照については，もっと後の章になってからリスト化し，定式化しているのに，ここに記した例で既にいろいろな対照実験について記述してしまっている。話の前後が逆転していると思う読者もいるかもしれないが，対照というものがどのようなものかにここで触れておくことで，読者は，後の章を読んだときに，どうして対照がそれほど重要なのかよくわかるようになるだろう。

列を繰り返して何度も確認できることになる。二本鎖 DNA は 2 本の DNA 鎖から成っているが，最初に調べた鎖の反対側の DNA 鎖についても塩基配列を決定することができ，それによって，最初に決定した DNA 鎖の塩基配列の正確性をさらに確認することができる[12]。このように両方の DNA 鎖の塩基配列を決定することは，塩基配列が正しく決定できていることを確認するための非常に有効な方法である。配列が正しく読めていれば，第二の DNA 鎖の塩基配列は，第一の DNA 鎖の塩基配列と完全に相補的になっているはずである。もしそうなっていなければ，その部分の塩基配列を調べ直さなければならない。第 6 章で述べた，実験を行うためのチェックリストの修正版を思い出してみよう。

1 実験プロジェクトとして採用することに決める。

2 実験プロジェクトのフレームワークとして，大枠を決める問いを発する。

3 「大枠を決める問い」に答えるのに使うデータを得るために，部分集合の実験の枠組みを決める問いを発する。

4 その問いに対する答えを得る。

5 「問いをもう一度発して，最初と同じ方法で答えを出したときに同じ答えが得られるだろうか」という問いを発することによって，答えが正しいかどうか決定する。

6 その答えを使って，モデルを構築する。

7 部分集合となる新しい問いを発する。

「ラムダ DNA は，どんな塩基配列を持っているか」という問いは，ステップ 3 の「部分集合の実験の枠組みを決める問いを発する」という問いに相当

12　DNA は決まった組み合わせの塩基対（A は T と対を形成し，C は G と対を形成する）を持っているので，二本鎖 DNA の一方の DNA 鎖は，もう一方の DNA 鎖と常に「相補的」になっている。例えば，5′-ATGTGA-3′ は，これと相補的な 3′-TACACT-5′ という配列と対を形成して二本鎖になる。

する．塩基配列を決定する際に，DNA のそれぞれの場所を何回も繰り返して読むことは，同じ問いを繰り返したときに同じ答えが得られるかどうか確認していることになる．この実験プロジェクトの枠組みとなる問いに答えるモデルを構築する際に，「ラムダ DNA は，どんな塩基配列を持っているか」という問いに答えることが必要になるが，そのための実験は，次のようにまとめることができるだろう．

1 標準的な DNA 塩基配列決定法を使って，ラムダ DNA の両方の DNA 鎖の塩基配列を決定する．その方法では，各々の塩基を何度も読むことが必要とされる．また，2 本の DNA 鎖の塩基配列が完全に相補的であることを確認することによって，データが正確であることを確認する．

2 ネガティブ対照として，緩衝液だけを用いた実験では塩基配列のデータが何も得られないことを確認する．

3 配列のわかっている DNA をポジティブ対照として使い，ポジティブ対照の DNA の塩基配列が確かにそのとおりに読めていることを確認する．ポジティブ対照とラムダ DNA（およびネガティブ対照）の塩基配列を決定する際は，同じ緩衝液と実験器具・試薬を用いる．

ベニーが，その次に実験プロジェクトの一環として答えようと思っている問いは，次のようなものであった．

b. ラムダ DNA を *Eco*RI で切断すると，どんな長さの断片が生じるか．

この問いに答えるためには，ベニーは 2 つのことをしなければならない．

1 ラムダ DNA を *Eco*RI で切断する．

2 生じた DNA 断片を長さによって分離し，どんな長さの DNA 断片が生じたかを調べる．

ベニーは，生じたラムダ DNA の断片を分離し，可視化することによって，自分が実際に *Eco*RI で DNA を切断できたかどうかを知ることができる．したがって，ベニーがこの実験の問いに答えるためには上記 2 つのことを行わなければならないが，それらは互いに関連していることになる．前に，ベニー

がラムダ DNA を *Eco*RI で本当に切断できることを示すために，彼がやらなければならないことについて議論したが，それをまとめると次のようになる．

1 ラムダ DNA を *Eco*RI と混ぜ，適当な条件（マーシャルが確立した条件）で保温する．

2 切断反応が起きたとき，切断を行っているのが確かに *Eco*RI であることを証明するために，ネガティブ対照として，*Eco*RI と混ぜていないラムダ DNA も保温する．このネガティブ対照によって，ラムダ DNA が *Eco*RI なしでも短い断片になってしまうようなことがないことを確認できる．

3 ポジティブ対照として，*Eco*RI 以外の制限酵素でラムダ DNA を分解してみる．これによって，実験に使っている条件が，制限酵素での切断に適切な条件であることを確認できる．これに使う制限酵素は，*Eco*RI と同じ条件で DNA を切断できるものが好ましく，また，ラムダ DNA を分解できるものである必要がある．しかし，生じる DNA 断片は，*Eco*RI で分解したときの DNA 断片とは長さで区別できなければならない．

*Eco*RI での分解が終わったら，ベニーは次に，「ゲル電気泳動」と呼ばれる方法を使って，DNA を長さによって分けられることを証明しなければならない．さらに彼は，*Eco*RI で切断したラムダ DNA の長さを決められなければならない．そのためには，切断されたラムダ DNA の長さの決定に用いるための，長さのわかっている DNA（鎖長標準）が必要になる．長さをできるだけ正確に決めるためには，いくつかの異なる鎖長標準を使って，実験を何度か繰り返さなければならないだろう．*Eco*RI で切断されたラムダ DNA の長さを決めるための実験は，次のようにまとめられる．

1 *Eco*RI で切断したラムダ DNA を用いてゲル電気泳動を行う．

2 ネガティブ対照として，*Eco*RI を加えずに保温したラムダ DNA を用いてゲル電気泳動を行う．

3 ポジティブ対照として，ラムダ DNA を切断することがわかっている別の制限酵素を加えてラムダ DNA を保温し，ゲル電気泳動を行う．

4 *Eco*RI で分解したあとの DNA 断片の長さを決定するための対照として，あらかじめ長さのわかっている「鎖長標準」を用いて電気泳動を行う。

　この実験では，塩基配列の決定のときとは違って，あらかじめ実験に組み込まれている形では繰り返し実験を行うことはできない。そのため，繰り返し実験を行うためには，実際に同じ実験を何度か繰り返す必要がある。また，この実験を行うときには複数の鎖長標準を用い，全部の試料を同一のゲルで電気泳動するのがよいだろう。そうすれば，DNA 断片の長さをより正確に比較することができるはずである（図 **10.1**）。
　この問いに答えるための実験データが得られたら，ベニーは *Eco*RI がどのように働くかについてのモデルに取り組むことができる。ひとつには，彼はこの時点では，*Eco*RI がラムダ DNA を切断して，再現性よく決まった長さの DNA を生成することを明らかにできているだろう。そのデータを使えば，マーシャルがベニーに語った *Eco*RI の性質について，再確認することができるはずである。後述するが，ここで得られる DNA 断片は，後でベニーが主要な問いに答える際の実験材料として使うことができる。しかし今は，ベニーが答えようとしている次の問いに進んでみよう。

c. *Eco*RI で切断して生じる各々の断片について，その末端はどんな塩基配列になっているか。

　この問いに答えるためには，*Eco*RI で切断された DNA の末端配列を決定できなければならない。その実験がうまくいっているかどうかは，ステップ a の実験とほとんど同じようにして確認することができるだろう。この実験のデータが得られたら，*Eco*RI が決まった場所で再現性よく DNA の切断を行っているのかどうかを知ることができる。ベニーがこの実験を行い，*Eco*RI が前述の「粘着末端」を形成することを見つけたとしよう。彼は，*Eco*RI で切断された DNA の末端が，すべて 5′-AATT-3′ という塩基配列になっていることを見つけた。このデータから，*Eco*RI は常に同じ塩基配列の部位で DNA を切断しているらしいことがわかるので，*Eco*RI が「真の」制限酵素であることを支持する証拠をベニーはとうとう得たことになる。末端配列を見るとわかるように，この配列は回文状になっている。

```
5′ A A T T 3′
3′ T T A A 5′
```

ここでベニーは，科学でよくある状況に入り込んでいる。彼はデータを持っており，それを使ってモデルを組み立て始めることができる。しかし，彼の主要な問いに答えるという点では，自分がどこにいるのかわからないという状況である。この場合，*Eco*RI で切断したときに末端にできた配列が，この酵素の「切断部位の全体」なのかどうかがわからない。AATT は切断部位の全体なのかもしれないし，実際の切断部位はもっと長い配列で，この配列はその一部にすぎない可能性もある。しかし，*Eco*RI で切断したときの末端配列をベニーがとりあえず決定したのは，それによって塩基配列の情報に向き合うことができるようになるからである。すなわち彼は，ラムダ DNA の中にある AATT という配列の場所をコンピューターで検索できるので，それらの場所でラムダが切断されたときに，どのような長さの DNA 断片が生じるか予測することができる。そして，それらの断片の長さが，彼が実験で決定した DNA 断片の長さと一致するのか，あるいは彼の実験データを説明するためには AATT のまわりの配列も考慮に入れなければならないのかを知ることができる。

　今ベニーには，*Eco*RI で切断したときにどんな長さの断片ができるかがわかっており，また，少なくとも AATT という配列があるときに *Eco*RI による切断が起こることがわかっている。言い換えれば，この配列は *Eco*RI で分解したときにすべての DNA 断片の末端に見つかる配列なのだから，明らかに *Eco*RI の切断部位であるために必要な配列である。しかし，*Eco*RI による切断にこの配列で十分なのかどうかは，ベニーにはまだわからない[訳注3]。

「フライング」，そして，仮説が有効な場合

　科学者が，ほんのわずかなデータしか集められていない段階で行き過ぎた解釈をしてしまうのは，実験科学ではよくあることである。そのような場合，科

[訳注3] 実際にこのような実験を行ったことのある読者の中には，この周辺の記述内容に疑問を抱く人がいるかもしれないので，説明を補っておく。この節やこのあとの節では，DNA の末端の塩基配列を決めた際に，末端が「AATT」という塩基配列であることだけがわかったものとして話を進めている。しかし，実際の実験手法では，末端の 4 つの塩基だけではなく，最低でも末端から数十塩基，通常は数百塩基の塩基配列を決定することができる。したがって，もしも AATT よりも長い塩基配列が切断に関わっていたら，ふつうは，DNA の末端の塩基配列を決定した時点でそれが判明しているはずである。ここに書いてある例は，研究を進める際の考え方を述べるための一種の仮想的な実験として書かれているので，実際の実験とはやや違う内容になっていると考えるべきだろう。

学者はデータに基づいてモデルを作ることをせず，実際は一部のことがわかったにすぎないのに，わずかなデータで「全体像」をわかったつもりになってしまう。現在の例で，ベニーが同じことをしてしまったとしよう。ベニーは，ラムダDNAを*Eco*RIで分解して生じたDNA断片の末端に5′-AATT-3′という配列があったというデータから，彼の主要な問いに対する答えが得られたと考えて，「AATTという配列があれば，*Eco*RIがDNAを切断するのに十分である」と結論してしまったとする。

この結論は，正しい可能性もある。しかし，正しくない可能性もある。ひとつはっきりしているのは，この結論は，ベニーが発した問いには対応していないことである。ベニーが発した問いは，次のようなものだった。

c. *Eco*RIで切断して生じる各々の断片について，その末端はどんな塩基配列になっているか。

この問いに対する答えは，既に出ている。答えは，「*Eco*RIで切断して生じた断片の末端は，配列がAATTになっている」ということである。したがってベニーは，*Eco*RIで切断されるためには，少なくとも次のような配列が必要であると結論することができる。

```
5′ x x x A A T T y y y 3′
3′ y y y T T A A x x x 5′
```

そして，*Eco*RIがこの配列を分解すると，次のような2つの断片になる。

```
5′ x x x 3′            5′ A A T T y y y 3′
3′ y y y T T A A 5′            3′ x x x 5′
```

ベニーはまだ，実験の一連の流れをすべて終えてはいない。彼は，ラムダの配列の検索はまだ行っておらず，AATTの両側にさらに別の配列があって，それも回文状になっている可能性は調べていない。もっと重要なのは，シータDNAに「AATT」という配列を加えたら，それがシータDNAを*Eco*RIで切断されるようにするのに十分なのかどうか，まだ実験で試していないことである。一番まずいのは，ラムダの塩基配列中のどこに，いくつAATTという配列があるかを調べるのは簡単なのに，それさえも調べていないことである。ベニーが少なくともこれを行っていれば，それらの部位で切断されたときに，実験的に決定されたものと同じ長さの断片ができるかどうかわかっていたはず

である。

　この時点では仮説を立てるのも有効だろう。*Eco*RI で認識されうる部位は AATT という配列を含む部位に限定されたので，反証可能な仮説を立てられるようになった。ここで仮説を立てるとすれば，次のようなものになるだろう。

1　*Eco*RI は，AATT を含む部位を切断する。

2　AATT という配列が，*Eco*RI による切断部位を構成する。

　ベニーがフライングをしようがしまいが，この 2 番目の仮説は，実験上の問いとして以前計画した実験を行うことで，すぐに検証することができる。「質問-解答フレームワーク」ならば，次のような問いに対応する形で実験を行うことになるだろう。

　　問い：*Eco*RI が DNA を切断するためには，AATT が存在すれば十分か。

　この問いは，ベニーの実験デザインの中にあった，次の問いと類似している。

　　f．ステップ e の配列をシータに挿入すると，シータは *Eco*RI で切断されるようになるか。

　ベニーの実験デザインでは，彼はまずラムダの塩基配列を調べて，その塩基配列の中に出てくる AATT という配列の位置が，実験で得られた断片の長さとすべて対応づけられるかどうか決定することになっていた。その計画にしたがって研究を進めていれば，ベニーは相当な時間を節約することができただろう。しかし，これから述べるように，今のやり方で進めていったとしても，ベニーは正しい答えにたどり着くことができる。彼はたぶんそこから，研究上の「フライング」について貴重な教訓を得ることができるだろう。さて，ベニーは，今は次の問いに向き合っている。

　　問い：*Eco*RI が DNA を切断するためには，AATT が存在すれば十分か。

この問いに答えるためには，*Eco*RI で分解できないシータ DNA に AATT 配列を挿入しなければならない。それに加えて，これは非常に重要なことだが，「バイアス」を避けるようにしなければならない。したがってベニーは，「バイアス対照」をとらなければならない。このバイアス対照は，シータ DNA のいろいろな場所に AATT を挿入することで行われる。この対照がどれほど価値のあるものかは，すぐに見ることになる。今は，*Eco*RI が DNA を切断するためには AATT 配列があれば十分なのかを公正に調べる際には，シータ DNA の中のいくつかの異なる場所にそれを挿入しなければならないということを記すにとどめておく。

　ベニーは，シータ DNA に AATT を挿入するために，ポリメラーゼ連鎖反応（PCR）を使うことにした[13]。「バイアス」を避けるために彼は，AATT 配列をいろいろな場所に挿入し，その挿入された配列に隣接した位置には考えうるあらゆる組み合わせの塩基がくるようにした。次の表で＊で表した場所が AATT 配列の挿入部位で，そこには**表 10.1** のような配列ができることになる。

表 10.1

試験管	挿入部位	挿入によって形成される配列
1	A＊A	AAATTA
2	A＊C	AAATTC
3	A＊G	AAATTG
4	A＊T	AAATTT
5	C＊A	CAATTA
6	C＊C	CAATTC
7	C＊G	CAATTG
8	C＊T	CAATTT
9	G＊A	GAATTA
10	G＊C	GAATTC
11	G＊G	GAATTG
12	G＊T	GAATTT
13	T＊A	TAATTA
14	T＊C	TAATTC
15	T＊G	TAATTG
16	T＊T	TAATTT

　それぞれの配列の両側には，シータの配列があることに注意してほしい。たとえば TAATTT という配列の両側には，別の無関係な配列がある。その後，

13　ポリメラーゼ連鎖反応（PCR）は非常に有用な技術のため，その開発者は 1993 年にノーベル賞を受賞した。

ベニーは，AATT配列が挿入されたこれらのシータDNAを，試験管の中で*Eco*RIで分解した。その際，もともとのシータDNAをネガティブ対照，ラムダDNAをポジティブ対照として，それぞれ*Eco*RIで分解した。また，他の無関係な酵素が入っていないことを調べるための対照として，*Eco*RIを加えていないシータDNAの試験管も用意した。最後に，シータDNAに制限酵素を阻害するような物質が入っていないことを確認するために，シータDNAを切断できることがわかっている別の制限酵素，*Hin*dIIIをシータDNAに加えた試験管も用意した[14]。ベニーは分解反応を行ったあと，シータDNAが分解されたかどうかをゲル電気泳動で確認した。結果は，**表10.2**のようになった。

表10.2

試験管	挿入部位	挿入によって形成される配列	*Eco*RIによる切断
1	A*A	AAATTA	切断されない
2	A*C	AAATTC	切断されない
3	A*G	AAATTG	切断されない
4	A*T	AAATTT	切断されない
5	C*A	CAATTA	切断されない
6	C*C	CAATTC	切断されない
7	C*G	CAATTG	切断されない
8	C*T	CAATTT	切断されない
9	G*A	GAATTA	切断されない
10	G*C	GAATTC	切断される
11	G*G	GAATTG	切断されない
12	G*T	GAATTT	切断されない
13	T*A	TAATTA	切断されない
14	T*C	TAATTC	切断されない
15	T*G	TAATTG	切断されない
16	T*T	TAATTT	切断されない
17	もともとのシータDNA		切断されない
18	ラムダDNA		切断される
19	もともとのシータDNA，制限酵素なし		切断されない
20	もともとのシータDNA，*Hin*dIIIを加えた		

ベニーは，この実験を3回繰り返した。どの場合も，同じ結果が得られた。このデータは，どのように解釈されるだろうか。この実験のフレームワークを

---

[14] 前に触れたように，各種の対照については，それぞれ別に章を設けて後で説明する。

思い出してみよう。まず、「AATT という配列が *Eco*RI による切断部位を構成する」という仮説があった。そして、次のような問いがあった。

　　問い：*Eco*RI が DNA を切断するためには、AATT が存在すれば十分か。

　これが、ベニーが答えを出すべき問いだった。それぞれのフレームワークで見ていくと、「AATT という配列が *Eco*RI による切断部位を構成する」という仮説は反証された。なぜなら、16 通りのうちの 15 通りの場合で、AATT があってもシータ DNA は切断されなかったからである。したがって、AATT という配列が *Eco*RI の切断部位を構成しているわけではないことになる。「*Eco*RI が DNA を切断するためには、AATT が存在すれば十分か」という問いに対しては、答えはノーである。なぜなら、16 通りのうちの 15 通りの場合で、AATT の存在は *Eco*RI がシータを切断するのに十分ではなかったからである。この時点でベニーのもとにあるのは、反証された仮説と、答えが「ノー」という結果になった問いである。しかし、ベニーは大喜びで意気軒昂だった。なぜなら、10 番目の試験管の実験で、ベニーがシータに加えた GAATTC という配列があれば、*Eco*RI がシータ DNA を切断するのに十分だったからである。ベニーは、仮説を「GAATTC という配列が *Eco*RI による切断部位を構成する」に変えるだけで、それが真であると証明できると考えた。あるいは彼の問いを「*Eco*RI が DNA を切断するためには、GAATTC が存在すれば十分か」に変えれば、答えはたぶん「イエス」になるだろうと考えたのである。

　ベニーは喜びにあふれてこのニュースをマーシャルのところに持っていき、マーシャルに、問題が解けて *Eco*RI の切断部位は GAATTC だということがわかったと話した。彼は、マーシャルに実験の内容をひととおり説明し、シータの配列の G と C の間に AATT 配列を入れると *Eco*RI で切断できるようになるが、他の配列の場所に AATT 配列を入れても切断できないことを示すデータを見せた。

　ところがマーシャルはベニーに、「GAATTC が *Eco*RI の切断部位だとはまだ結論できない」と言うのだった。ベニーが証明したのは、AATT があるだけでは DNA は切断されないことと、*Eco*RI がシータ DNA を切るためには AATT だけでは十分でないことだけである。「10 番目の試験管」のデータについては、マーシャルは次のようなことを言った。「君は、帰納を行うための材料を増やすことができた」。マーシャルが言ったことの意味は、ベニーは自分の実験で新しいことを見つけられたので、それを使って新しい問いを発する

か，あるいは新しい仮説を立てられるということである．ここでは，質問−解答の方法論を採り，ベニーのために新しい問いを考えてみよう．

問い：*Eco*RI が DNA を切断するためには，GAATTC が存在すれば十分か．

ここで，以前ベニーは違う問いを設定していたのを思い出してほしい．彼は，後になってから，この新しい問いに変更しようとしている．ここで，次のことは断定的に言っておかねばならない．あなたは，もとの仮説や問いを後から変更することはできない．すなわち，既に行った実験のフレームワークを，後になって変更することはできない．

しかし，集めた情報を使って新しい仮説や問いを設定し，それに基づいて新しい実験を行うことはできる．「*Eco*RI が DNA を切断するためには，GAATTC が存在すれば十分か」という問いは，「*Eco*RI が DNA を切断するためには，AATT が存在すれば十分か」という以前の問いと構造的に同じである．しかし，この新しい問いでは，ベニーは前の実験で得られた情報を新しく付け加えて，質問をより洗練されたものにしている．ところが，ベニーがマーシャルに，「次はこの問いに答えることにしようと思う」と伝えると，マーシャルは，「それはもとの計画とは違っているので，もともとの計画を思い出すように」と言った．最初ベニーは，次のようなアプローチの仕方をする予定だった（123 ページ参照）．

a. ラムダ DNA は，どんな塩基配列を持っているか．
b. ラムダ DNA を *Eco*RI で切断すると，どんな長さの断片が生じるか．
c. *Eco*RI で切断して生じる各々の断片について，その末端はどんな塩基配列になっているか．
d. ラムダは，ステップ c で決定した塩基配列と同じ塩基配列で，そこで切断されたら *Eco*RI で切断して得られたものと同じ長さの断片が生じるような配列を持っているか．
e. ステップ d の答えがイエスなら，その塩基配列はどんな配列か．
f. ステップ e の塩基配列をシータに挿入すると，シータは *Eco*RI で切断されるようになるか．
g. 「どんな DNA 塩基配列（1 種類の塩基配列とは限らない）があれば，*Eco*RI が DNA を切断するのに十分か」という問いに対する答えが得られたと判断してよいか．言い換えれば，見つかった塩

基配列は，*Eco*RI で切断されるラムダの中の配列すべてに対応するか。
h. ステップ g の答えがノーなら，見つかった塩基配列以外の切断点は，どんな配列なのか。

ベニーは，ステップ c の答えが AATT であることを見つけたとき，あまりに嬉しくて，ステップ d には進まずにアプローチの仕方を変えてしまったのである。彼は今，新しいアプローチの仕方で残りの実験を進めることにしたとしても，正しい答えを得ることができるだろう。しかしマーシャルは，最初に計画したやり方で進んでみたときにどうなるか試してみることを，ベニーに望んだ。

ベニーは，マーシャルの言うこともわかるが，新しい問いを発して研究を進めることを望んだ。しかしマーシャルは，この次の 2 つのステップは，コンピューターで 1 秒検索すれば結果が得られるだろうと言うのだった。結局ベニーは折れて，自分の最初の実験計画に戻り，それを読み直してみた。ベニーは，ステップ d の前で止まってしまっていたことに気づいた。ステップ d の問いと，その次のステップ e の問いは，次のようなものである。

d. ラムダは，ステップ c で決定した塩基配列と同じ塩基配列で，そこで切断されたら *Eco*RI で切断して得られたものと同じ長さの断片が生じるような配列を持っているか。

e. ステップ d の答えがイエスなら，その塩基配列はどんな配列か。

ベニーはラムダの塩基配列に戻って，AATT という配列を持つ場所を検索し，すべて同定した[15]。そのあと彼は，それらの AATT のいくつかが切断されたときに，*Eco*RI でラムダを切断したときと同じ長さの DNA 断片ができるかどうかコンピューターで調べ，そのような組み合わせの AATT 配列の周囲に共通の配列があるかどうか調べた。答えは，「イエス」だった。

ベニーはステップ e に進み，「ステップ d の答えがイエスなら，その塩基配列はどんな配列か」という問いの答えを調べると，それは，次のような配列だった。

GAATTC

つまりベニーは，単純にラムダの塩基配列を調べ，*Eco*RI で切断した断片の末端に見つかった AATT という配列を検索して，実験結果と同じ長さの断片が生じるような組み合わせの AATT 配列があるかどうか調べてみた。すると，「GAATTC」という配列でラムダが切断されれば，実験と同じ長さの断片ができることがわかったのである。

ベニーは，自分が「フライング」をしなければ，「正しい答え」を既に得られていたはずだったことがわかって，少し悔しかった。彼はマーシャルのところに行き，もとの計画どおりにやってみたら，彼の言ったとおり，余計な実験をしなくても答えが得られたと伝えた。マーシャルが，どういうことか尋ねると，ベニーは，ラムダの配列の中に何か所か GAATTC という配列があり，それらの場所でラムダが切断されると，ラムダを *Eco*RI で切断したときにできる DNA 断片と同じ長さの DNA 断片ができると説明した。

しかしマーシャルは，ベニーはまだ何も「証明」しておらず，ベニーの帰納空間に新しい情報を付け加えただけだと言うのだった。実験のデザインでは，これに続く問いは次のようなものである。

f. ステップ e の配列をシータに挿入すると，シータは *Eco*RI で切断されるようになるか。

あるいは，いまの場合で言えば，この問いは次のように書き直すことができる。

問い：GAATTC という配列があれば，*Eco*RI がそこで DNA を切断するのに十分か。

15　この問いには，単純なコンピューター・プログラムを使えば答えることができる。*Eco*RI で切断してできた DNA 断片の長さを電気泳動で決定し，それぞれの DNA の末端の塩基配列を決定して，そのデータをコンピューターに入力する。コンピューターはアルゴリズムを走らせて，それぞれの DNA 断片の長さに対応する間隔で存在するような，その塩基配列が存在するかどうかを判断してくれる。もしそのような塩基配列の場所が見つかれば，そのまわりに共通の塩基配列をもつ「反復配列」があるかどうかを探す。もしあれば，それが *Eco*RI の切断部位の可能性がある。

　例えば，ラムダが 10,000 塩基対の長さで，*Eco*RI で分解すると 3 つの断片になるとしよう。それぞれの長さは，2000 塩基対，3000 塩基対，5000 塩基対だったとする。電気泳動でこれらの情報が得られたら，切断されたときにこのような長さの断片を生じる AATT 配列の組み合わせがあるかどうか調べ，そこに AATT 配列を含んだ共通配列があるかどうかを調べる。この例の場合，コンピューターでの解析の結果，それは GAATTC という配列になった。

ベニーは AATT という配列をもとにして既に実験を行っているが，その 10 番目の試験管でわかった結果をもとにして新しい問いを考えたとしても，それは上の問いと同じものになったはずであることに注意してほしい。これは，次のことを示している。

1　「正しい答え」にたどり着くことのできる道筋は複数ある。

2　どちらの方法でも，新しい問いを発することが必要である。違う問いに答えるためにデザインされた実験で何かを示唆するデータが得られたというだけでは不十分である。

3　違う方法論で研究を進めたとしても，最終的な証明の際には，非常に限定された，ひとつの二元的な問いに収束するのがふつうである。

　ここでようやくマーシャルは，「GAATTC という配列があれば，*Eco*RI がそこで DNA を切断するのに十分か」という問いに答えるための実験にベニーがとりかかることを認めた。この問いに答えるためには，AATT についての以前の問いの場合と同様，*Eco*RI で切断されないシータ DNA を用いて，そこに GAATTC という配列を挿入しなければならない。それに加えて前と同様に，そして前の例よりももっと厳しくバイアスを避けるようにしなければならない。なぜなら，この時点でベニーは，中心的な問いに対する答えが GAATTC だということを「ほんとうに」確信しているからである。*Eco*RI が DNA を切断するには GAATTC という配列で十分なのかどうかを，前の問いの場合と同じように「公正に」調べるためには，その配列をシータ DNA の異なる場所に挿入しなければならない。そして，それらの場所には，共通の要素がないようにしなければならない。ベニーは再び PCR を使い，今度は AATT ではなく，GAATTC をシータ DNA に挿入した。前のときと同様，挿入された配列に隣接した位置には，考えうるあらゆる組み合わせの塩基がくるようにした。**表 10.3** で＊で表した場所が GAATTC の挿入部位で，表に示したような配列ができることになる。

　そのあとベニーは，これらをシータ DNA に挿入したときに，シータ DNA が *Eco*RI で切断できるようになったかどうかを調べた。その際に彼は，前の実験のときに用いたのと同じネガティブ対照とポジティブ対照を設定した。ネガティブ対照としては新しい配列を挿入していないシータ DNA を用い，ポジティブ対照としては *Eco*RI で切断されることが既に証明されているラムダ DNA を使用した。彼は，*Hin*dIII の対照と，関係ない制限酵素が混ざってい

表 10.3

試験管	挿入部位	挿入によって形成される配列
1	A*A	AGAATTCA
2	A*C	AGAATTCC
3	A*G	AGAATTCG
4	A*T	AGAATTCT
5	C*A	CGAATTCA
6	C*C	CGAATTCC
7	C*G	CGAATTCG
8	C*T	CGAATTCT
9	G*A	GGAATTCA
10	G*C	GGAATTCC
11	G*G	GGAATTCG
12	G*T	GGAATTCT
13	T*A	TGAATTCA
14	T*C	TGAATTCC
15	T*G	TGAATTCG
16	T*T	TGAATTCT

ないか調べるための「制限酵素なし」の対照も用いた。彼は実験を行い，**表10.4** のようなデータを得た。

ベニーはその結果を見て，ほとんど「わかりました，わかりました！」と叫び声をあげて，マーシャルの部屋に飛んでいきそうになった。しかし，前に結果をよく吟味せずにマーシャルの部屋に飛んでいったときにマーシャルからどんな一瞥をもらったか思い出して，辛くもそれは思いとどまった。今度は，ベニーは自分の机に向かい，彼の実験デザインを引っ張り出して，忘れていることがないかどうか確認した。やるべきことで最初に思い出したのは，実験を繰り返すことである。彼はそれを行った（実際のところ5回も行った）。常に結果は同じだった。次に彼は自分の「実験プラン」を引っ張り出してきた。彼はそれを読み，次の問いがあったのを思い出した。

g. 「どんな DNA 塩基配列（1 種類の塩基配列とは限らない）があれば，*Eco*RI が DNA を切断するのに十分か」という問いに対する答えが得られたと判断してよいか。言い換えれば，見つかった塩基配列は，ラムダの中の，*Eco*RI で切断される配列すべてに対応するか。
h. ステップ g の答えがノーなら，見つかった塩基配列以外の切断点は，どんな配列なのか。

彼はコンピューター・プログラムに向かい，「GAATTC」という配列の検

表 10.4

試験管	挿入部位	挿入によって形成される配列	EcoRI による切断
1	A*A	AGAATTCA	切断される
2	A*C	AGAATTCC	切断される
3	A*G	AGAATTCG	切断される
4	A*T	AGAATTCT	切断される
5	C*A	CGAATTCA	切断される
6	C*C	CGAATTCC	切断される
7	C*G	CGAATTCG	切断される
8	C*T	CGAATTCT	切断される
9	G*A	GGAATTCA	切断される
10	G*C	GGAATTCC	切断される
11	G*G	GGAATTCG	切断される
12	G*T	GGAATTCT	切断される
13	T*A	TGAATTCA	切断される
14	T*C	TGAATTCC	切断される
15	T*G	TGAATTCG	切断される
16	T*T	TGAATTCT	切断される
17	もともとのシータ DNA		切断されない
18	ラムダ DNA		切断される
19	もともとのシータ DNA，制限酵素なし		切断されない
20	もともとのシータ DNA，HindIII を加えた		

索を行った。プログラムは，ラムダ DNA の中の，この配列がある場所のリストを表示した。それをもとにベニーは計算を行い，EcoRI がそれらすべての場所を切断したとしたら，その結果できる DNA 断片の長さは，彼が実験で得た DNA 断片の長さと完全に一致することを確認した。ベニーはさらに確認を進めた。彼の「実験プログラム」には，これ以上の問いはなかった。そこで彼は，「フレームワークとなる問い」に戻ってみた。

> **問い：どんな DNA 塩基配列（1 種類の塩基配列とは限らない）があれば，EcoRI が DNA を切断するのに十分か。**

彼は，この問いのすぐ下に，次のように答えを書いた。

GAATTC

彼はこの問いを見直して，それが複数の塩基配列の可能性もあることを想定していたのを思い出して，ため息をついた。しかし，少なくともラムダ DNA

については，すべての EcoRI 切断部位が GAATTC であることは実験的に確かだった。したがって，この複数の塩基配列を想定した問いに対してであっても，彼の答えは同じだった。すなわち，GAATTC である。

複数のやり方で実験上の問いに答え，必要条件と十分条件を確立する

ここに至ってベニーは，自分の問いに対する答えが本当に出せたと思った。普通はシータ DNA は EcoRI では切断されないが，GAATTC をシータに挿入すると切断されるようになることを彼は証明したのである。また彼は，ラムダ DNA の中にもともとある GAATTC という配列が，EcoRI でラムダ DNA を切ったときの切断点のすべてを説明するのに十分であることも証明した。しかしベニーは，何かを見逃していて，初心者のように思われるのがいやだったので，さらに新しい問いを発することに決めた。

> 問い：ラムダの中の GAATTC に突然変異があると，それは，その配列を EcoRI 抵抗性にするのに十分か。

この問いは，前とは違う問題に取り組もうとするものであることに気づいてほしい。この問いは，「EcoRI が DNA を切断するために GAATTC で十分か」という問いではなく，「EcoRI が DNA を切断するために GAATTC が必要か」を問うものである。例えば，EcoRI で切断されるためには，GAATTC 周辺の領域と GAATTC 配列の大部分が必要とされるのであって，完全な GAATTC がなくても周辺の配列との組み合わせ次第では切断できる可能性もある。GAATTC を別の DNA（シータ）に挿入すると EcoRI で切断されるようになるので，これはなさそうなことに思えるかもしれない。しかし，前と違う実験を行うことは，EcoRI の特異性に違った方法でアプローチできるという点でメリットがある。例えばラムダ DNA は，EcoRI で特に切断されやすいように進化している可能性がある。別の言い方をすると，シータを EcoRI で切れるようにするのに GAATTC が必要だったからといって，それは，EcoRI がラムダを切る際にも GAATTC 全体が必要であることを証明するものではない。ラムダの全体の配列が，EcoRI による切断を効率的なものにしている可能性も考えられるのである。したがって，突然変異を持つ DNA を使ったベニーの実験は，単に「必要性」と「十分性」を問うだけのものではな

い。シータ DNA を *Eco*RI で切れるようにするには GAATTC 配列が必要だったが，今度の新しい問いは，シータ DNA に関する対照としても機能し，シータ DNA が「特別な」配列を持っていたために GAATTC を挿入することが切断に必要だったわけではないことを，この新しい問いに答えることによって確認できるだろう。

　ベニーはこの新しい問いに答えるために，ラムダ DNA の塩基配列の中の *Eco*RI 切断部位に，順番に突然変異を導入していった。その際，それぞれの部位で，GAATTC 配列の中の違う場所に突然変異を入れるようにした。対照としては，野生型の（突然変異を導入してない）ラムダ DNA を使うことにした。さらに，ラムダ DNA のすべての GAATTC 部位を GAATTA に変えたものも用意し，それも対照として使うことにした。したがって彼は，表 10.5 のような DNA を準備したことになる。

表 10.5

試験管	塩基配列
1	部位 1 を GAATTA に変え，残りは GAATTC のまま
2	部位 2 を GAATAC に変え，残りは GAATTC のまま
3	部位 3 を GAAATC に変え，残りは GAATTC のまま
4	部位 4 を GATTTC に変え，残りは GAATTC のまま
5	部位 5 を GTATTC に変え，残りは GAATTC のまま
6	部位 6 を TAATTC に変え，残りは GAATTC のまま
7	GAATTC（突然変異を入れてない対照）
8	すべての部位を GAATTA に変えたもの

　ベニーはそれぞれの DNA を切断し，DNA を電気泳動で解析した。その結果は，表 10.6 のようなものになった。

　ベニーは，この実験を 5 回繰り返したが，いずれの場合も結果は同じだった。これらのデータからベニーは，どんな場所にあっても，GAATTC 配列に突然変異が入るとその部位は *Eco*RI で切断されなくなると結論した。つまり，GAATTC という配列があれば *Eco*RI が DNA を切断するのに十分であるばかりでなく，その配列中の各々の塩基が *Eco*RI による切断のために必要だということである。ここで，何かが「重要」であるためには，常に「必要性」と「十分性」の両方の基準を満たしている必要があるなどとは思い込まないでほしい。例えば，「喫煙が癌の原因になる」ということは証明可能である。しかしそれと同時に，癌を引き起こすのに喫煙だけでは十分でないことも証明できるし（喫煙者が全員癌になるわけではない），癌が生じるために喫煙は必要ないことも証明できる（喫煙しなくても癌になる場合がある）。たとえそうで

表 10.6

試験管	
1	断片長から，部位 2〜6 は切断されたが部位 1 は切断されなかったと判断される
2	断片長から，部位 1 と 3〜6 は切断されたが部位 2 は切断されなかったと判断される
3	断片長から，部位 1，2 と 4〜6 は切断されたが部位 3 は切断されなかったと判断される
4	断片長から，部位 1〜3 と 5，6 は切断されたが部位 4 は切断されなかったと判断される
5	断片長から，部位 1〜4 と 6 は切断されたが部位 5 は切断されなかったと判断される
6	断片長から，部位 1〜5 は切断されたが部位 6 は切断されなかったと判断される
7	すべての部位が切断された
8	DNA は切断されなかった

あっても，喫煙の結果として癌の発生率が統計的に有意に上昇することがわかれば，「喫煙が癌の原因になる」と結論することができるのである。しかし，「必要性」と「十分性」を調べることは，喫煙によって癌になりやすくなったり，喫煙しても癌になりにくくなったりする条件を帰納的に推測し，1 日に 3 箱ずつ 50 年間もタバコを吸い続けても癌にならない人がいる原因を探るのに役立つであろう。したがって，「必要性」や「十分性」の概念は常に有用である。この例では，EcoRI が DNA を切断するために GAATTC という塩基配列が必要かどうかを，科学者が問わざるを得ないようになっている。なぜなら，ベニーの実験プロジェクトのフレームワークとなる問いが，それを要求しているからである。

モデルを構築し，そのモデルを使って未来に何が起こるかを予測する

次にベニーは，得られたデータを使ってモデルを構築しなければならないことを思い出した。そのためにまず，フレームワークとなる問いをもう一度書いてみた。「どんな DNA 塩基配列（1 種類の塩基配列とは限らない）があれば，EcoRI が DNA を切断するのに十分か」。彼はこの問いの答えを，モデルを使って提示することにした。そのモデルは，次のようなものになった。EcoRI が DNA を切断するためには，次の塩基配列があれば十分である：

```
5′ G A A T T C 3′
3′ C T T A A G 5′
```

ベニーは，もう少し進んで，モデルに次の言葉を付け加えることにした：
*Eco*RI は，

```
5′ G A A T T C 3′
3′ C T T A A G 5′
```

という塩基配列の部位を切断する。

彼は，*Eco*RI による切断後に DNA の末端に形成される構造についても付け加えることを考えたが，それは今のプロジェクトの内容から外れるので，それについては，さらに実験を行って確認してから改めて考えることにした。

*Eco*RI が DNA を切断するのに十分な DNA 塩基配列についてのモデルができたので，ベニーは次に，このモデルが将来の実験で起こることをうまく表現できているかどうか確認したいと考えた。そのために彼は，「このモデルは，*Eco*RI が切断する場所をどれくらい正確に予測できるか」という問いを発した。

この問いに答えるためにベニーは，新しい実験を行うことにした。彼は，塩基配列のわかっているいくつかの細菌の DNA を入手し，それらの DNA を *Eco*RI で切断したときに，どのような長さの DNA 断片が生じるかを，コンピューター・プログラムで予測することにした。そしてその後，それらの DNA を *Eco*RI で実際に切断して，彼の予測が正確かどうか（そして，どの程度正確か）調べてみることにした。彼は，次のような実験をデザインした。

1　A から E の 5 種類の DNA を *Eco*RI で分解する。これらの DNA は，それぞれ少なくとも 5 つの GAATTC 配列を持っている。つまり，全部で少なくとも 25 か所の *Eco*RI 切断部位がある。DNA 試料に制限酵素の活性を阻害するような物質が混ざっていないことを確認するためのポジティブ対照として，これら 5 つの DNA を *Hin*dIII という他の制限酵素でも分解する。DNA 試料に他の制限酵素が混ざっていないことを確認するためのネガティブ対照として，制限酵素を加えずに，A から E までの DNA だけを緩衝液に溶かして入れた試験管も用意する。

2　F から J の 5 種類の DNA を *Eco*RI で分解する。これらの DNA は，

GAATTC 配列を持っていない。ポジティブ対照として，これらの DNA を切断することがわかっている別の制限酵素，*Hin*dIII でこれら 5 種類の DNA を分解する。ネガティブ対照として，酵素を加えずに F から J までの DNA だけを入れた試験管も用意する。

　ベニーは実験を行い，A から E までの DNA を *Eco*RI で分解したときに生じる DNA 断片の長さは，予測された長さと同じであることを発見した。そのうえ，GAATTC 配列を持たない F から J の DNA は，*Hin*dIII では分解されるのに，*Eco*RI では分解されないことがわかった。また，A から E の DNA は，*Eco*RI や *Hin*dIII が存在しない場合は切断されなかった。したがって，25 回の事象のうちの 25 回で，ベニーのモデルは未来に起こることを正確に予測していたことになる。彼は，*Eco*RI が DNA をどこで切断するかを，正確に予測できたのである。

　もしベニーが，*Eco*RI が DNA のどこを切断するかを調べる実験を行う前に，塩基配列のデータにアクセスすることができなかったとしたらどうなるだろうか。それでも彼のモデルに対して，未来予測が可能かどうか調べることによって，このモデルが正しいかどうか確認することを要求できるだろうか。答えは，イエスである。その場合は，単に実験を繰り返せば良い。すなわち，*Eco*RI による分解を行って，どんな長さの DNA 断片が生じるかが一度わかれば，ベニーは，それと同じ結果がもう一度得られるかどうか問うことができる。そうすれば，重力の存在を確認するためにボールを地面に何度も落としてみるのと同じように，実験の単純な繰り返しによって，「未来を予測できる」かどうかを統計的に有意な形で確認することが可能である。

実験上の問いに答えが得られたことを宣言する

　得られたデータと，それに基づいて作ったモデルをまとめ，ベニーは発見したことをマーシャルに説明しに行った。マーシャルは，そのすべてを丹念に見ていった。マーシャルは，各々の実験を繰り返したかどうかベニーに尋ね，それぞれの実験を繰り返したことを確認した。それからマーシャルは，ゲル電気泳動の結果の写真など，もとのデータを見せるように言い，*Eco*RI による分解で生じた DNA 断片の長さを自分自身でチェックした。彼が分析した結果も，ベニーの出した結果と同じになった。このあとマーシャルが行ったことはベニーを少し憤慨させたのだが，マーシャルはそのことを「実験者の対照」だ

とベニーに説明した（この対照については，後の章で議論する）。マーシャルは文献を調べ，ベニーがまだ調べていない，塩基配列のわかっているDNAを見つけると，研究室にいる他の研究者に，そのDNAを*Eco*RIで切断してみて，ベニーが発見したものと一致する結果になるか調べてほしいと依頼した。マーシャルは，ベニーのモデルから予測されるようにGAATTC配列のところでそのDNAが切断されたとしたら，どのくらいの長さの断片ができるかを計算した。依頼された科学者は実験を行い，そのデータをマーシャルとベニーに見せた。新しいDNAを*Eco*RIで切断して生じたDNA断片の長さは，ベニーのモデルが予測したものと一致していた。

　マーシャルとベニーは，「どんなDNA塩基配列（1種類の塩基配列とは限らない）があれば，*Eco*RIがDNAを切断するのに十分か」という問いに対する答えは「GAATTC」であるということで意見が一致した。そして2人は，論文の原稿をまとめ始めた。この論文は，ベニーにとって初めての論文となるものだった。

11

実験の繰り返し
モデルを構築するためにデータを集めるプロセス

　ある人が，来る日も来る日も太陽が昇るのを見たとすれば，その人はこれからも毎日太陽が昇ると考えるだろう。それと同じように，科学者は繰り返し試すという過程を通じて十分な知識を得てから，現実を表現するモデルを構築する。繰り返し試さなければ，ある実験の結果がその系の「典型的」な状態を代表できるものなのかどうか判断することはできない。前に述べた「空はどんな色か」という問いの場合は，分ごと，日ごとの空の色の違いを見るために，何度も繰り返して観察が行われた。ひとつの時刻を選んで1回調べただけだったら，そこから構築されるモデルの予測能力はきわめて低いものになっていただろう。ある系の振る舞いを正確に表現していると「信頼性」をもって言えるためには，ある程度の数のデータが必要である。このことは統計学において数学的に定式化されており，これが「有意性」を決定する際の基礎となっている。

　この章では，いくつかの種類の「繰り返し」について議論する。なぜそれぞれの種類のデータ採取が「正確な」モデルを構築するために必要なのか，これから説明していこう。これは何度でも繰り返し言っておかねばならないが，モデルの正確さは，過去をいかに忠実に記述しているかではなく，未来をいかに正しく表現できるかによって決まる。このことによってのみ，科学と空想科学を区別することができる。

統計的に有意な結果を得るのに必要な，測定の数を決める

　実験デザインについての教科書は，統計学を中心に解説しているものが多い。しかしこの本は，統計学以前の問題を中心に扱っている。この本では，実験デザインや，実験結果の解釈のフレームワークが偏ったものにならないようにするための方法[1]の説明に焦点を合わせてある。そのような準備ができていれば，統計学を最も有効に使うことができるだろう。しかし，実験でデータをいくつ取得しなければならないのかを決めるためには，統計学的な計算が必要になる。そこでこの章では，統計学上の問題について少し詳しく見てみることにしよう。必要なデータの数がわからないと，実験を行っても，十分な予測力を持ったモデルを構築することができない。

　どんな実験でも，統計学を援用したからといって，実験のフレームワークの質を良くすることはできない。一般的ではない特殊な条件で取得したデータを使えば，統計学が「誤った」信頼度を出してしまうこともありうる。例えば，体重を減らす薬剤に食事量を減らす効果があるかどうか決めるときに，体重を減らしたいと考えて運動や食事に気をつかっている人ばかりでデータをとれば，得られた結果から運動や食事に無頓着な人々に対するその薬剤の効果を予測できなくても当然だろう。

　「統計的に有意」な結果を得るのにいくつのデータが必要になるかは，研究している系においてどの程度測定結果が変動するかによって決まる。そして測定結果がどの程度変動するかは，それ自体，測定を何度か繰り返さなければ決めることができない。したがって，「繰り返し」の過程が必要となる。まず一連の測定を行い，その結果をもとにしてその系がどの程度変動するのか判断し，次の実験で統計的に有意な結果を得るためにはいくつのデータが必要かを見積もることになる。しかし，むやみに「統計的に有意」な結果を得ることが最終目的のように受けとめられると困るので，次のことは言っておかねばならない。モデルが正確であることは，将来実験をやり直したときにも再確認できる必要がある。そのように再確認できることを確実なものにするために，統計的な有意性が必要とされるのである。

　例えば空は，正午にはほとんどいつも青か灰色である。正午の空については，数回の測定を行っただけでも，かなり正確で予測力の高いモデルを構築で

---

[1]　あるいは少なくとも，偏りがあったときにそれをすぐに認識できるようなフレームワーク。

きるだろう。しかし，日の出や日没ごろの空の色を測るとしたら，たとえデータの質が良くて，対照をきちんととった複数回の測定がすべてその測定時刻では空が赤いことを示していたとしても，正午の空を測定したときよりももっと多くの回数の測定が必要になるだろう。このように，実験を繰り返すことの最大の目的は，その系がどの程度変動するか，その変動の度合いを決定することであるといえる。そうすることによって，私たちは「典型」とは違うデータが出ることがあることに気づき，それにも関心を向けられるようになる。しかし，典型的な状態がどのような状態かわからない限り，それとは違う場合について調べることは不可能である。

実験の繰り返しの種類

「空はどんな色か」という最初の問いに戻ってみよう。この問いに取り組むための実験をデザインする際，測定について6種類の「繰り返し」を考えることができる。

- 特定の時刻において複数回の測定を行わなければ，測定が正確に行われているかどうか決定することはできない。

- 特定の時刻における複数回の測定を何日間にもわたって行わなければ，その時刻での測定が一貫性のある結果になるかどうかを決定することはできない。このような繰り返しを通して，日の出と日没の時刻が一年を通して変動することを発見することができる。そして，数年間にわたって測定を行うことによって，そのような変動が安定していて予測可能であることを知ることができる。

- 一日を通して複数の時刻で空の色を測定しない限り，空の色が一日を通じて変化することを知ることはできない。深夜に測定した結果からは，正午の空の色を予測することはできない。

- 空の複数の領域を測定しない限り，水平線の空の色からは他の領域の色を予測できないことを知ることはできない。

- 実験全体を繰り返さない限り，一連の実験を複数回行ったときに結果が

常に一貫したものになるかどうかを知ることはできない。このようにして初めて，信頼できるモデルを構築するのに十分なデータを集めることができる。例えば，1日を通して5分毎に空の色を複数回測定するような実験があったとしたら，実験全体を同じ方法で数回繰り返さない限り，最初の一連の測定の結果が一般的な場合を代表できるものかどうかはわからない。

- 実験データからつくられたモデルは，「このモデルは正確か」という問いに基づいた実験を繰り返さない限り，「実証された」と言うことはできない。

この最後の種類の繰り返しで科学者は，未来に何が起こるかをモデルが正確に予測できているかどうか厳格に確かめるために，モデルができたあとでまた同じ実験を繰り返すことになる。

それぞれの種類の実験の繰り返しについての，生物学上の例

スクーターという名前の科学者が，高脂肪食を与えられた動物の，肝臓における遺伝子発現に興味を持ったとしよう。このプロジェクトは，次のような実験上の問いとして定式化できる。

> **問い：肥満になるのに十分な高脂肪食をラットに与えたとき，普通の食物を与えたラットに比べて，ラットの肝臓にはどんな遺伝子発現の違いが観察されるか。**

スクーターは，本書でこれまでに議論してきた予備的なステップを実行することにした。

1. まず，開放型の問いを使って実験プロジェクトを定義する。スクーターが所属する研究室の主宰者はレオラといい，彼の最終目標は肥満を理解することだった。レオラがスクーターにこの問いを研究テーマとして与えたのは，この研究を通じて，肥満の原因になる食事が肝臓にどのような変化を生じさせるか知りたかったからだった。この大きな目標を与え

られてスクーターは、最も守備範囲の広い問いとして、「肥満は身体にどのような影響を与えるか」という問いを設定した。彼はその大きな問いの下に、「肥満の原因になるのに十分な高脂肪食は、身体にどのような影響を与えるか」という問いを設定した。そして、「肥満になるのに十分な高脂肪食をラットに与えたとき、普通の食物を与えたラットに比べて、ラットの肝臓にはどんな遺伝子発現の違いが観察されるか」という問いを彼のプロジェクトとすることにした。彼がこのように階層構造を持つ一連の問いを設定したのは、守備範囲の広い問いを設定し、それを枠組みとすることで、「帰納空間」にアクセスできるようになることを知っていたからである。

2　「高脂肪食」と「普通食」を、次のように定義した。この研究で用いる「高脂肪食」は脂肪 70％、タンパク質 15％、炭水化物 15％ を含んでおり、「普通食」は脂肪 30％、タンパク質 40％、炭水化物 30％ を含んでいる。そして、遺伝子発現の 3 倍以上の上昇、および 3 分の 1 以下への低下を、「遺伝子発現の変化」と定義することにした。研究には、高脂肪食を与えると体重が増えることが既にわかっている純系のラットを使うことにした[2]。

3　実験系の有効化のためのステップも行うことにした。この実験に使うラットは、高脂肪食と普通食のどちらの食事も摂取することを確かめた。スクーターは、自分がラットの肝臓から RNA を分離でき、また、マイクロアレイ[訳注1]で遺伝子発現の変化を調べられることを確認した。対照として、ラットの他の実験で使われた 2 つの試料を「共通標準」として用い、現在の実験で観察される遺伝子発現の変化を、将来の研究の結果と比較できるようにした（その「共通標準」が今後行われる他の研究でも使われさえすれば、比較することが可能になるはずである）。

この時点でスクーターには、「実験系の有効化」のための次のような問いがあった。

2　この実験の大きな目的は肥満について理解することなので、スクーターは、彼の実験が肥満の理解に結びつくことを望んでいた。そのため彼は、肝臓の変化を調べる実験に使われるラットが、食事によって確実に体重が増加し、肥満症を起こすようにしたのである。

訳注1　マイクロアレイとは、検査に使うたくさんの試料を小さな基板（チップ）の上に整列させて固定化したもので、mRNA の量を調べるときなどに使われる。

問い：それぞれの時点で，ラットの肝臓の試料をいくつ採取すべきか．

この問題がどのように片付くか見るために，「素朴な」実験デザインから「洗練された」実験デザインまで，いくつかの場合について考えてみよう．また，実験系の有効化のための問いを解くことで，スクーターは最初に設定した定義を，どのように考え直すことになったか見てみよう．

素朴な実験デザイン

　この例でスクーターは，ラットの肝臓をひとつ調べてデータを取っただけでは，ラットの肝臓一般に対する遺伝子発現の変化を代表できるようなデータを取れないことに気づいていない．また，一点の時間で調べただけでは，時間を追って複数の測定を行ったときに観察される変化を代表できるようなデータは得られないが，それにも気づいていない．ラットの世話をするのは面倒な仕事なので，スクーターは，高脂肪食を与え始めて12時間後に実験の結論を出すことにした．彼がこのことをベニーに話すと，彼はスクーターの実験デザインを褒め，そのように早い時点で調べれば，肝臓が高脂肪食に対して反応するときの最初のキーになる遺伝子を発見できるかもしれないと言った．それを聞いたスクーターは，12時間後に調べるという彼の計画を正当化できたように思えてうれしかった．

　実験のデザインができたのでスクーターは，高脂肪食を12時間与えた1匹のラットの肝臓のmRNAを，普通食を与えた1匹のラットの肝臓のmRNAと比較した（図 **11.1**）．この素朴な実験デザインでは，スクーターは，この系がどの程度変動するものなのかを知ることはできない．それぞれの条件で一点の時間しか調べていないので，遺伝子の発現量について，平均値，中央値，標準偏差などを計算することもできない．したがって，高脂肪食を与えたラットでレプチン[訳注2]をコードする遺伝子の発現量が5分の1になっており，対照のラットでは変化していないことがわかったら，その結果をそのまま受け入れるしかない．スクーターが統計学を用いて結果が「有意」かどうか調べる必要性を感じなければ，彼は単純に，「高脂肪食を与えるとレプチン遺伝子の発

訳注2　レプチンは，脂肪細胞で作られ，脂肪細胞から脳に運ばれて食欲や代謝の調節を行なっているタンパク質である．レプチンの量や機能が低下すると，肥満になることが知られている．

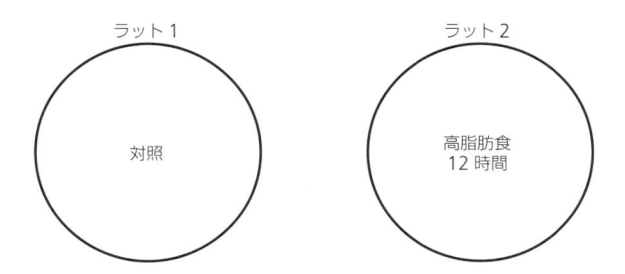

```
        ラット 1                    ラット 2

         ( 対照 )              ( 高脂肪食
                                12 時間 )
```

図 11.1. 素朴な実験デザイン。高脂肪食を 12 時間与えた 1 匹のラットの 1 つの肝臓試料を，通常食を与えた 1 匹の対照ラットの 1 つの肝臓試料と比較する。

現が 5 分の 1 に抑制される」と結論してしまうだろう。この結果に基づいて，実験上のモデルが構築されることになる。

しかし，この素朴な科学者も，少なくとも次のことは知っていた。すなわち，実験上のモデルを組んだら，それに予測能力があるかどうか試さなければならない。そこでスクーターは，高脂肪食を与えたラットと普通食を与えたラットの肝臓から mRNA をとり，前者でレプチン遺伝子の発現が低下しているかどうか調べるために実験を繰り返した。しかし，この確認のための実験では，レプチン遺伝子の発現に差を見出すことはできなかった。スクーターは，2 回実験を行って互いに矛盾するデータを得たことになる。そして，それらのデータのうち，どちらが「より有効か」を判断する基準は何もない。実験前と比べて，何も前進していないことになる。

少しだけ素朴でない研究デザイン

スクーターは，実験デザインに関する本を少しだけ読んでみて，それまでより少しだけ素朴でなくなった。彼は，実験系を有効なものにするためには，ただ一点の時間だけを調べる場合であっても，実験ごとにデータがどの程度変動するか調べる必要があることを知った。そこで今度は，それぞれ 1 匹のラットの肝臓を調べるという点は前と同じだが，それぞれの肝臓からとった mRNA を 3 分の 1 ずつ 3 つのサンプルに分けた。こうすれば，同じサンプルを使って遺伝子発現の変化を測定したときに，彼の用いている測定方法が一貫して同じデータを出すかどうか知ることができるだろう（**図 11.2**）。

この少しだけ素朴でない研究によって，スクーターは，彼のデータの値がひ

ラット1／ラット2

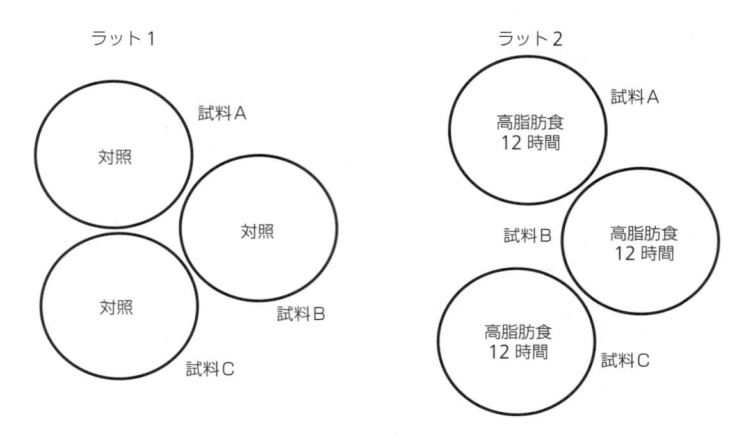

試料A　対照／高脂肪食12時間
試料B　対照／高脂肪食12時間
試料C　対照／高脂肪食12時間

図 11.2. 図 11.1 より少しだけ素朴でない実験デザイン。2 匹のラットから，同じ mRNA の試料を 3 つ調製して，遺伝子発現の違いを調べる。

どく変動することを知った。同じ肝臓からとった mRNA を使っているにもかかわらず，1 つのマイクロアレイのチップでは高脂肪食を与えたラットでもレプチン遺伝子の発現の増加はみられないが，他の 2 つでは発現が 5 倍に上昇しているという結果になったのである。

こうしてスクーターは，一点の時間での実験を繰り返すことによって，自分の実験が信頼できないことに気づいた。今使っているマイクロアレイのチップではレプチンの測定をうまくできないことを知り，彼は，製造業者に電子メールを書いて，次からは違うシステムで製造するように依頼し，特に，レプチン遺伝子の発現についてきちんと測定できるようにしてほしいと頼んだ。また，mRNA の試料でレプチンの発現の変化がみられなかったものでは mRNA が分解されていたことがわかったので，その試料は今後使わないことにした[訳注3]。

スクーターが，自分の試料やデータ解析のシステムが信頼できるかどうか疑うことができたのは，同一条件で用意した複数の試料を調べたためである。複数の試料を使うのは，「実験系対照」ととらえることができる。これらの対照は，チップや mRNA についての対照であり，もっと一般的には，実験対象を

[訳注3] スクーターは，自分の作成したサンプルの 1 つで mRNA が壊れており，それが原因で実験がうまくいかなかった可能性が高いにもかかわらず，マイクロアレイのチップの製造業者にクレームをつけている。一般的には，これはあまり推奨できることではない。製品にクレームをつけるのは，製品に問題があることをもう少しきちんと確認してからにしたほうがよい。

測定するプロセスが信頼できるものであることを確認するのが実験系対照である。

スクーターは，問題のあった最初の実験の試料を廃棄したあと，実験をもう一度行った。今度は，安定したデータが得られた。高脂肪食を与えた1匹のラットからとった肝臓の3つの試料は，通常食を与えた1匹のラットからとった肝臓の3つの試料に比べて，レプチンmRNAの発現が5倍に増えていた。スクーターはこの結果に前よりも自信を持てたので，「高脂肪食ではレプチンmRNAが増加する」というモデルを立てた。

このモデルが正しいかどうか確認するためにスクーターは，高脂肪食を与えたラットと通常食を与えたラットを使って，同じ実験を繰り返した。これらのラットは，前の実験で使ったのとは別の個体である。今度も一貫した結果が出るかどうかの対照として，それぞれの肝臓からとったmRNAを3つの試料に分けた。3つの試料は一貫した結果になったが，困ったことにスクーターは，彼のモデルが正しいことをその結果から確認することができなかった。というのも，2回目の実験では，高脂肪食を与えたラットにレプチンmRNA量の変化がみられなかったのである。

データの変動を考慮に入れて研究方法を改良する

スクーターはここに至って，高脂肪食を12時間与えたラットでは，解析しようとしているレプチンの変動量が個体ごとに異なっているらしいことに気がついた。マイクロアレイ・チップの数千の遺伝子を見直してみると，他のたくさんの遺伝子もレプチンと同様に変動があることがわかった。あるラットでは，ある遺伝子の発現量が3分の2になっていたが，違う個体ではその遺伝子の発現量が10分の1になっている場合もあった。スクーターは，彼の実験系が適切に有効化されていないことに気づき，実験を繰り返し行っても成り立つようなデータを得るためには，複数の肝臓を調べなければならないことに気づいた。

そこでスクーターは，高脂肪食で育てた20匹のラットの肝臓のmRNAと，普通食で育てた20匹のラットの肝臓のmRNAを比較することにした。自分の実験技術については常に信頼できることが証明できていたので，それぞれのラットについて1回ずつだけ測定することにしてもよかったのだが，スクーターはそれでも念のために，それぞれについて3回ずつ測定することにした。したがって，それぞれの実験条件につき60枚のマイクロアレイ・チップが必

要となり，全部で 120 枚が必要になった。これはとても資金のかかる実験である。しかし，彼は既にたいへんな時間と資材を費やしたにもかかわらず，この系に関してまだ何も新しい知見を得られていなかったので，できるだけ確実に意味のあるデータを得たかったのである。

スクーターは最初に，遺伝子発現の変動についての信頼度を，統計学を用いて決定した。彼は，標準誤差を計算する過程で，いくつかの遺伝子については「エラー・バー」が大きすぎることに気づいた。それらの遺伝子はデータの変動が大きすぎるので，解析から除外することにした。この実験の結果，変化を示すことがわかった 300 個の遺伝子のうちの 1 つがレプチン遺伝子であった。この遺伝子は，高脂肪食を与えられたラットでは，平均して発現量が 3 倍に増えていた。

次に，この実験でわかった残りの遺伝子について解析すると，高脂肪食を与えたラットと対照のラットでは，これらの遺伝子の発現量が少なくとも 3 倍以上上昇するか，3 分の 1 以下に低下していた。そして，統計的検定を行った結果，「p 値」は <0.05 と計算された[3]。これは，これら 300 個の遺伝子の発現量の変化が統計的に有意であることを示している。

この実験を行ったのは初めてだったので，p 値が 0.05 ということは，データのうちの 5% は再現性がないものと予想される[4]。したがって，同じ実験のデザインのもとで「前の実験で発現に変動がみられた 300 個の遺伝子は，もう一度同じ実験を行っても発現に変動がみられるか」という問いを発し，実験を繰り返さなければならない[5]。ここで，この問いは，「イエスかノーか」の「二元的」な問いになってしまっている。この場合，問いをもっと正確なものにするとしたら，「前の実験で 300 個の遺伝子の発現に変動がみられたが，これらのうちどれが，もう一度同じ実験を行っても発現に変動がみられるか」と

---

[3] 前にも述べたように，この本の目的は正しい統計的検定の方法について議論することではなく，その前提となる，実験の組み立て方の理論的背景を説明することである。統計的検定について詳しく知りたい人は，統計学の本を参照してほしい。

[4] 実験を繰り返すことで，この「偶然性」の要素は劇的に低下する。ある遺伝子の発現が 3 倍上昇することが観察され，その p 値が 0.05 で，それが 2 回の独立な実験で同様の結果が得られた場合，偶然そのようなことが起きた確率は 0.05×0.05（すなわち，0.0025）となる。

[5] 読者は，どうして確認のための実験の問いを，単純に「実験を繰り返すと同じ結果になるか」にしてはいけないのかと思うかもしれない。そのような問いにしてもかまわないのだが，実験の繰り返しには，時にデータの「濾過効果」がつきまとうので，それを避けるためにはここに書いたような問いのほうが良いだろう。特に，マイクロアレイの実験では，あるチップで何百もの遺伝子に発現の違いがみられたとしても，それらは目に入らなくなって，以前の別の実験条件で常に観察された違いにだけ注目してしまうことがある。

いうものになるだろう。このように文を変えることによって、モデルのある性質を強調することができる。すなわちモデルとは、それ全体を受け入れたり却下したりしなければならないものではなく、新しいデータが出たらそれを取り入れて、洗練されたものに修正することができるのである。

このデータを使ってスクーターがもうひとつ決定できるのは、「ほんとうに必要な」肝臓の試料数はいくつであるかである。20個の肝臓のデータを分析することで、より少ない数の肝臓を使った場合でも、20個の肝臓を使ったときと同じ結果が得られるかどうかを決定することができる。スクーターが、ランダムに3つの肝臓のデータを選んだときにどのような結果になるかみてみると、どの3つを選んだかによってデータが変動することがわかった。ある3つを選ぶと、300個の遺伝子すべてに変動がみられるというデータになるが、他の組み合わせの3つを選んだ場合は、変動がみられるのは50個の遺伝子だけというデータになり、さらに他の組み合わせの3つでは、300個以外の遺伝子についても変動がみられるというデータになった。しかし、解析につかう肝臓数を増やすにつれて、この問題は少なくなっていった。10個の肝臓を選ぶと、どの組み合わせを20個の中から選んだとしても、20個全部を使ったときとほとんど同じデータが得られるようになった。どれだけの数のデータを使えば実験系に内在する変動に対応できるのかは、このような分析を行うことで知ることができる。この例では、一式のデータのうち10個の肝臓のデータを使えば、それがどんな組み合わせであっても20個のデータすべてを使ったときと同じくらい信頼性のあるデータが得られることがわかった。

スクーターはこの解析を行ったあと、300個の遺伝子のmRNA量の変化に基づいて、高脂肪食を与えられたラットの肝臓で起こる遺伝子の発現誘導のモデルを考えた。しかし、最初の実験をもう一度繰り返すまではモデルは構築すべきではないので、これはまだ予備的なものである。しかしスクーターは、まだそのことを知らなかった。

スクーターは、彼の見つけた300個の遺伝子に発現の変動があるというモデルをたて、このモデルが新しい個体を使った実験の遺伝子発現の変動を予測できるかどうか調べてみた。この確認実験を行ってみると、200個の遺伝子については再び発現の変動が確認できた。彼のモデルで変動があるとした遺伝子のうち、3分の2についてはモデルが予想するとおりの結果になったことになる。そこでスクーターは、証明できた遺伝子の数を100個減らして、彼のモデルを修正した。

しかし、ここで疑問が残る。20個体のラットについて調べ、統計学的にも「よい結果のようにみえた」のに、なぜ100個の遺伝子についてのデータが再現できなかったのだろうか。この問題は、ひとつには、モデルを立てるのが早

すぎたことに起因している。実験を繰り返すまでは，モデルの作成は試みるべきではなかったのである。このことは，データにそれほど一貫性がみられなかったことからも証明された。この問題は，次の節でさらに議論しよう。

データの変動は，生物学的に，研究している実験系に内在している場合がある

　スクーターは，自分の研究がなかなか進まないので，意気消沈してしまった。彼は，自分が育てているラットがどんな様子か見直してみることにし，ラットのいる動物飼育室に向かった。彼が使っている動物飼育室は，とても洗練されたつくりになっている。部屋には赤外線カメラが設置してあり，動物の様子を一日中観察することができる。これらのカメラは部屋の外の大きなモニターにつながっていて，ラットを観察したいときはモニターで観察できるので，いちいち飼育室に入ってラットにストレスを与えたりしないですむようになっている。そのうえラットはいわゆる「代謝ケージ」の中で育てられており，ラットがいつどのくらい食事を摂取したかや，運動や呼吸の様子をモニターできるようになっている。スクーターは，個々のラットがどんな様子か把握するために，コンピューター・モニターの前の快適な椅子にすわって，ノートとペンとタイマーを机の上に置き，ラットの観察を始めた。スクーターが観察を始めたのは，午前6時ちょうどだった。

　モニターのひとつは，普通食を与えられているラットのケージを映し出していた。その隣のモニターは，高脂肪食を与えられているラットを映している。食物はそれぞれのケージの上のところに置いてあり，ラットはケージの隙間から，自由にそれを食べられるようになっていた。スクーターは，自分の実験のことを思い浮かべていた。

……高脂肪食を与え始めてから12時間後に，ラットの肝臓を取り出した。前日の午後7時ちょうどに動物飼育室に行き，手作業で食物を高脂肪食に交換した。そして，翌日の午前7時に食物を与えるのを完了した……

　スクーターは，いま改めてラットを観察してみて，かなり頻繁に食物を摂っているラットもいるが，他のラットは食物をあまり摂っていないことに気がついた。高脂肪食のケージの中のラットを1時間観察してみると，1匹の大きめのラットはいつも食物を食べていたが，他の2匹は1回食べただけだった。そして，もう1匹は，まったく食物を摂らなかった。その1時間の終わりまでには，すべてのラットが食事を摂るのをやめていた。さらに次の1時間，

午前7時から午前8時の間には，大きめの1匹が食物を摂っただけだった。

　スクーターは「代謝ケージ」の観察から，彼の飼っているラットについて今まで知らなかったことをいろいろ知ることができた。彼は，食物消費量と運動量のデータを眺めてみて，夜行性の動物であるラットは部屋が暗い間にほとんどの食事を摂っていることを知った。研究を完了した午前7時前には，夜通しの活動と摂食のあとで眠りにつこうとしているところだったのだ。観察を始めてから最初の1時間に，ある個体は摂食をやめ，他の個体は床で丸くなり，1匹だけが食物を摂っていたのは，おそらくそれが理由だった。夜間の食物摂取のデータを注意深く調べると，午後11時から午前5時の間は個体ごとの消費量の違いが少ないことがわかった。

　スクーターは，摂食行動の変動を調べる必要があることを痛感し，彼の育てているラットのデータをすべてダウンロードして分析し，食物摂取量の変動が最も少ない時間帯を決定した。彼は，その結果をもとにして，実験を終える12時間後の時点を，午前7時ではなく午前4時30分にすることに決めた。もちろん，今スクーターが決めたこと自体も，実験によって検証されなければならない。高脂肪食に対する遺伝子発現の初期の変化は，午前4時30分に実験を終了したほうが安定しているのか，あるいは午前7時のほうが良いのかは，実際に確かめなければならない。さらには他の時間帯での遺伝子発現の変化も生物学的に意味があるのかさえ，調べる必要があるかもしれない。このような困難を経験して，スクーターは徐々に「タイムコース実験」を行うことの合理的根拠を実地に学びつつあった。彼だけではなく，どんな実験系を扱っている科学者でも，その実験で選ばれた時間が一般的な状態を代表できるものかどうか，あらかじめ知っておく必要があるのである。

　しかしスクーターは，まだタイムコース実験を行おうとは考えず，一点の時間で調べることによって再現性のあるデータを得ようと考えていた。彼はこの実験系に関する詳しい情報を得て，実験系を有効化することができたと考えたので，実験をもう一度繰り返すことにした。彼は，高脂肪食を与え始めるのを午後4時30分にして，午前4時30分のただ一点の時間でデータをとった。そして今度は，データの再現性が良いことがわかった。実験をもう一度繰り返して午前4時30分にデータをとると，最初の実験でみられた遺伝子発現の変化の95％が，2回目の実験でも観察された。

　スクーターは，実験の繰り返しに耐えられるデータを得ることに成功した。したがって彼は，同様の実験を行ったときにどのような遺伝子発現の変化がみられるか，予測できるようなモデルをつくることができたと言える。しかし我々はここで立ち止まって，スクーターは，彼が設定した問いに答えているのかどうか考えてみなければならない。

実験は，設定された問いを解くための実験でなければならない

　スクーターが，高脂肪食を与え始めてから 12 時間経過後に測定することを正当化した根拠は，早い時期に測定を行えば肝臓が高脂肪食に適応する際の遺伝子発現の変化を調べられるだろうということだった[6]。実際にスクーターは，肥満に関する論文をいくつか読んでみて，食事を変えた直後のほうが遺伝子発現の変化がより顕著であることを他の研究者が過去に報告していることに気づいた。しかし，ここで思い出してほしいのは，スクーターの実験の問いは，高脂肪食を摂り始めたときの急性の変化に焦点を当てたものではなかったことである。最初の問いは，「肥満になるのに十分な高脂肪食をラットに与えたとき，普通の食物を与えたラットに比べて，ラットの肝臓にはどんな遺伝子発現の違いが観察されるか」というものだった。「高脂肪食をラットに与え始めて 12 時間後，普通の食物を与えたラットに比べて，ラットの肝臓にどんな遺伝子発現の違いが観察されるか」という問いではなかったのである。

　実験の問いに使われている用語の「定義」を見直してみると，スクーターは「食」に関して，その時間的な内容については定義していなかったことがわかる。問いの中身は，肥満になるのに十分長い期間，高脂肪食を与えられたとき，その個体の肝臓に何が起きるかを理解することだったのだろうか。それとも，肝臓がどのように高脂肪食に適応するかを理解することだったのだろうか。これらの点を考えると，後者の解釈のもとでは 12 時間後の時点で調べるのは興味深いことかもしれないが，実際に問いが要求していたのが前者の解釈だったとしたら，12 時間後の時点でだけ調べても，問いに対する答えが得られないのは明らかである。

　このような混乱が起こるのは，実験のフレームワークが明確に理解できていない状態で実験のデザインが行われたからである。スクーターがこのあと実験を十分に繰り返せば，遺伝子発現は時間とともに変化し，ラットは最初は肥満になり，その後，インシュリン非感受性になって，最終的に糖尿病になることを理解できるはずなので，彼は自然にこの問題に気づくことになるだろう。彼は，自分がこの問題のどこにほんとうに興味を持っているのかを選択し，それ

---

[6] 少なくとも，それが彼の主張だった。しかし他の科学者なら，最初から「遺伝子発現の初期の変化は，食物の脂肪含量の増加に対して肝臓がどのように適応するかについての洞察を与えてくれるだろう」と考えて実験を始めるだろう。根拠がどうであれ，これは，スクーターがデザインしたような形で実験を行う理由としては正当ではない。その理由は，このあと議論する。

にしたがって実験のための問いを洗練されたものにしなければならない。例えば研究の目的が，高脂肪食を与えられて肥満化したラットでどんな遺伝子の発現が上昇しているかを調べることだったら，肝臓の初期の遺伝子発現変化を調べるのはひどく間違っていることのように思われる。その場合スクーターは，先のような実験を始めたりせず，高脂肪食を与えられたラットが肥満になったことを示すなんらかの判断基準を満たすようになるまで待ち，そのあとで解析を始めるべきだったのだ。

このような議論を行ったのは，実験プログラムを成功させるのに非常に重要な問題であるにもかかわらず，実験がデザインされ，統計的に「有意な」結果が得られたあとでも，通常は意識されないような問題があることを浮かび上がらせるためである。ここに示したように，再現性のある確固とした実験結果が得られたにもかかわらず，問いに対する答えとなっていない結論が得られてしまうことがあり得るのだ。今の例で言えば，肥満を起こさせるのに十分な食事を与えたときの遺伝子発現の変化についての問いがあった場合，高脂肪食を与えて12時間後に起こる遺伝子発現の変化についてのデータを使うのでは，問いに対する答えになっていない。スクーターが組んだ最初の実験デザインでは，高脂肪食を与え始めたときにみられる変化が，肥満になったときの変化と同様の変化であることが仮定されているが，そのような仮定は正当化できるものではない。

このことは私たちを，データの変動の問題に再び引き戻してくれる。測定を何回しなければならないかを知るためには，測定を複数回行い，それを研究対象の全体像と結びつけて考えなければいけない。この問題を考えるためには，非常に単純な問いがとても役に立つ。

問い：代表的なデータを得るためには，何回の測定が必要か。

この問いのポイントは，「代表的」という単語である。科学者は，自分が何を研究したいのかを明確にしなければならない。このことは，次のように組んだ実験を見れば，よくわかるはずである。

スクーターは，ラットに3か月間高脂肪食を与え，その期間に，対照と比べてどんな遺伝子発現の変化が起こるか決めることにした。それに加えて，代謝や血液の分析を行って，その期間に生化学的な変化がラットに起きているかどうかも調べることにした。さらに，ラットのボディーマス指数（BMI）の測定も行うことにした。この大規模な実験を行うことで彼は，次のような情報を得ることができた。

1 　高脂肪食を与えられたラットは，通常食を与えられた対照に比べて速やかに体重が増加し始める。最初の数日が経過するとしばらくの間，遺伝子発現の変化は安定する。すなわち，高脂肪食を与え始めて 72 時間後に観察される変化は，高脂肪食を与え始めて 1 週間後に観察される変化とほとんど変わらない。

2 　高脂肪食を与えて 2 週間後にラットはインシュリン非感受性になり始め，血中のグルコース濃度が上昇し始める。この時点で，肝臓に遺伝子発現の新たな変化が見られるようになる。

3 　高脂肪食を与えて 8 週間後には，ラットは肥満になり，糖尿病的な症状が見られるようになる。そして，肝臓の酵素のレベルが上昇し始める。この時点で，また新しい遺伝子発現の変化が見られるようになる。

4 　高脂肪食を与えて 3 か月後には，脂肪肝の症状が明確になる。この時点で，さらに新しい遺伝子発現の変化が見られるようになる。

「マーカー」を用いることによって，問いの対象を調べられていることを確認し，それによって研究を有効なものにする

　スクーターは，「肥満になるのに十分な高脂肪食をラットに与えたとき，普通の食物を与えたラットに比べて，ラットの肝臓にはどんな遺伝子発現の違いが観察されるか」という実験上の問いから研究を始めた。彼は，実験系の解析を十分に行うことによって，遺伝子発現にさまざまな変化が起こることを知った。それらの遺伝子発現の変化は，体重増加，インシュリン非感受性，肝臓の酵素レベルの変化，脂肪肝などの，肥満で観察されるさまざまな表現型の「マーカー」に対応していた。

　実験をうまくデザインするためには，これらの「マーカー」がきわめて重要である。「マーカー」を決めて，実験の結果生じる事象を定義しておけば，スクーターだけでなく他の科学者も実験を再現できるようになり，興味のある表現型と，その表現型が現れるときに起こる遺伝子発現の変化を確実に結びつけられるようになる。

　例えばスクーターは，研究のキーとなる「マーカー」を，まず肥満に設定す

ることができる。その肥満は，2か月後に観察される体重の増加とインシュリン非感受性によって定義することができる。そうすれば，3か月後に起こる遺伝子発現の変化は，対象とする問題とは関係がないので，焦点を当てる必要がなくなる。同様に，肥満になったあとの遺伝子発現の変化だけを問題にすることにすれば，最初の12時間後の時点で行った実験は，すべて捨てることができる。

　科学者はこの研究で，他の「マーカー」を定義することもできる。そして，そのような決定は間違いではない。しかし，明確な「マーカー」を定義することは，どの実験結果が現在の研究に関係しているのかを定義する基準となり，最終的な実験のデザインを単純化するのに役立つ。

最終的な実験のデザイン

　スクーターは，「肥満になるのに十分な高脂肪食をラットに与えたとき，普通の食物を与えたラットに比べて，ラットの肝臓にはどんな遺伝子発現の違いが観察されるか」という問いは，彼の実験のフレームワークでは，ラットが肥満になり，糖尿病になった状態を指しているものと決めた。そして，彼は，次のような実験をデザインした。

1　10匹のラットに通常食を与える。

2　別の10匹のラットに高脂肪食を与える。

3　毎週，体重の測定と血清の生化学的検査を行う。ラットが肥満になり，インシュリン非感受性になったら，肝臓を取り出して分析を行う（予備実験では，高脂肪食を与え始めて8週間後にこの状態になった）。

4　各々のグループのラットは，年齢，性別，および体重の初期値が合うように選ぶ。

　この研究が終わったあとスクーターは，「肥満」の肝臓では「対照」の肝臓と比べて，500種類の遺伝子に発現の変化が見られることを発見した。この実験をもう一度繰り返すと，その90％の遺伝子について再び発現の変化が見られた。これは，450種類の遺伝子について，再現性のある遺伝子発現の変化が

見られたことを意味している．その後スクーターは，「肥満になるのに十分な高脂肪食をラットに与え，体重の増加とインシュリン非感受性によって肥満になっていることが確認されたとき，どの遺伝子の発現が再現性のある形で変化しているか」という問いのもとに，3回目の実験を行った．3回目の実験では，450種類の遺伝子のうち430種類で，前と同様の遺伝子発現の変化が起きていることを確認することができた．そこでスクーターは，この430種類の遺伝子を，高脂肪食で肥満になったときの，遺伝子発現の変化の「マーカー」とするモデルを構築した．このモデルでは，肥満は，体重の増加とインシュリン非感受性で定義されている．

　スクーターは，ラットに高脂肪食を与えて体重を増加させ，インシュリン非感受性にしたとき，彼のモデルが予測するとおりの遺伝子発現の変化が起きるかどうかを試すことによって，彼のモデルを検証した．スクーターは4回目の実験を行い，統計学を使って，425種類の遺伝子についてモデルが予測する通りの発現の変化が見られることを確認した．こうして彼は，ラットが高脂肪食によって彼の実験プロジェクトで定義されたような肥満の状態になったとき，どのような遺伝子発現の変化が起こるかについての，検証されたモデルを構築することができた．

12

ネガティブ対照はなぜ必要か

　実験上の問いは、「Xの、Yに対する効果はどのようなものか」という形をとることが多い。XのYに対する効果を見るためには、その系にXを加えていない状態と、Xを加えた状態とを比較する必要がある。したがって、「Xの、Yに対する効果はどのようなものか」という問いには、そこに明記されてはいないが、必要な要素がある。それは、「Xの、Yに対する効果は、『Xがないときと比較して』どのようなものか」ということである。「対照」を設定する目的は、このようにXの有無についてだけ実験条件が変えてあるような状態を確実に作ることである。

撹乱されていない状態としてのネガティブ対照

　「カフェインは、血圧に対してどのような効果があるか」という問いがあったとき、カフェインの効果がある場合と比べられる何かがなければ、この問いに答えを出すことはできない。この場合、その「何か」とは、カフェインがない状態である。コーヒーを使ってカフェインの効果を調べる場合なら、血圧に影響を与えるような他の飲み物を被験者が摂っていないことを確かめることが

重要である。コーヒーの効果を調べようとしているのなら，コーヒーを飲まない人々を集めて，コーヒーを飲む人々と比較しなければならない。このような「ネガティブ対照」がなければ，科学者は，カフェインによる変化があったとしてもそれを知ることはできない。

「ネガティブ対照」の最も単純な形は，研究している変数で実験対象が撹乱[訳注1]されていない状態である。これは簡単なことのように思えるかもしれないが，「撹乱されていない状態」を設定するのが困難な場合がよくある。「カフェインは，血圧に対してどのような効果があるか」という問いについて考えてみよう。この問いに答えるための研究デザインとしては，一方のグループの被験者にカフェインを与え，もう一方のグループの被験者にはカフェインを与えないようにすることが考えられる。そのような研究を行うために，「カフェイン摂取群」と「ネガティブ対照群」の2つのグループの被験者を集めることになったとする。そのとき，選ばれた「ネガティブ対照群」が，血圧に影響を及ぼす他の条件を持っていたとしたら何が起こるだろうか。例えば「ネガティブ対照群」が，医療関係者に近づくと不安を感じがちな人を多く含んでいたとしたらどうだろうか。その場合，この検出できない変数によって，カフェインを摂取していないグループのほうがカフェインを摂取したグループよりも平均して高い血圧であるという結果になってしまうかもしれない。

また，「カフェイン摂取群」に，高血圧症などの，血圧が高くなる症状を持つ人が多く含まれていたらどうなるだろうか。この場合，科学者は，カフェインによって血圧が上昇したと結論するかもしれないが，このような結果になったのは実際には「カフェイン摂取群」にカフェインとは無関係な高血圧症を持つ人が多かったためである。したがって，それぞれのグループの人々は，「関連変数」が互いに合致するように適切に調整されていなければならない。ここで書いた「関連変数」とは，実験結果に影響を与える可能性のある付加的な要素のことである[1]。この問題は，「帰納空間」[2]にアクセスすることの重要性を，再び浮かび上がらせてくれる。帰納空間にアクセスしなければ，想定外の多数の変数が実験結果に影響を与えることになり，研究は失敗に終わってしまうだ

1　「関連変数」は，血圧を測定している技官が非常に怖い人物だったりすることも含んでいる。これは，科学者が測定しようとしている「従属変数」に拮抗するものである。「カフェインは血圧を上昇させるか」という問いにおける従属変数は，血圧である。従属変数については後の章で議論するが，従属変数と関連変数は区別して理解し，取り扱わなければならない。

訳注1　撹乱は perturb の訳である。自然科学では，ある系のひとつの安定な状態が意図せずかき乱されるとき，あるいは，それを意図してかき乱すときに「perturb」という語が使われ，日本語では，通常「撹乱」と訳される。

ろう[3]。帰納空間を気にかけていれば，撹乱されていない「ネガティブ対照群」が「カフェイン摂取群」とできる限り一致した状態になるように，事前に考えうるあらゆる関連変数について条件設定することができる。例えばこの研究の場合なら，各々のグループの被験者について，高血圧症の人がいるかどうかあらかじめ調査し，そのような人は研究対象から除外しておかなければならない。また，実験前に全員の血圧とボディーマス指数（BMI）[4]を測定し，類似した血圧やボディーマス指数を持つ人が，それぞれのグループに均等に分配されるようにしなければならない[5]。また，それぞれのグループは，年齢の分布についても合致するようにし，カフェインを含む別の物質の摂取についても合致するようにしなければならない。

　この最後の点についてもう少し考えてみよう。もし，被験者を選別するための質問が，単にその日にコーヒーを飲んだかどうかを尋ねるものだけで，お茶やその他のカフェインを含んでいるソフトドリンクについては何も尋ねないものだったらどうなるだろうか。また，被験者が実験前にカフェインを摂取していない状態にするためには，被験者全員に事前に集合してもらい，実験前の何時間かはカフェインを含むものを口にしないようにしてもらう必要があるだろう。これらのステップはすべて，撹乱されていない「ネガティブ対照群」が，カフェインを摂取しない以外のすべての点で，できる限り「カフェイン摂取群」と同じになるようにするために行われる。

　各々のグループの関連変数を合わせるのは，「X」と「Xなし」のグループ

2　これ以前の章を読んでいない読者に説明しておくと，「帰納空間にアクセスする」とは，以前から知られている情報を使って実験のデザインを行うことを意味している。しかし，もし他の章を読んでいないのなら，この本を最初から読むことを心からお勧めする。決して後悔はしないと思う。

3　血圧に影響を与える事象があることが知られているのに，それらのことをまったく考慮に入れずに実験を行えば，データの変動が大きくなるのは確実である。このことを認識すれば，科学者は影響を及ぼす可能性のある変数をすべて知っておきたいと思うだろうし，さらに，どんな変数でもできる限り同じになるように揃えておきたいと考えるだろう。あとの章で，個々の研究対象をそれ自身の対照として用いることについて述べるが，ここに書いたことは，そこでさらに詳しく解説する。

4　ボディーマス指数（BMI）は，性別を考慮に入れて，身長と体重の関係から算出される肥満度を表す指数である。

5　グループのランダム化については，あとで議論する。これについてはたくさんのアプローチ法があるが，ここでは，研究対象をいくつかの独立な基準で選別し，それらの基準に基づいて研究群の間に分散させることを勧めておく。例えば，もし2人の45才の女性がいて，どちらも体重60キロ，血圧は120/85だったら，ひとりは「カフェイン摂取群」，もうひとりは「対照群」に入れることになる。

の違いを「Xのみ」の状態にするためであるといえる。いまの場合なら，2つのグループは，カフェイン以外の要因に関してはまったく違いがない状態にしなければならない。そうでなければ，カフェインが血圧にどんな影響を与えるのか理解できなくなってしまうだろう。

問いが複数の変数を含む場合，それぞれの変数に「Xで撹乱されていない」ネガティブ対照を設定する必要がある

次にもっと複雑な，「カフェインを含むコーヒーは，血圧にどんな影響を与えるか」という問いをフレームワークにする場合を考えてみよう。この場合，科学者は，次の2つのことに興味を持っていることになる。すなわち，カフェインを含むコーヒーが血圧を変えるかどうかということと，コーヒーに含まれる物質のうち，カフェインがその犯人かどうかということである。したがって，この研究を行う科学者は，変数が複数あることに気づいておかなければならない。このことは，問いを次のように言い直せば，もっと明確になるだろう。

問い：カフェインを含むコーヒーは，血圧に影響を与えるか。もし与えるとしたら，その原因はカフェインか。

このような問いに答えるためには，「コーヒー」と「カフェイン」という2つの変数を分けて調べるための，さらに多くの対照が必要になる。そのような対照は一般に，「Xで撹乱されていない」対照と言うことができる。今の例で言えば，ある場合はコーヒーがXであり，もうひとつの場合はカフェインがXである。例えば，次のようなデザインの研究を行うことができるだろう[6]。

研究上の問い：カフェインを含むコーヒーは，血圧に影響を与えるか。もし与えるとしたら，その原因はカフェインか。

6　この研究のデザインに関しては多数の問題が考えられるが，それについては，実験上の対照について述べる他の章でも議論する。この章では，ネガティブ対照についての議論に集中することにする。

研究のデザイン：50名ずつから成る6つのグループをつくる。被験者の血圧を測定する。血圧が140/90より高い者と，90/60より低い者は研究対象から除外する。グループ間で，性別の分布が同じになるようにする。ボディーマス指数（BMI）は，40以上と19以下であってはならない。被験者の年齢は，18才から45才までとする。平均年齢と年齢の分布はグループ間でほぼ同じになるようにする。被験者には，研究開始前の72時間はカフェインを含む飲み物を摂らせないようにする。被験者に，ふだんのカフェイン摂取や不安障害の有無，本人と家族の高血圧症の履歴について質問する。不安障害を持つ人は研究から除外する。毎日2回，1か月にわたって血圧を測定する。研究の開始時に血液と尿のサンプルをとり，研究の開始後は3日に1回，血液と尿のサンプルをとる。将来の研究のために，DNAのサンプルもとっておく。それぞれのグループを表12.1のように処理する。

表12.1

グループ	処理
A	処理なし
B	水。1日あたり250 mlのカップ4杯分
C	デカフェ・コーヒー（カフェインを除去したコーヒー）。1日あたり250 mlのカップ4杯分
D	カフェインを含む水。1日あたり250 mlのカップ4杯分。カフェインの量は，カフェインを含むコーヒーに合わせる
E	カフェインを含むコーヒー。1日あたり250 mlのカップ4杯分
F	カフェインを含むコーラ。1日あたり250 mlのカップ4杯分。カフェインの量は，カフェインを含むコーヒーに合わせる

これら6つのグループに属する人の，血圧の変化の程度を互いに比較する。カフェインを含むコーヒーを飲むグループ以外は，どれも，「Xで撹乱されていない」ネガティブ対照である。表12.2は，それぞれのグループのXを説明したものである。

さて，ここで，この研究でどのように血圧の変化を調べるのか考えてみよう。最初に，それぞれの人の血圧の初期値を測定する。問いは，「カフェインを含むコーヒーは，血圧に影響を与えるか。もし与えるとしたら，その原因はカフェインか」だったことを思い出してほしい。したがって，各人の血圧の変化を調べるためには，試している条件で血圧が変わっているかを比較するため，血圧の初期値を測定しておかなければならない。

それぞれのグループについて調べた後，モデルを構築して問いに対する答えを出すことになるが，個々のグループで得られるデータがモデルの構築にどのように影響を与えるか次に見ていこう。カフェインを含むコーヒーのグループ

表 12.2

グループ	処理
A	処理なし：このグループは，何も撹乱されていない
B	水：このグループは，コーヒーやコーラに含まれる物質で撹乱されていない。コーヒーやコーラでは，それらの物質が水に溶けた状態になっている
C	デカフェ・コーヒー：カフェインを含むコーヒーに比べて，カフェインで撹乱されていない
D	カフェインを含む水：このグループは，カフェインを含むコーヒーに比べて，カフェイン以外のコーヒーの成分で撹乱されていない。また，カフェインを含むコーラに比べて，カフェインを含むコーラに含まれるカフェイン以外の物質によって撹乱されていない
E	カフェインを含むコーヒー：このグループが，試験の対象である
F	カフェインを含むコーラ：このグループは，仮定対象^{訳注2}である。これは，ネガティブ対照ではない

を，デカフェ・コーヒー（カフェインを除去したコーヒー）や水のグループと比べられなかったら，血圧の変化の原因になったものが，「コーヒーに含まれているカフェイン以外の物質ではなく，コーヒーに含まれているカフェインそのものだ」と言うことはできない。水だけを飲むグループがなければ，コーヒーに含まれているカフェイン以外の物質が血圧に与える影響は見過ごされてしまうだろう。カフェインを含んだ水のグループは，カフェインがあれば血圧の変化を引き起こすのに十分かどうか決定するのに役立つ。これらの点をもっとわかりやすくするために，この研究を要素に分解してみよう。まず，科学者が，**表12.3**の2つのグループしか設定しなかった場合を考えてみよう。

表 12.3

グループ A	デカフェ・コーヒー
グループ B	カフェインを含むコーヒー

この実験では，デカフェ・コーヒーがカフェイン以外のすべての物質についての対照になるので，科学者は，カフェインを含むコーヒーが血圧を上昇させるかどうか，そして，血圧が上がるとしたら，それはカフェインによるものかどうかについての理想的なネガティブ対照になっていると考えるだろう。

この研究で，**表12.4**のような結果が得られたとしよう。

この結果からは，他の対照を使わなければ，「カフェインを含むコーヒー中

訳注2 仮定対照（assumption control）については，第16章で議論されている。

表 12.4

| デカフェ・コーヒー | 血圧が 10％上昇 |
| カフェインを含むコーヒー | 血圧が 30％上昇 |

のカフェインは，デカフェ・コーヒーで見られる血圧上昇を3倍に増大させる」と言えるかもしれない。デカフェ・コーヒーで見られる効果については，何がその原因になっているのか説明することは難しい。科学者は，被験者の不安感のような制御しにくい要因が10％の上昇の原因になっており，カフェインを含むコーヒーでの血圧上昇は，カフェインが最大の原因になっていると考えるかもしれない。ここで，他の対照も加えて研究を行い，**表 12.5** のような結果が得られたとしよう。

表 12.5

デカフェ・コーヒー	血圧が 10％上昇
カフェインを含むコーヒー	血圧が 30％上昇
カフェインを含む水	血圧が 10％上昇

もしもこのような結果が得られたら，カフェインを含むコーヒーでは血圧が30％上昇するが，カフェインそれ自体は10％しか血圧を上昇させないことになる。したがって，デカフェ・コーヒーに含まれている物質とカフェインが同時に存在すると，血圧に対して，ただの足し算よりももっと大きな効果が出ているように見える。カフェインを含む水を研究に加えなかったときに比べると，新たに付け加えられた対照はこのように，科学者の結論を大きく変更させることになる。いまや，カフェインが主要な役割を果たしているわけではなく，それがコーヒーに含まれる他の物質と一緒になったときに相乗的な効果を持つらしいことがわかった。「X で攪乱されていない」対照をさらに付け加えたらどうなるか，見てみよう（**表 12.6**）。

表 12.6

デカフェ・コーヒー	血圧が 10％上昇
カフェインを含むコーヒー	血圧が 30％上昇
カフェインを含む水	血圧が 10％上昇
水	血圧が　5％上昇

水だけを与えたグループを対照として加えると，カフェインのみによる効果は，これまでの実験で考えられたよりもさらに小さいことがわかる。水を毎日余分に飲むだけでも，血圧が5％上昇してしまう。したがって，カフェインの作用に関するモデルは，大きく変更されることになるだろう。カフェイン

は，それ自体では非常に小さな効果しか持たないが，コーヒーに含まれる形で摂取されると，デカフェ・コーヒーを飲んだときに比べて血圧の上昇が3倍になる．このようなデータが得られると科学者は，コーヒーに含まれている物質の何がカフェインと協調して血圧をそのように大きく上昇させているのか，さらに研究を始めることになる．最後に，残りの対照も加えてみよう（**表12.7**）．

表 12.7

デカフェ・コーヒー	血圧が 10％ 上昇
カフェインを含むコーヒー	血圧が 30％ 上昇
カフェインを含む水	血圧が 10％ 上昇
水	血圧が 5％ 上昇
カフェインを含むコーラ	血圧が 10％ 上昇
処理なし	血圧が 0％ 上昇

　これらの結果から，コーヒーからデカフェ・コーヒーに変えるのは血圧を抑えるのにそれなりに良い面があると結論できるかもしれないが，水に比べれば，デカフェ・コーヒーにも血圧を上昇させる成分が含まれているとも言える．「処理なし」の対照からは，不安感のような制御不能な要素があるわけではなく，水自体にも血圧を上昇させる効果があることがわかる．もし，「処理なし」の対照でも血圧が5％上昇していたら，その上昇は，研究を受ける際の不安感など，研究の条件によるものと結論されていたはずである．

　ここまでくれば，「Xで撹乱されていない」対照が，研究をうまくデザインする際にどうして重要なのかは明らかだろう．研究がデザインできたら，さらにいくつかの点を考慮する必要がある．第一に，それぞれのグループの被験者の数を十分多くすることによって，遺伝的な差異が研究結果に与える影響を少なくすることが重要である．ヒトがすべて遺伝的なクローンだったとしたら，ヒトの研究に大勢の集団を使う必要はないだろう．しかし，ヒトは遺伝的に大きな多様性を持っているので，「一般的な場合」についての結論を得るためには，多数の人々について研究を行う必要がある．この点については，第11章でも既に議論した．この章では，ヒトのように遺伝的に多様な集団を扱うときは，多数の人々について調べることによって，「Xで撹乱されない」ネガティブ対照を設定できるということを付け加えておきたい．多数の人々を対象にして研究を行うことによって，遺伝的多様性のような未知の関連変数があったとしても，それは，それぞれのグループ間で平均化される可能性が高くなる．第二に，実験の繰り返しについて書いた章でも述べたように，血圧は複数回測定すべきである．この研究における実験系の対照と潜在的な従属変数について

は，後の章で取り扱うことにする。

　ここでは具体例をたどることによって，ヒトや動物のような複雑な研究対象を取り扱う際に，「撹乱されていない状態」を追い求めることがいかに難しいかを見てきた。それでも，できる限りその条件を満たすような状態を追い求めることが重要である。「Xで撹乱されていない」対照を複数設定することで，観察される実験結果に影響を与えている複数の変数を知ることができるようになる。このように複数の対照を設定することは，単純な「撹乱されていない」状態をひとつだけ対照に使うよりもずっと効果的である。言い換えれば，ネガティブ対照[7]が少なければ少ないほど，その実験から導き出された結論には，より懐疑的になる必要がある。

　前に述べたように，ある研究で得られたデータが信頼できるかどうかは，その研究を繰り返すことができ，同じデータを再現できるかどうかで決まる。ある研究の結果から結論が機械的に導き出されたとき，その結論が正しいかどうかは，前の章で既に述べたように，もっと直接的な問いに基づいた新しい実験を行うことによって決定される。

組織培養の実験で，「Xで撹乱されていない」ネガティブ対照を設定する

　ヒトに対するカフェインの影響の研究はかなり複雑だったが，単純な実験の場合は「撹乱されていない状態」を設定するのはもっと簡単である。しかしその場合でも，実験系については事前に十分に理解しておくことが必要である。そのような例として，「神経増殖因子（NGF）は，Aktのリン酸化を誘導するか」という問いについて考えてみよう[8]。この研究では，クローン化された細胞株を使うものとする訳注3。

　ここで，科学者がなぜこのような問いに興味をひかれたのか，その背景について説明しておこう。NGFは細胞の外に分泌されて他の細胞に作用するタンパク質で，ある種の細胞を神経細胞に似た状態にする作用を持っている。すな

---

[7] すなわち，その研究に内在する変数に関して「撹乱されていない状態」を代表する対照。対照の設定の仕方によって，実験の結果は変わってしまう。

訳注3 「クローン」は生物学の用語で，遺伝的に均一な個体や細胞や遺伝物質の集団のことをいう。「クローン化された細胞株」とは，純系の培養細胞の集団のことである。

わち，NGFが神経の前駆細胞に作用すると，それらの細胞は分化した状態になって，軸索に似た長い突起を出し，その後，ふつう神経細胞で見られるようなタンパク質マーカーを発現するようになる。細胞内にあるたくさんの細胞内シグナル伝達系のうち，どれがNGFによって誘導される細胞分化に関わっているのかは，科学者にとって興味のある問題である。Aktタンパク質は，他の細胞では細胞の生存率を上昇させることがわかっていたが，その実験が行われたときは，Aktが神経の分化に必要かどうかはわかっていなかった。したがって，科学者はまず，NGFはAktを活性化するのかどうか，そして，もし活性化するのなら，NGFが細胞に作用して神経に似た表現型を誘導する際にAktが必要なのかどうかを知りたいと考えたのである。

　培養細胞を用いた実験系は，不死化した細胞株[9]を研究室内の保温器に入れて決まった条件の下で維持することができるので，扱いやすい実験系として非常によく使われている。細胞株の中には，世界中の何百もの研究室で使われているようなものもある。そのような実験材料を使って実験すれば，科学者は同じ細胞を同じ条件で研究できることになるので，お互いのデータを比較するのが容易になる。そのような細胞でデータが得られたら，それを動物個体に適用して，培養細胞での結果が動物個体でも成り立つかどうか試すこともできる。最初に培養細胞を使って実験するのは，クローン化された細胞を使えば，関連

---

[8] 神経増殖因子NGF（nerve growth factor）は，細胞外に分泌されるタンパク質である。細胞の種類によって，NGFに対する「受容体」を発現しているものがあり，そのような細胞ではNGFがあるとそれが受容体に結合して，細胞内の特定のタンパク質のリン酸化が誘導される。NGFの受容体はTrkAと呼ばれる。TrkAは，他のタンパク質のリン酸化を行うことができるタンパク質である。リン酸化によって，細胞内のある2種類のタンパク質が結合できるようになる場合もあれば，新しいタンパク質の合成のような新たな細胞活性が生じる場合もある。転写因子と呼ばれるタンパク質がリン酸化されると，遺伝子の活性化が誘導される場合もある。また，リン酸化されたタンパク質が分解されて，他の細胞内シグナル伝達経路に変化が生じる場合もある。しかし，TrkAがこのような反応を開始するためには，まず初めにTrkAがNGFと結合しなければならない。NGFと結合すると2分子のTrkAが会合する。これは二量体化と呼ばれ，それがこの系を活性化する。二量体化すると，二量体の一方のTrkAがもう一方のTrkAをリン酸化し，それによって系が動き始める。NGFは受容体に結合しない限り細胞内のシグナル伝達を開始することができないので，TrkAが細胞表面に存在しない場合は，NGFはその細胞に対して何の効果もない。このことは，ここで挙げた例の目的のためには，明記しておく必要があるだろう。最後に，Aktはリン酸化されると活性化されるタンパク質で，それによってさらに他のタンパク質のリン酸化を引き起こし，ここに述べたような種類の一連のシグナル伝達を誘起する。

[9] 「細胞株」とは，単一のクローンに由来する細胞群のことである。（訳注：個体から取り出した細胞をシャーレの中で培養すると，ある程度増殖したあと，ほとんどのものが死んでしまう。しかし，低い頻度で死なずに増殖する細胞が現れる。ここでは，このような細胞を「不死化した細胞株」と言っている）

変数について比較的簡単に対照を設定でき，動物実験を行うよりも簡単に実験を進めることができるからである．このことは，培養細胞のデータが常に動物個体にも適用できることを意味しているわけではないが，培養細胞を使った実験を行えば，細胞がそれ自身でどのように振る舞うかを知ることができることになる．これは，それ自体で価値のあることである．もし，ある細胞が動物個体の中では違う振る舞いをするなら，動物の体の中という自然の状態では，単離した細胞にはない何らかの付加的な調節機構が存在することを示している．それらの付加的な調節機構は，単離された細胞と体の中にある細胞とを比較することで調べられるだろう．

「NGFは，Aktのリン酸化を誘導するか」という問いは，一見，対照をとるのが非常に簡単に見えるかもしれない．細胞をとり，その一部はNGFで処理し，残りは対照として処理しないままにすればよさそうである．しかしこの場合でさえ，実際はそれほど単純ではない．注意深く分析すると，本書の他の例でも見てきたように，用語の定義や，実験系の有効化の際に行ったのと同じようなことが必要になってくることがわかる．

実験系の有効化の問題についてもう一度考えてみるのは意味のあることである．たとえ適切なネガティブ対照を設定してあったとしても，実験系の有効化が行われていなければ何の意味もないことがわかるからである．例えば，実験系の有効化をしておらず，「NGFは，Aktのリン酸化を誘導するか」という問いに答えるための実験で，NGF受容体TrkAを持っていない細胞に対してNGFを作用させたとしたらどうなるだろうか．そのような実験条件では，細胞はNGFに反応することができないので，問いに対する答えはもちろん「ノー」になるだろう[10]．この例は，用語の定義をおこなったり，問いに関係する帰納空間を設定することが，なぜ重要なのかを再び浮き彫りにしてくれる．科学者が発した「NGFは，Aktのリン酸化を誘導するか」という問いは，「NGFは，NGF受容体TrkAを持っている細胞でAktのリン酸化を誘導するか」ということを意味している．もし科学者が，実験に使う細胞でTrkAが発現していることを確かめなかったとしたら，その実験で得られる答えには何の意味もない．それは，「カフェインは血圧を上昇させるか」という問いに答えるのに，死んだ人や血圧の降圧剤を投与されている人を使うようなものである．実験上の問いや仮説には，すべて前提がある．そのような前提が何である

10　実際は，NGFに対する反応を媒介するもうひとつの受容体LNGFR（low-affinity nerve growth factor receptor，低親和性NGF受容体）が存在する．しかし，この例の目的からいって，ここではTrkAを唯一の受容体と考えることにしよう．しかし読者は，実際の状況はもっと複雑であることを知っておかねばならない．

かを理解し，それを実験系の有効化の際に使うことが重要である。予備的な段階でそれを行わなければ，ネガティブ対照は無意味である。実験系がそもそも X に対して反応してくれなければ，「X があるときと，X がないとき」の効果の違いを調べることはできない。

実験系を確立するために，この科学者は，NGF 受容体（TrkA）を持っていることが証明されている細胞を手に入れた。次の章ではポジティブ対照について議論するが，その章では，NGF で刺激されると Akt がリン酸化されるかどうかを調べる際に，どのくらいの量の NGF を投与すればよいかを決定する話をする。そこでは，TrkA のリン酸化を指標にして NGF の投与量を決定することになる。しかし今は，「X で撹乱されていない」状態とは，NGF に反応できる系での「NGF なし」のことであると言っておこう。

「NGF は，Akt のリン酸化を誘導するか」という問いに関して，もうひとつ述べておかなければならないことがある。この研究では，リン酸化された Akt の量が増えたことを，実験的に決定できなければならない。もし NGF がなくても Akt がリン酸化されていたら，NGF に効果があるのかどうかわからなくなってしまう。したがって，「X で撹乱されていない」対照とは，「Akt のリン酸化に影響を与えるような事象で撹乱されていない」という意味である。言い換えると，Akt のリン酸化についてのネガティブ対照がなければならないということである。Akt のリン酸化の上昇を測定するためには，Akt のリン酸化の程度が通常の状態では低くなっているような系を使うことが必要になる。

「正常な」細胞培養の条件では，細胞を培養する液体培地の中には，細胞の生存を促進する増殖因子が入れてある。これらの NGF 以外の増殖因子も，Akt のリン酸化を促進してしまう可能性がある。したがって，NGF の効果を調べるためには，細胞を，これらの増殖因子に関して「飢餓」の状態に置かなければならない。カフェインの例の場合に，カフェインの効果をきちんと見るために，被験者を事前にコーヒーやカフェインを含む飲み物を飲ませないようにしたが，それと同じようにこの場合は，細胞を，Akt のリン酸化を誘導する可能性のある他の因子に触れないようにしておかなければならないのである。この研究のデザインは，次のようなものになるだろう。

研究上の問い：NGF は，Akt のリン酸化を誘導するか。

研究のデザイン：PC12 細胞という細胞株を使うことにする[訳注4]。PC12 細胞が NGF 受容体 TrkA を持っていることを確認したあと，この細胞を 12 枚のシャーレに入れる[11]。実験系をデザインするための実験として，PC12 細胞を増殖因子なしの培養液に入れたあと，Akt のリン酸化が最低レベルまで落ちる

のにどのくらいの時間がかかるか決定する．それが決まったら，増殖因子飢餓状態の PC12 の入った 12 枚のシャーレに，**表 12.8** の処理を行う．

表 12.8

シャーレ 1〜3	処理なし
シャーレ 4〜6	緩衝液に溶かした NGF。NGF の量は，TrkA を活性化するのに十分な量を加える（その量は，実験系の有効化のための実験で事前に決定する）
シャーレ 7〜9	緩衝液のみ
シャーレ 10〜12	PC12 細胞で Akt のリン酸化を誘導することが知られている増殖因子

　この実験デザインでは，シャーレ 1〜3 がネガティブ対照で，「X で撹乱されていない」対照となっている．この場合，X は NGF である．ポジティブ対照については，次の章で議論する．

遺伝学的な実験で，「X で撹乱されていない」ネガティブ対照を設定する

　次に，「*BRCA1* 遺伝子の欠失は，マウスの乳癌の発生率を増加させるか」という問いについて考えてみよう．この問いに答えるためには，乳房の組織で *BRCA1* 遺伝子が欠失したマウスを，遺伝子が正常なマウスと比較する必要がある[12]．このような実験を行う際に科学者は，できるだけ多くの関連変数を除去するために，*BRCA1* の欠失に関してヘテロ接合体になっている純系のマウス株を作成し，その株から生まれたマウスを用いる．そのようなヘテロ接合体のマウスからは，乳房の組織で *BRCA1* 遺伝子を欠く「ノックアウト」マウス

11　「シャーレに入った細胞」は，研究室で細胞を「培養する」，すなわち増殖させる際の普通の状態である．通常，細胞株（単一のクローンに由来する細胞群）は，プラスチック製のシャーレの中に入れて増殖させる．シャーレは，周囲が高さ 1〜2 センチのプラスチックの壁で囲まれている．細胞は通常，シャーレの底のプラスチックに付着した状態になっており，その上を「組織培養液」が覆っている．組織培養液は普通赤い色をしており，ブドウ糖，アミノ酸，塩，増殖因子などが含まれている．

12　*BRCA1* は正常な胚発生に必要な遺伝子で，この遺伝子の活性を失った胚は，受胎後 8.5 日以上は生存できない．したがって，乳癌におけるこの遺伝子の役割を研究するためには，乳房の組織だけで遺伝子を欠失させた「条件付き」の遺伝子破壊を行わなければならない．これも，ある問いに答えるために過去の知識を援用する例となっている．

訳注 4　PC12 は，ラットの副腎の褐色細胞腫に由来する細胞株である．

と，乳房の組織に正常な BRCA1 遺伝子が 2 コピーある「正常な」マウスが生まれる。同腹仔はその定義からいって，BRCA1 の有無が違うだけで互いに非常に類似しているはずである。したがって，BRCA1 以外の遺伝子の違いのような「関連変数」は，「撹乱されていない」グループと「BRCA1 ノックアウト」グループの間でほとんどないはずである。何世代も同血統繁殖させた純系のマウスを使うということは，遺伝的に同一の動物個体から研究を始めるということである。したがって，BRCA1 遺伝子に突然変異を導入して，その子孫が生まれれば，「BRCA1 ノックアウト群」と「ネガティブ対照群」の間では，BRCA1 遺伝子だけが異なっていることになる。

科学者が，20 匹の「BRCA1 欠失」マウスと 20 匹の「対照」マウスを比較して，時間を追って観察したとしよう。「BRCA1 欠失」マウスでの乳癌の発生率は 30 ％で，正常な BRCA1 遺伝子を持つマウスでの発生率は 2 ％であることがわかった。「対照」マウスがなければ，BRCA1 に欠失がある場合に乳癌の発生率が変わったかどうかを知る方法がないことに気づいてほしい。

「実験系の有効化」においては，BRCA1 に欠失があるときに，生後どのくらいの期間でマウスに乳癌ができる傾向があるか決定しなければならない。したがって，予備的な調査を行い，BRCA1 ノックアウト・マウスを時間を追って観察することによって，いつごろ乳癌が見られるようになるか知っておく必要があるだろう。このような帰納的な知識は研究を歪めることになるといって反対する人がいるかもしれない。それに対しては，生後 2 週間のマウスだけを調べて，BRCA1 欠失マウスに乳癌がまったく見られなかった場合を考えてほしい。この結果は「正しい」。しかし，マウスの一生の間に乳癌の発生率が上昇するかどうかという問いの答えにはなっていない。それを知ることが，この研究の目的であるのにもかかわらずである。前の章で，「全体像」を知るためになぜ実験の繰り返しが必要なのか議論したが，ここでの問題も，それと同じことである。したがって，乳癌ができるかどうかを調べるために，動物をどのくらいの期間観察しなければならないかを事前に決定しておくことは，研究を歪めるようなことではない。それは，問いに答えるためには当然必要なことである。このような状況は，「空はどんな色か」という問いの場合と類似している。「全体像」は，正常マウスと BRCA1 ノックアウト・マウスを時間を追って調べ，適当な間隔で乳癌の発生率を調べることで理解することができるのである。この研究は，次のようにデザインすることができるだろう。

研究上の問い：BRCA1 遺伝子の欠失は，マウスの乳癌の発生率を増加させるか。

研究のデザイン：純系のマウスを使って，遺伝子型が $BRCA1^{+/-}$ の20組の同血統繁殖マウスのペアを用意する．それらのペアから生まれた雌の子の遺伝子型を調べる．同腹仔を，次の3つのグループに分ける（**表12.9**）．

表12.9

グループ1	$BRCA1^{+/+}$，すなわち，「$BRCA1$ 正常」マウス
グループ2	$BRCA1^{+/-}$，すなわち，「$BRCA1$ ヘテロ接合体」マウス
グループ3	$BRCA1^{-/-}$，すなわち，「$BRCA1$ ノックアウト」マウス

各々のグループについて，生体組織検査を次の時期に行う（**表12.10**）．

表12.10

2週間
1か月
2か月
6か月
1年
18か月
2年

それぞれの時点で，それぞれのグループについて乳癌の発生率を調べる．この研究の結果が，**表12.11**のようなものになったとする．その結果を吟味してみよう．

表12.11

	乳癌の発生率		
	正常	$BRCA1^{+/-}$（ヘテロ接合体）	$BRCA1^{-/-}$（ノックアウト）
2週間	0%	0%	0%
1か月	2%	0%	1%
2か月	2%	3%	2%
6か月	2%	3%	2%
1年	2%	3%	25%
18か月	2%	3%	30%
2年	2%	5%	30%

これらのデータから，次のようなモデルを構築できる．マウスの乳房組織で $BRCA1$ 遺伝子に欠失が起きると，乳癌の発生率が有意に上昇する．そのような現象が起きるためには，$BRCA1$ 遺伝子が二倍体ゲノムの両方の染色体で欠失していなければならない．一方の染色体だけに欠失があっても，癌の発生率

は有意には上昇しない。また，生後1年（マウスでは，中年に相当する）が経過するまでは，腫瘍は現れない。したがって，この12か月時点の状態に対して，それより前の時点の状態は，「12か月という時間経過で撹乱されていない」対照とみなすことができる。言い換えると，他の時点での状態も調べないと，遺伝子の欠失の効果が現れるのに実際に丸1年かかるのかどうかはわからないということである。6か月と1年の間で癌の発生率が突然上昇しているので，8か月や10か月の時点で調べることによって，癌の発生率がこの期間にどのように上昇するか決定する必要があるだろう。もし特定の時点で本当に癌の発生率が突然上昇していたとしたら，その時点での他の遺伝子の発現の変化を調べることによって，*BRCA1* の欠失の効果を顕在化させるような他の遺伝子の発現変化があるのかどうかを調べられるかもしれない。ここに書いたようなことは，将来の実験のための新しい問いとなるだろう。ただしその前に，この実験のデータが再現できるかどうか，実験の繰り返しによって確認しておかなければならない。

あるタンパク質が組織中に存在するかどうかを，抗体を使って決定する実験における「非 *X*」

「*Y* は *X* を含んでいるか」や「*Y* は *X* か」という問いにおいては，「*X*」を「非 *X*」と比較する必要がある。ここではネガティブ対照が，測定が確かに行われていることを確認するための比較の対象になる。

科学者のベティー・スーが，骨格筋に「ネブリン」というタンパク質が含まれているかどうか決定したいと考えており，また，含まれているとしたら筋肉のどこに局在しているか知りたいと考えていたとしよう。この研究の最初の問いは，「骨格筋はネブリンを含んでいるか」である。この問いに答えるためにベティー・スーは，実験系の有効化[13]を通じてネブリン・タンパク質に反応することがわかった抗体を使用することにした。ベティー・スーはその抗ネブリン抗体を使って，免疫組織化学の実験を行うことにした。免疫組織化学の実験では，骨格筋の切片をスライド・グラスの上に置き，ネブリン抗体を使ってそれらの切片を染色する。ネブリン抗体を検出するには，いろいろな方法がある。この例ではなるべく単純化するために，抗体に蛍光色素を付けてあり，ネ

13　実験系の有効化の際のネガティブ対照については，別の章でさらに議論する。

ブリン抗体が結合した筋肉組織は暗いところで蛍光を発するものとしよう。

ベティー・スーが抗ネブリン抗体を組織切片に加えてみたところ，収縮装置などの筋肉の特定の構造体が，暗所で蛍光を発するようになった。ベティー・スーはこの実験で，問いに対して答えを出すことができたのだろうか。そして，「骨格筋はネブリンを含んでいる」と言うことができるだろうか。この実験で，骨格筋に存在する他のタンパク質ではなく，確かにネブリンに抗体が結合していると言うことはできるだろうか。「YはXを含んでいるか」という問いでネガティブ対照を用いる目的はここにあり，「非X」ではなくて「X」が測定されていることは，ネガティブ対照を用いることによって確認することができるのである。

今の例では，抗体が，「非ネブリン」，すなわちネブリン以外の何らかの筋肉中の基質に結合しているのではなく，確かにネブリンに結合していることを「非X」対照を用いて示さなければならない。この問題を解決するためには，抗ネブリン抗体を作成する時に使ったネブリン・ペプチドを利用することができる[14]。どのようにするかというと，抗体を組織にかける前に，抗体にネブリン・ペプチドを結合させておき，抗体中のネブリンに結合する部位をあらかじめネブリン・ペプチドで覆っておくのである。それでも抗体が筋肉組織に結合するようなら，ネブリン以外の何らかのタンパク質に抗体が結合しているものと判断できる。したがって，ネブリン・ペプチドに結合させた抗ネブリン抗体は，混ぜ物をしていない抗ネブリン抗体に対するネガティブ対照となる。それによってベティー・スーは，「非X」に対してX（ネブリン）を決定することが可能になる。

最近の技術革新によって，このような実験の「非X」対照をもっと簡単に設定できるようになった。それは，「ノックアウト」マウスをつくることである（ノックアウト・マウスについては，前に述べた）。もし骨格筋の組織切片を，ネブリン遺伝子を欠失させてネブリンを発現していない動物からつくることができれば，それがもっと直接的な「ネブリンなし」の対照になる。この例なら，抗ネブリン抗体を，「ネブリンなし」のマウスから取った骨格筋と，正常なマウスから取った骨格筋の試料に加えることになる。もし抗ネブリン抗体が両方のマウスで骨格筋の同じような場所に結合したら，ベティー・スーは，こ

---

[14] 抗体は，タンパク質や，そのタンパク質の一部分（ペプチド）をウサギなどの動物に注射することで作成できる。注射された物質で動物の免疫系が刺激され，注射されたタンパク質やペプチドに結合する抗体が産生される。（訳注：ペプチドを動物に注射したあと動物から抗体を取ってきた場合，その抗体試料にはペプチドに結合する抗体も含まれているが，それ以外の抗体も含まれている可能性がある。この段落の後半は，そのような，意図しない抗体が筋肉に結合していた場合に，それをどうやって確かめるかについての議論である）

の抗体がネブリン以外のタンパク質に結合しているものと判断することになる。しかし，抗ネブリン抗体が正常なマウスの収縮装置には結合するが，「ネブリン・ノックアウト」マウスとはまったく反応しないようなら，彼女は「骨格筋の収縮装置にネブリンが存在する」と言うことができる。このような実験を行った後，いろいろな方法でこのモデルを検証することができるが，それについては後の章でまた議論する。

システム内のネガティブ対照

　測定が有効に行われていることを確認する際には，その測定システムの中心的な構成要素が正しく働いているかどうかを試すためにネガティブ対照が使われる。ここで「ネガティブ対照」とは，測定されるパラメーターがXのときの「非X」のことである。この本の初めのほうに出てきた「空は赤いか」という問いに戻ってみよう。この問いに答えるためには，赤を，赤ではない場合と比較できる必要がある。「赤検出器」[15]が壊れていて，常に「ポジティブ」を表示してしまう場合を想像してみよう。「ネガティブ対照」，すなわち赤ではない何かがなければ，この測定システムが正常に動作していなかったとしても，それを知ることはできない。もし科学者がこの装置を赤いものにだけ向けていたら，壊れた装置でも「ポジティブ」の表示を出すので，装置が正しく働いているという誤った印象を受けてしまうだろう。この場合，実際の色とは無関係に赤の表示しか出さない「赤検出器」を信頼してしまえば，「全世界は赤い」という結論を出してしまうこともありうる。したがって，「空は赤いか」という問いに対しては，例えば緑色や青色の物体をネガティブ対照として使わなければならない。この場合，例えば青い物体は，「撹乱されていない状態」としての対照ではなく，Xが赤のときの「非X」としての対照である。このように，「ネガティブ対照」は単純に，測定が確かに行われていることを確認するための比較の対象を提供する場合もある。

15　これは赤い色を測定するための装置で，第2章で出てきたものである。

「YはXか」という問いに対するネガティブ対照

　pHメーターの例を考えてみよう。この種の装置は，強酸性から強塩基性まで，広い範囲の値を測定できなければならない。実験系を有効化するための「ポジティブ対照」の節で議論するが，pHを測定するためには，そのpHメーターとは独立な方法でpHが確認されており，すでにpHがわかっている「標準」が必要である。例えばそのpHメーターがpH 10を測定できることを確認する際は，pH 10の「標準」溶液が使われる。しかし，その「標準」が確かに測定されていることを証明するためには，pH 10ではない溶液も必要になるだろう。そのためには，例えば水を使用することができる。それらをpH 10の標準溶液との比較の対象にしなければ，pH 10の液体にpH検出部を入れたときに，装置の状態が変わったことを確認することはできない。このようにネガティブ対照は，測定などを行っているときに，実際に何かが起きていることを確認するための仕組みを提供するものである場合もある。前に述べたように，Yが起きたことをうまく検出できなければ，XがYを引き起こすかどうかを決定することはできない。pHメーターの場合，pHの標準と，比較の対照となる標準とは違う（非Xの）pHの溶液がネガティブ対照として用意されていなければならない。そうしないと，ある溶液に酸や塩基を入れたときに，ある特定のpHになるということを証明しようとしても，それは不可能である。

システム間ネガティブ対照

　科学者は，実験操作そのものが結果を変えてしまっていないかどうかを，どのようにして知ることができるのだろうか。例えば，猿の群れの血圧を測定できるシステムがあり，技官がそれを使う場合を考えてみよう。ここで，猿たちはこの技官にとてもよくなついているため，彼を見るとリラックスして血圧が落ちてしまうとしたらどうだろうか。第二の例として，たぶんこちらのほうがよくありそうな例だが，組織培養の実験を考えてみよう。その実験では，増殖因子を細胞に加えるために，保温器からシャーレを取り出さなければならない。しかし，シャーレを取り出すと温度が下がり，CO_2の濃度も変わってしまう。そのような変化によって，実験結果が変わってしまったらどうなるだろう。

そのようなことが起きていないかどうかを決定するためには，「Xで撹乱されていない」対照をとることが有効である。ここでXとは，その実験で行う実験操作のことである。猿の場合なら，人と接触させないですむような測定系を使うことができれば，それを対照にできる。組織培養の例なら，シャーレを保温器に入れたままの状態で増殖因子を注入できるようなシステムをつくればよい。これらは，実験を行うシステムそれ自体が結果を撹乱していないことを確認するための「システム間ネガティブ対照」の例である。

盲検法を「Xで撹乱されていない」ネガティブ対照として使う

　実験系それ自体によって測定結果が撹乱されてしまうことがあるが，そのようなことを避けるためには，実験結果を評価する際に偏った評価をしてしまう可能性があることや，研究対象が研究の際の操作によって影響を受けてしまう可能性があることを無視してはいけない。

　科学者による偏った解釈を最小限にとどめるためには，研究の前に評価基準を設定しておくことが有効である。それに加えて，どのグループにどんな撹乱を加えたかがわからない状態にしておけば，グループごとに異なる評価基準を適用することはできなくなる。一方のグループがカフェインを与えられており，もう一方のグループが与えられていないことがわかっていれば，科学者はカフェイン投与群のほうでその効果を探すことになり，デカフェ・コーヒーを与えられたグループで血圧に変化があってもうまい理由をつけて無視してしまうかもしれない。しかし，どのグループにどの処理を行ったかをわからなくしたままデータを統計的に評価し，解釈を決めてしまうようにすれば，科学者は，そのデータと解釈を受け入れるほかなくなるだろう。

　結果の評価者の効果を最小限にとどめることに加えて，研究対象に対する撹乱も最小限に抑える必要がある。研究対象に対する撹乱とは，それによって実験結果を変えてしまうような，「研究対象に対して影響を与える効果」のことである。そのような例としては，偽薬（プラシーボ）効果がよく知られている。被験者が薬を渡される際に，「その薬は体重を減らす薬で，食欲を抑え，運動したくなるような効果がある」と言われれば，被験者はその期待に応えるように生活習慣を変えてしまう可能性がある。しかし被験者に，自分がどちらのグループ（薬か偽薬か）に入っているのかを知らせないでおけば，「影響を与える効果」は最小限に抑えることができる。ここで，カフェインの入った

コーヒーが血圧に及ぼす効果を調べる実験をもう一度見てみよう。前に述べたのと同じく，**表 12.12** のようなグループが設定されている。

表 12.12

グループ	処理
A	処理なし
B	水
C	デカフェ・コーヒー
D	カフェインを含む水
E	カフェインを含むコーヒー
F	カフェインを含むコーラ

ネガティブ対照について述べてきたので，水とデカフェ・コーヒーのグループの価値が，前よりもよくわかると思う。水のグループとカフェインを含んだ水のグループが設定されているので，カフェインに味がない限り[16]，自分が何の処理をされているのか被験者が知ることのできない状態で，カフェインの効果を見ることができる。また，デカフェ・コーヒーは，カフェインを含むコーヒーに対して，偽薬に相当する対照となっている。どちらの場合も被験者は，コーヒーを飲んでいることはわかっているが，それがカフェインを含んでいるかどうかはわからない状態になっている。

この章の最初のほうでカフェイン入りのコーヒーに関する実験のデザインについて述べたが，その際に書かなかったことがある。それは，この研究は「二重盲検法」で行われるということである。つまり，研究者も被験者も，それぞれの人が何を飲み物として与えられているか知らない状態で実験が行われるということである。研究をこのように行えば，結果は「X で撹乱されていない」ことになる。この X とは，研究者と被験者，およびその両者の相互作用のことである。

要約

実験をうまくデザインするためには，ネガティブ対照を適切に設定することがきわめて重要である。実験上の撹乱は，最小限に抑えられるようにしなけれ

---

16 そして，色や匂いがない限り。

ばならない。その際，実験系内に存在する各変数の役割を科学者がきちんと理解できるような形にしておく必要がある。科学者は，測定が適切に行われていることを証明できるような形で実験を行わなければならない。もっと後の章では，ネガティブ対照の他の役割についても，有意性，十分性，必要性などの概念をからめて議論する。有意性，十分性，必要性などは，ネガティブ対照とその他の種類の対照を組み合わせることによって決定される。

13

ポジティブ対照はなぜ必要か

　実験を行って，「Xは，Yに対してどのような効果があるか」という問いに答えるためには，まず，「Yに対する効果を本当に調べることができていること」を証明しなければならない。第二に，「Yが本当にYであること」を証明しなければならない。第三に，「Xが本当にXであること」を証明しなければならない。

　「カフェインは，血圧に対してどのような効果があるか」という問いに答えることができるのは，血圧が実際に変化することができ，それを実際に測定できる場合に限られる。前の章でも例として挙げたように，死人や，降圧剤を使っている人にカフェインを投与しても意味がない。そのような場合には，血圧そのものがないか，薬剤の働きによって血圧を変化させる刺激に反応できなくなっているからである。さらに例を挙げれば，測定に使っている装置が，血圧が正常なレベルを超えると不正確な測定値しか出さなくなるようなものだったら，カフェインが血圧を上昇させるかどうか正確に調べることはできない。また，血圧を測定する人が測定装置の使い方を知らなければ，血圧の変化を測定することはできない。

　「カフェインは，血圧に対してどのような効果があるか」という問いについて，もう一度考えてみよう。この問いに対する答えは，「血圧が上昇する」という答えでも良いし，「下降する」という答えでも良いので，この問いは，ど

ちらか一方の答えを要求するような偏りは含んでいない。したがって実験系は，血圧の上昇と下降の両方を検出できるものでなければならない。このことは，ポジティブ対照として，血圧の上昇と下降の両方を検出できることを実験的に証明できるようなものを用意しなければならないことを意味している。そのような対照を提供するものとしては，血圧の昇圧剤や降圧剤が考えられる[1]。これらの対照を用いれば，まず初めに実験系の有効性を確認することができ，また，実際にカフェインを用いて実験を行っているときにも，システムがきちんと動いているかどうか確認することができるだろう。

　昇圧剤や降圧剤の投与によって確実に血圧を上げたり下げたりできると考えることは以前の研究に基づいた仮定であり，それが正しいかどうかはわからないので，これをポジティブ対照として用いることには抵抗を感じる人もいるかもしれない。もし以前のデータが間違っていたら，どうなるだろうか。不正確な報告に基づいて実験系を組んでしまったら，実際にはポジティブ対照に問題があるにもかかわらず，実験装置か実験方法のほうに問題があると判断してしまうかもしれない。しかし，前の章で論じたように，この種の問題があったときは，それを判断するための明快な方法がある。ポジティブ対照がうまく働いているかどうかは，予測されたとおりに統計学的に有意な形でそれが作用するかどうかで確認することができる。例えば，ポジティブ対照として用いた血圧降下剤を15人の被験者に与えたときに，誰も血圧の低下がみられなかったとしたら（実験装置などがうまく動いていることが，他の方法で確認できたとすれば），ポジティブ対照が有効ではないということになる。しかし，もし統計的に有意な数の被験者について血圧が下降したとしたら，ポジティブ対照は有効であり，実験系は血圧の降下を検出することができるということになる。最も重要なのは，研究対象の血圧が変化しうるということが，この作業によって確認できることである。

　ここで注意してほしいのは，実験系の有効性の確認を他の面でも行わないと，ポジティブ対照が有効に働かないことである。測定方法が有効であることが確認できていなければ，ポジティブ対照でネガティブな結果が出てしまった場合，実験系のどこか他の部分に問題があってそうなった可能性を検討しなければならなくなる。したがって，有効性が確認されていない要素が実験系に含まれていると，現在使っている方法が適切なものかどうかをポジティブ対照によって確認することはできなくなる。

1　ただし，人に対してポジティブ対照として昇圧剤を投与することは，倫理的に許容されないだろう。

カフェインの研究におけるポジティブ対照

　第 12 章でネガティブ対照について述べたが，その際，「カフェインは，血圧に対してどのような効果があるか」という問いに答えるための研究をデザインした。そのときのデータのうち，水を与えたネガティブ対照群と，カフェイン入りの水を与えた「試験群」のデータだけを取り出して比較してみよう。水に溶かして被験者に与えたカフェインの量は，平均的なコーヒー 1 杯分に含まれるカフェインの量と同じにしてある。2 つのグループを比較したデータは，**表 13.1** のとおりである。

表 13.1

処理	血圧の上昇率（％）
水	10
カフェインを含む水	10

　ネガティブ対照群（水）と試験群（カフェインを含む水）の値に違いが見られないので，このデータからは「カフェインには水に比べて特に付加的な効果はない」と結論するほかない。しかし，このデータだけでは実験系が確かに機能しているかどうかを確認する術がないので，科学者は，実験を行ったあとで，これらのデータは有効なものなのか，それとも，実験のどこかに問題があったのかと迷うことになる。水を与えただけで血圧が 10 ％ 上昇したことも，そのような印象を強くする原因になるかもしれない[2]。

　ポジティブ対照を加えた状態で，同じデータを見てみよう（**表 13.2**）。

---

[2] ここで，水を与えただけで血圧が 10 ％ 上昇したのを見れば，このネガティブ対照群が必要な理由がよくわかるだろう。水だけを与えた対照群を設定せず，カフェインだけを被験者に与えていたとしたら，カフェインが血圧を上昇させたと科学者は結論してしまうかもしれない。また，カフェイン投与群にカフェインを与える前の「未処理状態」をネガティブ対照とすることが正当化できると考えてしまうかもしれない。カフェインを投与される予定の被験者について，投与前の血圧を測定してあるので，カフェイン投与後の「撹乱された状態」に対して，「撹乱されていない状態」はそれ自体でネガティブ対照となる。しかし，もしそのネガティブ対照だけを対照にして，水を与えた対照を設定しなかったら，他の実験上のパラメーターは見逃されてしまうことになる。水は，前の章で議論した「X で撹乱されていない」対照として働いている。この対照は，カフェインを与えられていないこと以外は，カフェイン投与群が処理されたのとまったく同じ処理を施されている。水投与群を実験に加えることによって，実験によるストレスや水を飲むという行動が，ネガティブ対照群に 10 ％ の血圧上昇をもたらすのに十分であることがわかるようになったのである。

表 13.2

処理	血圧の上昇率（％）
水	10
カフェインを含む水	10
昇圧剤	30

　ポジティブ対照のデータを見ると，実験系は確かに機能していることがわかる。血圧の上昇が確かに起こり，その変化を測定できている。このデータを見れば，カフェイン入りの水を使ったときに反応が見られなかったことは，前よりも確からしく思われる。

　前にも述べたように，カフェインが血圧を上昇させると信じている科学者は，このデータを見ても満足しないかもしれない。ただし，ポジティブ対照を実験に加えている状態では，それを加えていないときに比べて，この証明に反対するのは難しくなっている。しかし，それでも科学者は，与えるカフェインの量を増やしたいという誘惑にかられるだろう。最初の実験で使ったカフェインの投与量が，この実験でモデル化しようとしている人々が通常飲んでいるカフェインの量よりも少ないのなら，カフェインをもっと増やして実験を行ってみることは正当化し得るものだろう。少なくとも，ポジティブ対照を加えたことによって，問題はカフェイン自体にあり，実験デザインの他の面については問題がないことが明らかになったといえる。

　ポジティブ対照を使ってカフェインの「用量−反応関係（dose−response relationship）」を調べる実験を行ったデータを見てみよう。この実験は，それぞれの試験群に，少しずつ量を増やしたカフェインを与えたものである。この研究を行っている科学者は，これまでに発表されている論文を読んでみて，以前の疫学的調査によれば，カフェイン入りのコーヒーを飲んでいる人は1日に1杯から4杯のコーヒーを飲んでいることを知った。そこで，その範囲の量で，用量−反応関係を調べることにした。その結果，**表 13.3** のようなデータが得られた。

表 13.3

処理	血圧の上昇率（％）
水	10
カフェインを含む水：コーヒー1杯分のカフェイン	10
カフェインを含む水：コーヒー2杯分のカフェイン	12
カフェインを含む水：コーヒー3杯分のカフェイン	15
カフェインを含む水：コーヒー4杯分のカフェイン	20
昇圧剤	30

科学者は，このデータを統計学的に処理することによって，コーヒー3杯分とコーヒー4杯分のカフェインを飲んだ場合，そして昇圧剤を飲んだ場合については，水を飲んだ場合に比べて有意に血圧の変化が起きていることを見いだした。前の実験デザインに比べると，この実験によってずっと多くの情報を得られたことになる。

この実験結果から，少なくともコーヒーカップ3杯分のカフェインを飲まなければ統計的に有意な血圧の変化は観察されないことがわかった。最初の実験ではコーヒーカップ1杯分では効果が見られなかったが，この新しい実験結果は，その実験が正しかったことを再確認するものにもなっている。また，この実験でポジティブ対照が「文脈形成効果」を持っていることにも注目してほしい。この実験は，毎日コーヒーカップ4杯分のカフェインを飲むことで血圧が上昇することを示しているが，その上昇の程度は昇圧剤を飲んだときよりも少ない。このようにポジティブ対照は，実験系がうまく機能していることを確認するためのデータを提供していると同時に，試験の対象となっている薬剤が，ポジティブ対照と比べてどの程度の効果を持っているかを見積もる際の比較の対象にもなり得るのである。次に，このカフェインの研究で得られたデータが**表 13.4** のようなものだったらどうなるか考えてみよう。

表 13.4

処理	血圧の上昇率（％）
水	10
カフェインを含む水：コーヒー1杯分のカフェイン	10
カフェインを含む水：コーヒー2杯分のカフェイン	10
カフェインを含む水：コーヒー3杯分のカフェイン	10
カフェインを含む水：コーヒー4杯分のカフェイン	10
昇圧剤	10

ポジティブ対照で血圧が上昇していないので，この結果からは，研究のどこかに問題があるものと判断することができる。ポジティブ対照がなければ，科学者はこのデータに疑問を差し挟むことはできず，この実験結果から論理的に導き出される結論は，「コーヒー4杯に含まれる量のカフェインを飲んでも血圧は上昇しない」ということになる。しかし，ポジティブ対照があれば，この研究に問題があることは明らかである。

このようなデータが得られたら，科学者は前に戻り，実験系が意図したとおりに機能しているかどうかを調べてみることになる。このようなときは，研究全体をチェックし直すことが必要である。降圧剤を飲んでいないかどうか事前に被験者に質問するのを忘れていたということもあり得るだろう。

ポジティブ対照は，研究の対象とは異なる撹乱によって，「実験系が確かに機能していること」を確認するものである

ネガティブ対照について説明した第12章で，「カフェインを含むコーヒーは，血圧にどんな影響を与えるか」という，複数の変数を含んだ問いについて考察した。この問いは，「カフェインを含むコーヒーは，血圧に影響を与えるか。もし与えるとしたら，その原因はカフェインか」という2段階の問いに言い換えることができる。この問いに答えるために，次の表に示した実験群では，一連の「Xで撹乱されていない」対照が設定されており，それによって，「コーヒー」と「カフェイン」という2つの変数を調べられるようになっている（表13.5）。

表 13.5

グループ	処理
A	処理なし
B	水
C	デカフェ・コーヒー
D	カフェインを含む水
E	カフェインを含むコーヒー
F	カフェインを含むコーラ

この実験で欠けているのがポジティブ対照であることは，今や明らかだろう。「カフェインを含むコーラ」がポジティブ対照として機能するのではないかと訊きたくなるかもしれないが，それに対する答えは，「ノー」である。ポジティブ対照は，実験によって生じる現象（この場合は，血圧の上昇や下降）を実験系が確かに検出できていることを確認するために設定される。しかしそれは，研究の対象となっている撹乱とは別の撹乱（この場合なら，カフェイン以外の何か）によって行わなければならない。もしカフェインが血圧の変化を誘導することがわかっていたとしたら，それは研究の対象にはなっていないだろう。したがって，カフェインが血圧の変化を誘導するかどうかはわかっていないのだから，ポジティブ対照としてはカフェイン以外の物質を用いなければならない。ポジティブ対照を加えた実験を，表13.6に示す。

ここでもまた，実験系が血圧の変化を確かに検出できていることが，昇圧剤によって確認できるだろう。そして，もしカフェインに血圧を変化させる効果があるなら，昇圧剤は，カフェインがどの程度血圧を撹乱させるかを知るため

表 13.6

グループ	処理
A	処理なし
B	水
C	デカフェ・コーヒー
D	カフェインを含む水
E	カフェインを含むコーヒー
F	カフェインを含むコーラ
G	昇圧剤

の比較の対象にもなるだろう。

ポジティブ対照によって，実験系のさまざまな面を検査できる

　ここまでカフェインの実験で使われてきたポジティブ対照は，実験の結果生じた血圧の変化を実際に検出できるかどうか確認するための薬剤だけだった。しかし，ポジティブ対照を置くことで確認できることが他にもいろいろある。例えば，実験対象が与えられたカフェインを実際に消費し，吸収し，代謝していることを証明できれば，それは有用なことである。そのようなポジティブ対照があると，いくつか有益なことがある。第一に，コーヒーやカフェインが与えられたにもかかわらず，何らかの理由でそれを飲んでいない被験者が存在した場合，そのデータを実験結果に含めると全体のデータを歪めることになる。そこで，被験者がそれらを実際に飲んだかどうかを調べられるようにできれば，飲んでいない被験者をあらかじめデータから除外することができる。第二に，カフェインの吸収や代謝のされ方が人によって異なっている場合，データの解釈の際にそれを考慮に入れられるようになる。それを使って「データの規格化」を行うこともでき，一定量の薬剤を実際に吸収したときの血圧の変化を比較できるようになるだろう。少々馬鹿げた設定だが，1杯のコーヒーに通常含まれる量のカフェインを飲むと被験者が緑色になり，コーヒー4杯分のカフェインを飲むと被験者が赤くなると想定してみよう。これらの色は，被験者がどれだけの量のカフェインを消費したかを示す「マーカー」とみなすことができる。そしてこれらのマーカーは，被験者が実際に特定の量のカフェインを消費したことを証明してくれるポジティブ対照となる。この例でマーカーを使った解析を実際に取り入れるとしたら，被験者の尿に含まれるカフェインの

分解物を定量するのが現実的だろう[3]。尿に含まれるそのような代謝物を調べれば，科学者は，研究で意図した撹乱に被験者が実際にさらされたことを確認することができる。

　尿の測定を行うのは，伝統的な意味でのポジティブ対照ではなく，実験系の有効化の1つだと言う人もいるかもしれない。しかし，実験系が実際にうまく機能しているかどうかを確認する作業は，被験者がコーヒーを実際に飲んだかどうかを確認することも含めて，どれもポジティブ対照とみなすことができる。実際のところポジティブ対照の主な目的は，その実験の枠組みの中で実験系が意図どおりに確かに機能していることを確認することである。これについては，このあと，さらに別の例で説明する。

組織培養の実験でポジティブ対照を設定する

　第12章で述べたもう1つの問い，「神経増殖因子（NGF）は，Aktのリン酸化を誘導するか」についてもう一度考えてみよう。この問いに答えるための実験では，NGF受容体TrkAを発現している細胞が使われたことを思い出してほしい。その実験では，細胞株が「TrkAポジティブ」，すなわちTrkAを発現していることや，NGF処理によってNGF受容体TrkAの発現が上昇するのを確認することが，実験のポジティブ対照になっている。

　カフェインの実験では，被験者が実際にカフェインを代謝しているか知るためにはマーカーが必要だった。それと同じようにNGFの実験でも，NGFが細胞に確かに作用していることを示すためには対照が必要である。この場合のポジティブ対照について理解するためには，NGFが細胞外に投与されたとき，それがどのようにして細胞内のシグナル伝達経路を活性化するか知っておく必要がある。細胞外から投与されたNGFは，NGF受容体のTrkAに結合する。TrkAは一部が細胞外に露出しているが，細胞膜を貫通しているタンパク質であり，細胞の内側にはシグナル伝達を行う部分がある（**図13.1**）。TrkAのシグナル伝達を行う領域は，アミノ酸のチロシンにリン酸基を付加する酵素活性を持っている。

　NGFがTrkAに結合する際は，2分子のTrkAに結合する。NGFが結合すると，2つのTrkA分子のシグナル伝達領域が近接した状態になる。その結

---

[3]　カフェインは肝臓で代謝されて分解され，パラキサンチン，テオブロミン，テオフィリンになるので，それらを定量することができる。

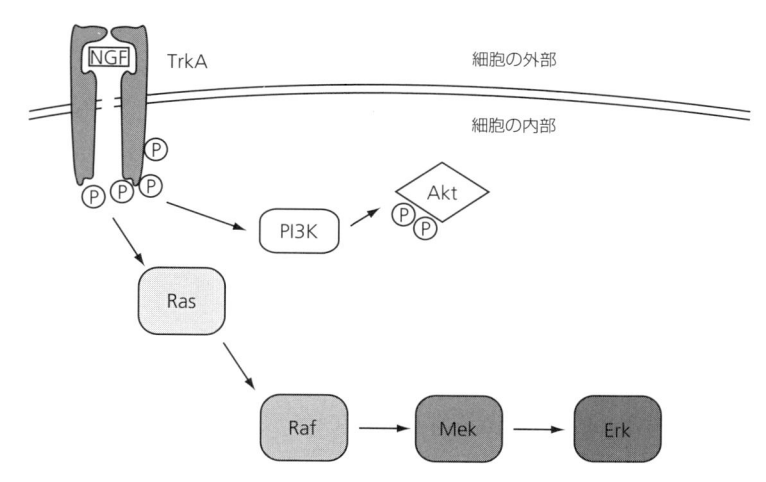

図 13.1. NGF が TrkA に結合することで誘起されるシグナル伝達。丸囲みの P は，リン酸基を表している。

果，それぞれの TrkA 分子がもう一方の TrkA の特定のチロシンをリン酸化し，それによってシグナル伝達領域が活性化される。いったんこれが活性化されると，細胞内の一連の酵素が他の因子の状態を変えることになる。このような，結合，リン酸化，活性化などの連続的な過程は，前の章で簡単に述べたように，シグナル伝達カスケードと呼ばれる。

NGF が Akt のような細胞内の特定のシグナル伝達分子を活性化するかどうかを決定したいと思ったら，まず初めに，十分な量の NGF が投与されて TrkA のリン酸化が実際に誘導されたかどうかを確認したくなるだろう。これが，TrkA のリン酸化が，「NGF は，Akt のリン酸化を誘導するか」という問いのポジティブ対照になる理由である。もし NGF によって TrkA が活性化されていなければ，そのような問いに答えることはできない。TrkA が NGF によって活性化されない場合，その原因としては，例えば NGF の量が不十分だったり，使っている NGF が何らかの理由で活性を失っていたりしていることが考えられる。

「NGF は，Akt のリン酸化を誘導するか」という問いに答えるためには，さらに 2 つのポジティブ対照が必要である。第一に，Akt がリン酸化されたときに，Akt がリン酸化されていることを実際に決定できなければならない。そして，それに関連した対照として，使用する細胞株において Akt を活性化できることが既に知られている増殖因子を使って，Akt がその細胞株で実際に活性化され得ることを確認しなければならない。カーリタという名前の科学者が文献を調べ，実験に使っている細胞でインシュリン様増殖因子 1（IGF-1）が

Aktのリン酸化を誘導することを見つけたとしよう．その細胞は，TrkAだけでなく，IGF-1受容体も細胞表面に発現しているのである．カーリタはIGF-1をポジティブ対照として用いることによって，細胞を実際に増殖因子で刺激することができ，リン酸化されたAktを抗体で検出することができた．また，それによって，シグナル伝達経路の活性化によるAktのリン酸化が検出できることを確認することができた．もしIGF-1のポジティブ対照を使うことができなければ，Aktのリン酸化を検出するための抗体が実際にうまく働くかどうかを知る方法はなかっただろう．

前の章で記述したネガティブ対照と，ここで述べたポジティブ対照を使えば，「NGFは，Aktのリン酸化を誘導するか」という問いに答えるために，次のような実験を行うことができる．処理前には，細胞が増殖因子に触れない状態にしておく．そのあと，細胞に対して次のような処理を行う（**表13.7**）．

表13.7

シャーレ	処理
1〜3	処理なし
4〜6	緩衝液のみ（7〜12のシャーレでIGF-1やNGFを溶かした緩衝液と同じもの）
7〜9	NGF．TrkAを活性化できる濃度を事前に確認し，その濃度で加える
10〜12	IGF-1．IGF-1受容体を活性化できる濃度を事前に確認し，その濃度で加える

「処理なし」と「緩衝液のみ」のグループは，ネガティブ対照である．「緩衝液のみ」のグループは，第12章で述べた「Xで撹乱されていない」対照に相当する．この対照によって，増殖因子なしに緩衝液だけを加えたときに細胞がどのような反応を示すか知ることができる．IGF-1のグループは，Aktの活性化のポジティブ対照である．次に，この例をもう少し使って，培養細胞からタンパク質を抽出して，それに含まれるAktのリン酸化の程度を調べる生化学実験をデザインしてみよう．

生化学実験のためのポジティブ対照

カーリタは，前節で述べたとおりに細胞を処理した．次のステップは，Aktがリン酸化されているかどうかの決定である．しかし，先ほど言及したように，生化学的な方法が実際にうまく働いているかどうか確認するためには，ポジティブ対照をさらに加える必要がある（**表13.8**）．

細胞を必要な時間だけ処理した後[4]，細胞を洗って培養液と増殖因子を除去

表 13.8

シャーレ	処理
1〜3	処理なし
4〜6	緩衝液
7〜9	緩衝液に溶かした NGF
10〜12	緩衝液に溶かした IGF-1

し，界面活性剤を入れた緩衝液を使って細胞をすばやく溶解させた。界面活性剤で処理すると，細胞膜が溶解して Akt などの細胞内のタンパク質が緩衝液の中に出てくる。この「細胞抽出液」の中のタンパク質を，特定のタンパク質に結合する特異的な抗体を使って解析することができる。こうしてカーリタはタンパク質の抽出液を得ることができたので，この生化学的な実験で答えなければならない問いをリストアップしてみた。

1. IGF-1 で処理したときに，IGF-1 受容体はリン酸化されたか。この対照についてはこれまで述べなかったが，IGF-1 が確かにポジティブ対照として機能しているかどうか確認するためには，十分な量の IGF-1 が実験に使われており，IGF-1 が確かに機能していることを証明しておかなければならない[5]。

2. NGF で処理したときに，TrkA 受容体はリン酸化されたか。

3. ネガティブ対照と比べたとき，NGF や IGF-1 によって Akt のリン酸

---

[4] この時間も，実験系の有効化のための実験を行って決定しなければならない。そのためには，異なる濃度の増殖因子を用いてタイムコース実験を行い，受容体のリン酸化を誘導するためにどれだけの量の増殖因子が必要で，細胞の反応を見るためには細胞をどれだけの期間増殖因子にさらさなければならないかを調べる必要がある。読者の頭がくらくらしないように簡単に触れるにとどめておくが，これは，ポジティブ対照のためのポジティブ対照である。実際は，IGF-1 が実際に Akt を活性化できなかったりしない限り，すべてとは言わないがほとんどの科学者は，おそらくこの対照をとることを省略するだろう。IGF-1 が Akt を活性化できなかった場合に，受容体がリン酸化されるかどうかを調べることによって，IGF-1 が確かに働いているかどうかを確かめることになる。

[5] 同様に，TrkA と IGF-1 受容体の活性化の程度は，リン酸化された受容体タンパク質の量と受容体タンパク質の総量を比較することによって決定される。もしもタンパク質の総量が変わらずにリン酸化された受容体の量が 10% 増えたら，活性化の程度は 10% である。しかし，リン酸化された受容体の量が 10% 増えたが，タンパク質の総量が 50% 増えていたら，リン酸化された受容体の実質的な割合は，対照に比べてかなり低くなったことになる。

化が誘導されているか.

　このリストからわかるように,カーリタはまず初めにポジティブ対照となる実験をすべてやり終えてから,初めて最終的な問いに答えられるようになるのである.さて,初めの2つのステップが終了して,細胞内シグナル伝達を引き起こすのに十分な量 IGF-1 と NGF を加えたことが証明できたとしよう.彼女は,「NGF は,Akt のリン酸化を誘導するか」という問いに,いよいよ取り組むことができる状態になった.そのために,彼女は2つの抗体を使用した.抗体のひとつはリン酸化された(活性化された)Akt だけを認識するものであり,もうひとつは,活性化されているかどうかに関係なく Akt を認識するものである.これら2つの抗体を用い,Akt の全量とリン酸化された Akt の量を調べることによってカーリタは,活性化された Akt の割合を決定することができた.**表 13.9** は,カーリタがポジティブ対照の実験と Akt の実験で得たデータである.

表 13.9

シャーレ	処理	Akt の活性化	TrkA の活性化	IGF-1 受容体の活性化
1	なし	(−)	(−)	(−)
2	なし	(−)	(−)	(−)
3	なし	(−)	(−)	(−)
4	緩衝液	1 %	2 %	0 %
5	緩衝液	3 %	3 %	2 %
6	緩衝液	2 %	0 %	1 %
7	IGF-1	220 %	3 %	500 %
8	IGF-1	380 %	8 %	625 %
9	IGF-1	340 %	4 %	400 %
10	NGF	410 %	745 %	4 %
11	NGF	290 %	333 %	4 %
12	NGF	320 %	530 %	5 %

このデータを見て,カーリタは次のように判断した.

1　**ポジティブ対照はうまく働いた.** 加えた IGF-1 の量は受容体を活性化するのに十分な量だったので,IGF-1 で処理すると,Akt が活性化された.Akt のリン酸化の量は,劇的に上昇した.

2　**加えた NGF の量は,その受容体である TrkA を活性化するのに十分な量だった.** このことによって,実験系がうまく機能していることが証明

できた。使用した細胞は，NGF に応答することができた。

3　NGF は，IGF-1 と同じくらい効果的に Akt の活性化を誘導した。

これらのデータから，（実験を適切に繰り返した後）「NGF は Akt のリン酸化を誘導する」と結論することができる。さて，ここで，データが**表 13.10** のようなものだったとしたらどうなるだろうか。

表 13.10

シャーレ	処理	Akt の活性化	TrkA の活性化	IGF-1 受容体の活性化
1	なし	(−)	(−)	(−)
2	なし	(−)	(−)	(−)
3	なし	(−)	(−)	(−)
4	緩衝液	1 %	2 %	0 %
5	緩衝液	3 %	3 %	2 %
6	緩衝液	2 %	0 %	1 %
7	IGF-1	220 %	3 %	500 %
8	IGF-1	380 %	8 %	625 %
9	IGF-1	340 %	4 %	400 %
10	NGF	3 %	745 %	4 %
11	NGF	7 %	333 %	4 %
12	NGF	4 %	530 %	5 %

もしも実験結果が**表 13.10** のようなものだったら，少なくともここで用いた実験条件では，「NGF は Akt を活性化することができない」と結論することができる。このような「ネガティブ」データが，科学者にどんな効果を及ぼすか，ここでまた考えてみよう。もし IGF-1 のポジティブ対照がなかったら，このデータは**表 13.11** のようなものになる。

表 13.11

シャーレ	処理	Akt の活性化	TrkA の活性化	IGF-1 受容体の活性化
1	なし	(−)	(−)	(−)
2	なし	(−)	(−)	(−)
3	なし	(−)	(−)	(−)
4	緩衝液	1 %	2 %	0 %
5	緩衝液	3 %	3 %	2 %
6	緩衝液	2 %	0 %	1 %
7	NGF	3 %	745 %	4 %
8	NGF	7 %	333 %	4 %
9	NGF	4 %	530 %	5 %

このデータでは Akt の活性化のポジティブ対照がないので，カーリタの使った Akt 抗体がうまく働いているのかどうか判断することができない。したがって彼女は，ここからは何も結論できないと考えて，このデータを捨てることになるかもしれない。そのような結論になれば，カーリタはまた前に戻り，リン酸化された Akt に特異的な抗体の有効性を確認する実験を行わなければならなくなる。もし彼女が単純にポジティブ対照を実験に加えてさえいたら，このようなことは避けられたはずである。次に，このデータに TrkA の対照がなかったらどうなるか見てみよう（**表 13.12**）。

表 13.12

シャーレ	処理	Akt の活性化	IGF-1 受容体の活性化
1	なし	(−)	(−)
2	なし	(−)	(−)
3	なし	(−)	(−)
4	緩衝液	1 %	0 %
5	緩衝液	3 %	2 %
6	緩衝液	2 %	1 %
7	IGF-1	220 %	500 %
8	IGF-1	380 %	625 %
9	IGF-1	340 %	400 %
10	NGF	3 %	4 %
11	NGF	7 %	4 %
12	NGF	4 %	5 %

もしデータがこのようなものだった場合，加えた NGF の量が十分だったかどうか判断することができないので，カーリタはやはりこの実験結果を捨てることになっただろう。カーリタは単に，「実験に使った NGF は，たぶん活性を失っていた」と判断することもできるだろう。実際，この実験では NGF を加えてもほとんど変化が見られないので，ほんとうに NGF が失活しているようにみえる。

実験にすべてのポジティブ対照が加えてある場合，データを捨て去るのはずっと難しくなる。科学者にとって，自分が歓迎できないデータを捨て去るのは決して良いことではないが，結局のところ科学者も人間である。そのようなことが起こらないようにするためには，必要な対照をすべて設定しておくことが最良の方法である。次に，データが**表 13.13** のようなものだった場合，実験の解釈がどうなるか考えてみよう。

このデータでは，Akt が確かに NGF によって活性化されているように見えるが，活性化の程度は IGF-1 で誘導されるものにはとうてい及ばない。IGF-

表 13.13

シャーレ	処理	Aktの活性化	TrkAの活性化	IGF-1受容体の活性化
1	なし	(−)	(−)	(−)
2	なし	(−)	(−)	(−)
3	なし	(−)	(−)	(−)
4	緩衝液	1%	2%	0%
5	緩衝液	3%	3%	2%
6	緩衝液	2%	0%	1%
7	IGF-1	220%	3%	500%
8	IGF-1	380%	8%	625%
9	IGF-1	340%	4%	400%
10	NGF	50%	745%	4%
11	NGF	40%	333%	4%
12	NGF	32%	530%	5%

1では220%から380%の活性化が見られているが，NGFでは40%前後の活性化しか見られない．一方，NGFの受容体（TrkA）については，IGF-1受容体の活性化の割合と同程度の活性化が見られている．この結果は，ポジティブ対照に「文脈形成能力」があることの良い例となっている．表13.13のデータを，IGF-1の対照がない場合のデータと比較してみよう（表13.14）．

表 13.14

シャーレ	処理	Aktの活性化	TrkAの活性化
1	なし	(−)	(−)
2	なし	(−)	(−)
3	なし	(−)	(−)
4	緩衝液	1%	2%
5	緩衝液	3%	3%
6	緩衝液	2%	0%
7	NGF	50%	745%
8	NGF	40%	333%
9	NGF	32%	530%

このデータを見たら，カーリタは興奮して，「NGFはAktの活性化を誘導する」と結論するかもしれない．NGFによって誘導されるAktの活性化の程度は，他の細胞増殖因子で誘導される活性化の程度と比べると情けないほど小さいが，IGF-1のポジティブ対照が文脈を提供してくれなければ彼女がそのことを知る術はない．IGF-1のポジティブ対照があれば，Aktに見られる程度のわずかな活性化が，下流のシグナル伝達カスケードを誘導するのに十分な

表 13.15

シャーレ	処理	Akt の活性化	TrkA の活性化	IGF-1 受容体の活性化
1	なし	(−)	(−)	(−)
2	なし	(−)	(−)	(−)
3	なし	(−)	(−)	(−)
4	緩衝液	1%	2%	0%
5	緩衝液	3%	3%	2%
6	緩衝液	2%	0%	1%
7	IGF-1	220%	3%	500%
8	IGF-1	380%	8%	625%
9	IGF-1	340%	4%	400%
10	NGF	50%	74%	4%
11	NGF	40%	33%	4%
12	NGF	32%	53%	5%

ものかどうか疑問を抱かせることになるだろう．ポジティブ対照がなければ，そのように慎重な態度をとる根拠はなくなってしまう．最後に，データが**表13.15**のようになったとき，どんな結論になるか考えてみよう．

この場合，Akt の活性化の程度は，NGF 受容体（TrkA）の活性化とほぼ同程度である．受容体がよく活性化される IGF-1 については，Akt の活性化の程度も高くなっている．しかし NGF を使った場合の TrkA 受容体は，IGF-1 で IGF-1 受容体を刺激したときに比べて 10% 程度の活性化しか見られない．したがってこの場合，「NGF による Akt の活性化の程度はそれほど高くないが，受容体の活性化の程度と比較したときの Akt の活性化の程度は IGF-1 の場合と同程度である」と結論できるだろう．このような結果になった原因としては，例えば使った NGF の量が少なすぎたか，結果を見るまでの時間が短すぎてシグナル伝達が起こるための時間が不十分だった可能性が考えられる．ここでも，ポジティブ対照が実験結果の解釈の際に重要な文脈を提供してくれていることがわかる．

遺伝学的な実験でポジティブ対照を設定する

次に，第12章で述べた「*BRCA1* 遺伝子の欠失は，マウスの乳癌の発生率を増加させるか」という問いを取り上げてみよう．この問いに答えるために，*BRCA1* 遺伝子が乳房の組織だけで欠失している「条件付きノックアウト」マウスが作成されたことを思い出してほしい．そのあと，これらの「*BRCA1*

表 13.16

グループ1　$BRCA1^{+/+}$，すなわち「$BRCA1$ 正常」マウス
グループ2　$BRCA1^{+/-}$，すなわち「$BRCA1$ ヘテロ接合体」マウス
グループ3　$BRCA1^{-/-}$，すなわち「$BRCA1$ ノックアウト」マウス

ノックアウト」マウスを，$BRCA1$ 遺伝子が正常なマウスと比較した。この研究は，前の章でデザインされたように，**表 13.16** のようなグループのマウスを用いたものだった。

これらのグループの各々について，生後2週間から2年まで，時間を追って生体組織検査を行った。そして，それぞれの時点で，それぞれのグループの乳癌の発生率を決定した。このデザインにしたがって研究を行った乳癌発生率の最初のデータは，**表 13.17** のようなものだった。

表 13.17

年齢	正常	$BRCA1^{+/-}$（ヘテロ接合体）	$BRCA1^{-/-}$（ノックアウト）
2週間	0％	0％	0％
1か月	2％	0％	1％
2か月	2％	3％	2％
6か月	2％	3％	2％
1年	2％	3％	25％
18か月	2％	3％	30％
2年	2％	5％	30％

ここまで読んでくればわかると思うが，この研究にはポジティブ対照がない。この実験では，ポジティブ対照をいくつか設定することが必要であろう。第一に，ここで使われているマウスが異常に癌になりにくいというようなことはなく，また，乳癌が発生したら科学者がそれを確実に検出できることを確かめる必要がある。そのためには，癌を引き起こすことが既に知られている遺伝子か化学物質を利用できるだろう。例えば，エチルメタンスルホン酸（EMS）という物質で1年間処理すると25％の確率で乳癌が発生することが証明されていたとしたら，この物質が，この研究の「基準線」，あるいは文脈を提供するものになるだろう[訳注1]。「正常な」マウスを，発癌性のある EMS で処理したものをポジティブ対照にした場合，どんなデータになるだろうか（表

訳注1 エチルメタンスルホン酸（ethyl methanesulfonate, EMS と略称される）は DNA をアルキル化して生物に突然変異を誘発することが知られている物質で，突然変異原としてよく実験に使用される。

表 13.18

年齢	正常	BRCA1$^{+/-}$	BRCA1$^{-/-}$	EMS 処理
2 週間	0 %	0 %	0 %	2 %
1 か月	2 %	0 %	1 %	5 %
2 か月	2 %	3 %	2 %	8 %
6 か月	2 %	3 %	2 %	15 %
1 年	2 %	3 %	25 %	25 %
18 か月	2 %	3 %	30 %	40 %
2 年	2 %	5 %	30 %	80 %

13.18)。

　ここでも，ポジティブ対照が実験処理に対する文脈を提供している。化学物質 EMS による処理と BRCA1 遺伝子の欠損は，どちらも 1 年の時点で 25 % に乳癌を誘導している。しかし，EMS 処理では時間とともに腫瘍が直線的に増加しているのに対して，BRCA1 では「閾値」の効果があるように見える。乳癌の発生率は 6 か月の時点では 2 % だったのに，1 年の時点では 25 % に跳ね上がっており，腫瘍の顕著な増加が 1 年後の時点のみに認められる。EMS のデータが特に有用なのは，それがあることによって，6 か月の時点での BRCA1 欠損マウスのデータを信用できることがわかることである。6 か月から 1 年の間で腫瘍が急増しているので，科学者がこのデータだけを見たら，6 か月の時点で観察した際に何かおかしなことがあり腫瘍を見落としたか，腫瘍が小さかったために腫瘍がないものとカウントしてしまったのではないかと考えても当然である。しかし，EMS のデータがあれば，6 か月の時点で腫瘍の発生率を調べた人が，EMS 処理したマウスで発生した腫瘍をきちんとカウントできていたことに確信を持つことができる。解析が「盲検法」で行われており，科学者が自分がどのグループを調べているかわからない状態でデータをとっていたとしたら，この点は特に説得力がある。ポジティブ対照があれば，BRCA1 欠損マウスで腫瘍発生率が 6 か月後から 1 年後の間で急増するというデータの持つインパクトは格段に大きくなる。このようなことが見つかると，何か特別な出来事が 6 か月後から 12 か月後の間に起きているのではないかという疑いが生じることになる。その特別な出来事とは，例えば BRCA1 が欠損した細胞に第二の遺伝的変化が生じて，BRCA1 の欠損の影響が出やすくなるというようなことが考えられる。ポジティブ対照が文脈を提供してくれることで，このようなことに，より明確に気づくことができるようになるのである。

　指摘しておかなければならない第二の点は，EMS 処理したグループではほとんどすべてのマウスがどこかの時点で癌になるのに対して，BRCA1 欠損マウスでは 30 % のマウスしか癌にならないことである。このことも，腫瘍がで

きるためには BRCA1 の欠損だけでは不十分で，何らかの別の出来事が必要であり，その第二の出来事がマウスの 30 % でしか起こらないのではないかという疑いを抱かせることになる。

「あるタンパク質が組織中に存在するかどうかを抗体を使って決定する実験」でのポジティブ対照

　前章で科学者のベティー・スーが，骨格筋に「ネブリン」というタンパク質が含まれているかどうか決定したいと考えており，もし含まれているとしたら，筋肉のどこに局在しているか知りたいと考えていたのを覚えているだろうか。前章の実験で欠けていたのは，ネブリン抗体の活性が確かにあり，ネブリンを確かに検出できることを示すポジティブ対照であった。下の表は，第 12 章での実験を表したものである。この実験は，抗体を使って筋肉の組織切片を染色する実験だった（**表 13.19**）。

表 13.19

試料	ネブリン・ノックアウト・マウスの筋肉	正常マウスの筋肉
ネブリン抗体	染色は検出されない	収縮装置が染色される
ペプチドを結合させたネブリン抗体	染色は検出されない	染色は検出されない

　もし，このデータが**表 13.20** のようなものだったらどうだろう。

表 13.20

試料	ネブリン・ノックアウト・マウスの筋肉	正常マウスの筋肉
ネブリン抗体	染色は検出されない	染色は検出されない
ペプチドを結合させたネブリン抗体	染色は検出されない	染色は検出されない

　もし結果がこうなってしまったら，ネブリン抗体に何か問題があってデータが取れなかったのだとしても，本当にそうなのか，この結果からだけでは判断することができない。あるいはもっと基本的な実験方法，例えば組織の試料を準備するときに行った処理が，抗体によるタンパク質の検出を妨げている可能性もあるが，それについてもこの結果からだけでは何もわからない。

実験系がうまく機能していることを示すためには，この実験には2つのポジティブ対照を加える必要がある。第一に，骨格筋のタンパク質を検出できることが既にわかっている抗体を実験に加えなければならない。ベティー・スーは，そのようなポジティブ抗体を使いたいと思って文献を調べ，収縮装置には「タイチン」という巨大なタンパク質があって，彼女の隣の研究室にいるスクーターがタイチンに対する抗体を作成した人物であることを知った。ベティー・スーはスクーターのところに相談に行き，彼からポジティブ対照になる抗体をもらってきた。スクーターの抗タイチン抗体（およびタイチン抗体に結合するペプチド）を使って行った実験の結果は，表13.21のようになった。

表 13.21

試料	ネブリン・ノックアウト・マウスの筋肉	正常マウスの筋肉
ネブリン抗体	染色は検出されない	染色は検出されない
ペプチドを結合させたネブリン抗体	染色は検出されない	染色は検出されない
タイチン抗体	収縮装置が染色される	収縮装置が染色される
ペプチドを結合させたタイチン抗体	染色は検出されない	染色は検出されない

タイチン抗体のポジティブ対照を使ったので，ベティー・スーは，免疫組織化学の実験を正しく行えていることには確信が持てた。すなわち，彼女はタイチン抗体で筋肉組織の特定の構造（収縮装置）を検出することができており，実験操作の（すべてではないにしても）ほとんどがうまくいっていることは確かだった。まだ確認できていないのは，ネブリン抗体自体に活性があるかどうかだけである。ベティー・スーは，結果がネガティブだったのは抗体に活性がないのではなくて，ネブリンが存在しないためであることを，どうしたら証明できるだろうか。

今使っている抗ネブリン抗体がネブリンを検出できることを証明する最も単純な方法は，ネブリンタンパク質（あるいは，ネブリンタンパク質の一部分で，そこに抗体が反応することがわかっている部分）を組換えタンパク質として作成することである。これは，研究室で普通に使われている方法で，比較的簡単に行うことができる[6]。この「組換え体ネブリン」タンパク質に，別の抗体が認識するペプチドを融合させて，そのペプチドを「付箋（タグ）」にすることもできる。このような「エピトープ・タグ」[訳注2]を付けたネブリンでは，ベティー・スーが検出したいと考えているタンパク質にポジティブ対照となる

---

[6] 少なくとも，ネブリンの一部分だけなら普通の方法で作成することができる。ネブリンは巨大なので，全長を作成するのは難しいかもしれない。

ペプチドが物理的に融合した形で付けられているので，強力なポジティブ対照を提供するものとなる。すべてのポジティブ対照を使って得られたデータは，**表 13.22** のようになった（わかりやすくするために，染色されない場合を（−）で示し，染色された場合，すなわち抗体が反応した場合を（＋＋＋）で示した）。

表 13.22

試料	ネブリン・ノックアウト	正常マウス	エピトープ・タグを付けたネブリン
ネブリン抗体	（−）	（−）	（−）
エピトープ抗体	（−）	（−）	（＋＋＋）
ペプチドを結合させたネブリン抗体	（−）	（−）	（−）
タイチン抗体	（＋＋＋）	（＋＋＋）	（−）
ペプチドを結合させたタイチン抗体	（−）	（−）	（−）

ベティー・スーは，ポジティブ対照を加えることで，最終的に彼女のネブリン抗体が活性を持っていないことを知ることができた。組換えタンパク質にはエピトープ・タグを付けてあり，そのタグが検出されたので組換えタンパク質自体が存在することは確かだが，彼女の抗体ではその組換えタンパク質すら検出できなかったのである。

付言

論文として出版される実験には，ほとんどすべての場合で何らかの形でネガティブ対照が加えてあるが，ポジティブ対照については無視されている（あるいは報告せずに済ませてある）ことがよくある。しかし，ここに示したように，ポジティブ対照がないと実験データから導き出される結論がかなり変わってしまう場合がある。ポジティブ対照は，実験系が正しく機能しており，科学者が正しいパラメーターを検出していることを証明するものであるだけでなく，実験に文脈を提供するものである。そして，その文脈の助けによって，新しい問いが生まれることもあるのである。

訳注 2　抗体が結合する抗原の部分のことを「エピトープ」という。市販のモノクローナル抗体が認識するアミノ酸配列（エピトープ）をタンパク質に付けておけば，市販されている抗体でそのタンパク質を検出できるようになる。そのような目的でタンパク質に付けたアミノ酸配列は，「エピトープ・タグ」と呼ばれる。「タグ」は，英語で「付箋」のこと。

14

方法論と試薬の対照

　以前ほど甚だしくはないが，科学者は，問題に取り組む際に特定のいくつかの方法だけを好んで用い，決まったやり方で取り組むように訓練されている場合がある。例えば，ショウジョウバエや酵母を用いて研究を行っている遺伝学者は，突然変異体を掛け合わせてその表現型を調べる実験を行うことによって結論を出すが，それ以上の実験は行おうとしない場合がある。分子生物学の研究室では，DNAの取り扱いに熟達するように訓練される。例えば分子生物学者は，タンパク質をコードするDNAに突然変異を導入し，その変化がタンパク質の機能をどのように撹乱するかを調べる実験をよく行う。タンパク質を「正常な環境」に置いてそのような研究を行うためには，突然変異を持つDNAを細胞や生物個体に形質転換によって導入してやらなければならない[1]。そうなると分子生物学者は，その「形質転換された」細胞を使って研究しなければならなくなるので，組織培養した細胞や生物個体の中の細胞を扱うため

---

[1] 形質転換（transformation）とは，DNAを細胞に導入する過程のことであり，トランスフェクション（細菌やウイルスのような感染性の因子を使わない場合）やインフェクション（感染性の因子を使う場合）によって行われる。（訳注：遺伝学における「形質転換」は，普通はDNAが細胞に導入されたことによって細胞の形質が変わることをいうが，現在はここに記されているように，DNAを細胞に導入すること自体を「形質転換」と呼ぶことも多い）

の，細胞生物学者の技術を使わなければならなくなる。分子生物学者と類似した方法論をとる研究者に，薬理学者がいる。分子生物学者はシステムを撹乱するために遺伝学的な方法を使うが，薬理学者はそのかわりに薬剤，いわゆる化学「試薬」を使って変化を誘導する。ここで「試薬」という言葉は，実験で何かの効果を見ようとするときに科学者が使う，あらゆる道具を表している[2]。例えばそれは低分子化合物の場合もあれば，遺伝学的な実験のために作成した遺伝子の場合もあり，あるいは抗体や，検出のための薬剤の場合もある。

以前は別の分野だったが，現在は分子生物学や細胞生物学と融合しているもうひとつの学問分野に，生化学がある。突然変異を持つ遺伝子を細胞に入れ，細胞内で作られた突然変異型タンパク質が細胞の機能をどのように変化させたか調べたあと，細胞内の分子の機能がどのように撹乱されているのか詳細に調べなければならなくなる場合がある。そのためには，特定のタンパク質や，脂質，糖，核酸などを細胞から単離し，それらの状態を調べなければならない。今は科学の訓練方法は，いろいろな専門分野を融合した形で行うように進化しているが，それでも，特定の研究分野で訓練を受けた科学者には「快適な領域」があることが多く，問題を解く際にある程度決まったアプローチをとりがちである。

これは，ごく普通のこととして受け入れられるだろう。医者に法律家としての役割を期待する人はいない。医学の専門家の間でも，外科医が自分の専門分野を離れて精神科医として治療にたずさわることはないし，精神科医が劇場経営に乗り出すこともないだろう。人々が専門家として働いているのは，理由があってのことなのである。自分の専門分野と同等の能力を，学問分野を超えて発揮するのは困難なことである。しかしこの現実を受け入れつつも，単一の方法論だけを用いて科学上の問いに答えようとするのは，非常に問題があることを私たちは認識しなければならない。逆に言えば，問いに答えるときに複数のアプローチを採用することには，大きな利点があるのである。実験においては，ある実験系である操作を行うのには，ある決まった目的がある。科学者は，系に変数 X を導入して，その結果として生ずる Y を研究する。しかし，このような研究には，Y という結果を引き起こすのに加えて，実験操作を行うことで意図せず知らないうちに別の効果 Z も生じさせてしまう危険性が常につきまとう。伝統的なネガティブ対照やポジティブ対照をどんなに注意深く設定したとしても，単一の方法論や試薬を用いて実験すると，何か予期しないことが起こって結果に影響を与えていても，それに気づくことが難しい場合があ

---

[2] 試薬（reagent）の辞書的な意味は「化学反応に使われる物質」であるが，生物学では，この言葉はもっと広い意味を持つ言葉として使われている。

る。最初の方法をXとしたとき，科学者が「Xでない」対照を設定できるのは，最初とは違う第二の方法を採用して研究対象を撹乱したときだけである。この種の対照を，「方法論対照（methodology control）」と呼ぶことにしよう。異なる撹乱を導入することが，どうして最初に用いた方法で生じる予期できない効果の対照になるのかというと，2つの異なる方法が同一の付加的な効果を持っている可能性はきわめて低いからである。あるいは，まったく違う操作で研究対象を撹乱したときに同じ結果が生じるなら，その操作が違えば違うほど，その結果は研究対象に対する意図した変化によってもたらされている可能性が高くなり，意図しない何か別の要素でもたらされている可能性は低くなると言えるだろう。これらの理論的根拠については，このあとの節で詳細に議論しよう。

方法論対照が必要とされる例

　フランソワという科学者が，ウィジェットという薬剤を細胞に投与して，クラカトアというタンパク質を阻害しようとしたとしよう。ウィジェットは，実際はクラカトア以外に3つのタンパク質も阻害するが，フランソワはそれを知らなかった。フランソワは，このように薬剤の標的が細胞内に複数あることを知らず，また，ウィジェットはクラカトアの阻害剤として開発されたもので，この薬剤の設計や実験系の有効化の過程では他の活性は見つかっていなかったので，ウィジェットを投与したときに観察される効果はすべてクラカトアが阻害されたために生じたものと考えてしまった。ウィジェット処理した細胞をネガティブ対照の細胞と比較すると，4つのタンパク質すべてを撹乱した効果が観察されてしまうのだが，フランソワは，クラカトアだけを阻害したときの効果を観察していると考えてしまうことになる。ここで「普通の」実験系対照を設定したとしても，それはウィジェットが確かにクラカトアを阻害していることを確認できるように設定されるので，ウィジェットが有効に働いていることが証明されるだけである。

　撹乱が特異的に起きているかどうかを知るための実験系対照を複数設定することも可能だが，それに使う試薬の種類によって，その効果はさまざまである。例えば，前の章で指摘したように，抗体が特異的かどうかを調べるのは簡単である。その抗体が認識するはずのタンパク質を組換え体として作成し，それをポジティブ対照として用いることができる。また，研究対象のタンパク質を含まない「タンパク質抽出液」[3]を用意して，それをネガティブ対照として

用いることもできる。もしネガティブ対照の試料でタンパク質が検出されたら，その抗体は研究対象のタンパク質に特異的なわけではないことがわかる。研究対象のタンパク質を含まない対照を用いなかったとしても，抗体が複数のタンパク質に結合するかどうかは比較的単純な実験で調べられるので，特異性を調べるのは簡単である。

　しかし，「siRNA」（短鎖干渉 RNA）のような試薬の場合，それが特異的かどうか調べるのは困難である。siRNA は mRNA に結合する短鎖 RNA で，siRNA が特定の mRNA に結合すると，その結果生じた二本鎖 RNA の領域が細胞内の RNA 分解酵素によって認識され，mRNA が分解される。siRNA は塩基配列の情報を利用して特定の mRNA に特異的に結合するように設計されるが，それでも短い塩基配列の相同性を介して他の mRNA に結合してしまう可能性がある。そのようなことが起きていないかを直接的に検出することは難しいが，試薬対照や方法論対照を設定して調べるのは実際はかなり簡単にできる。そのような対照によって，特定の試薬が，同じ効果を持っているはずの他の方法や試薬とは別の，特異的な効果を持っているかどうかを知ることができる。同じ効果をもたらすように設計されたものなのに，別の特異的な効果を持っていれば，予期しなかった効果をその試薬が持ってしまっているものと判断できるだろう。siRNA の場合なら，最初の siRNA とは異なる第二の siRNA を設計して試し，それが最初の siRNA と同じ遺伝子を阻害できたが，細胞や組織に及ぼす効果が最初の siRNA とは異なっていたら，使った siRNA のうちのどちらかが意図した標的 mRNA を阻害する以外の効果を持っている可能性があり，問題があることに気づくことができる。この場合，試薬対照として使った siRNA が，最初の siRNA の有効性を確立できなかったことになるので，これらの siRNA のみで結論を出すのをやめて，もっと多くのデータを集めることになるだろう。

　方法論対照が有用なもうひとつの例として，「優性ネガティブ（dominant negative）」突然変異を持つ遺伝子の過剰発現が，タンパク質の活性を阻害する場合を取り上げてみよう。「優性ネガティブ」突然変異を持つ遺伝子からは，構造が変化して活性を失ったタンパク質が合成されるが，そのタンパク質は活性がないと同時に，活性型のタンパク質を排除する作用も持っている。このた

3　「タンパク質抽出液」とは，細胞や組織を溶解させて得られたタンパク質の混合物のことである。通常，界面活性剤などを使って細胞膜を破壊することによって作成される。（訳注：動物細胞の場合は，ここに書いてあるように界面活性剤で細胞を破壊して抽出液を調製できるが，植物細胞や細菌細胞の場合は，通常，細胞膜の外側に強固な細胞壁を持っているため，界面活性剤だけでは細胞が壊れない。そのため，細胞を物理的にすりつぶしたり，酵素で細胞壁を溶解させたりする処理を併用して細胞を破壊する）

め，もともと細胞内にあったタンパク質の働きも阻害されることになる[訳注1]。この場合，そのような優性阻害型のタンパク質を発現させることによって，意図しない別の効果が生じてしまう可能性が考えられる。例えば，優性阻害型突然変異タンパク質で排除された内在性タンパク質が，細胞内の別の場所で活性を持ち続けていたら，それまでとは違う新しい効果が生じてしまう可能性がある。タンパク質の特定の突然変異体が意図しない効果を生じさせてしまう例としては，突然変異によって本来の標的とは違う標的にそのタンパク質が結合してしまったり，本来とは違う場所に局在してしまったりして，科学者が意図した経路以外の経路を阻害してしまうことも考えられる。

単一の試薬を用いた場合，このような意図しない効果が生じる可能性がある。そこで別の試薬を用いたり，まったく違う方法を用いたりすれば，それまで気づかれていなかった付加的な効果を「暴露する」ことができ，貴重な対照となるだろう。

試薬対照

クラカトア・タンパク質が，次のようなアミノ酸配列を含んでいたとしよう。

```
pyecklcllr fsqsgnlnrh mrvhgaasmm
```
[訳注2]

フランソワは，このアミノ酸配列の最後の8アミノ酸の配列を持つペプチ

訳注1 優性ネガティブ突然変異について，もう少し説明しておこう。例えば，細胞内で他のタンパク質Aと複合体を形成すると活性を発現するタンパク質Xがあったとする。そして，そのタンパク質Xの遺伝子に突然変異が起き，その遺伝子からつくられる突然変異タンパク質では，タンパク質Aとの複合体の形成はできるが，タンパク質Aと複合体を形成しても活性の発現ができなくなっているとする。このタンパク質Xの突然変異体が細胞内で大量につくられると，それが細胞内のタンパク質Aと不活性な複合体を形成してしまい，野生型のタンパク質Xが細胞内にあっても，それが機能する場を奪ってしまうことになる。そのため，この突然変異型のタンパク質Xをつくる遺伝子は，野生型のタンパク質Xをつくる遺伝子に対して遺伝的に優性に作用する機能欠損遺伝子となる。このような突然変異を優性ネガティブ突然変異という。優性ネガティブ突然変異を持つ遺伝子は，野生型遺伝子の機能を人工的に阻害したいときに有用であり，遺伝学的な実験に利用されることがある。

訳注2 ここでは，アミノ酸配列を1文字表記で表してある。例えば，pはプロリン，yはチロシン，eはグルタミン酸，cはシステイン，lはロイシンである。

ドを使って，クラカトア・タンパク質に対する抗体を作成した。そのペプチドのアミノ酸配列は，次のようなものである。

```
vhgaasmm
```
訳注3

フランソワはこの抗体を，それが認識するアミノ酸配列の一部にちなんで「GAASM 抗体」と呼ぶことにした。まず初めにフランソワは，作成されたGAASM 抗体が，精製された組換え体のクラカトアを検出でき，かつネガティブ対照の抽出液では何も検出しない，「きれいな」ものであることを証明することができた。表 14.1 は，この有効性確認実験の結果である。

表 14.1

抗体	クラカトア・タンパク質	緩衝液	クラカトアを含まないタンパク質抽出液
GAASM	＋＋＋	（−）	（−）
無関係な抗体	（−）	（−）	＋＋＋

※＋＋＋は，抗体がタンパク質に結合した「ポジティブ」な結果だったことを意味している。
（−）は，抗体が何にも結合しなかった「ネガティブ」な結果だったことを意味している。

これは，有効性の確認の実験としては悪いものではない。フランソワは，クラカトアのペプチドに対して作成した抗体でクラカトアを検出でき，クラカトアを含んでいない細胞抽出液では，それが何千種類ものタンパク質を含んでいるにもかかわらず，何も検出されないことを証明することができた。そのうえ，もうひとつのネガティブ対照として，クラカトアではない他のあるタンパク質を認識する「無関係な抗体」を付け加え，それがクラカトアは認識しないが，細胞抽出液（その抗体の標的タンパク質が含まれている）の中のタンパク質を認識することを示すことができた。この研究例では，これがまず初めに行うべき有効性の確認実験であろう。

　この研究を進めるためにフランソワは，GAASM 抗体を使ってクラカトア・タンパク質が細胞内のどこに局在しているか調べることにした。このような実験は，免疫染色実験と呼ばれる。そのためには，まず，個々の細胞が切断されているような非常に薄い組織切片を作成し，その切片に抗体をかけてやる。フランソワがそのような実験を行ったところ，細胞内のいくつかの領域がGAASM 抗体で「光る」ことがわかった。フランソワは，この抗体がクラカ

訳注3　ここでのアミノ酸の1文字表記は，それぞれ，バリン（v），ヒスチジン（h），グリシン（g），アラニン（a），セリン（s），メチオニン（m）を表している。

トアを認識することを確認しており，また，細胞抽出液が何千種類もの他のタンパク質を含んでいたとしても，クラカトアが存在しなければ何も検出されないことを既に証明していたので，GAASM抗体での免疫染色で，細胞内でのクラカトアの局在性を決定できたと結論した．数か月後フランソワは，彼の作成したクラカトア抗体で，クラカトア・タンパク質の細胞内局在性を調べた論文を出版した．

やがて，クラカトアのノックアウト・マウスが作成され，実験に使うことができるようになった．このマウスは，クラカトア遺伝子が不活性になる突然変異を持っており，どの細胞でもクラカトア・タンパク質はつくられなくなっている．フランソワはこのノックアウト・マウスを入手し，彼のGAASM抗体の新しいネガティブ対照として使ってみることにした．ところが残念なことに彼の抗体は，このノックアウト・マウスの細胞を使ったときでも，以前検出されたのとまったく同じ構造を光らせることがわかった．こうして彼は，実験系の有効化のための実験を行ったにもかかわらず，抗体がクラカトア以外のタンパク質と反応しているという面白くない結果に直面することになった．どうしてこのようなことが起きたのだろうか．免疫染色実験では，細胞を調製する際に細胞抽出液を作成するときとは違う方法が使われており，また，組織切片には細胞抽出液よりもずっと多様な構造が含まれているため，「有効性が確認された」はずのGAASM抗体は，対照実験のときよりも多様な構造に曝されることになり，そのため，抗体はそれらの違う構造と交叉反応してしまったらしい．このようなことが，起こり得るのだ．

フランソワはこのような穏やかでない結果に直面したため，新しい抗体を作成して，前の抗体で出した結果が間違いだったのか，あるいは前の抗体での結果を再確認できるのかどうか調べてみたいと考えた．そこで彼は，アミノ酸配列に戻り，次のようなクラカトアのペプチド配列を使って，新しい抗体を作成した．

```
pyecklc
```

このアミノ酸配列はクラカトア・タンパク質に含まれている配列だが，前に使ったものとは完全に違う配列である．フランソワは，この2番目の抗体をYECKLと名付けた．この抗体でもGAASMのときと同じように有効化のための実験を行い，免疫染色実験を行う際は，連続組織切片にYECKLとGAASMの両方の抗体をかけて，染色の状態を比較した．

ノックアウト・マウスは使うことができないことも多いので，ここでは，フランソワはクラカトアのノックアウト・マウスの組織を使えないものとしよ

う。フランソワは，**表 14.2** のような結果を得た。

表 14.2

抗体	反応
GAASM	クロマチン，小胞体，細胞膜，その他の小胞と反応
YECKL	クロマチンのみと反応
無関係な抗体	別の構造体と反応

これらの結果から，同じタンパク質の異なる部分に反応するように抗体を作成したところ，それらが結合する細胞内構造体は異なっていることがわかった。しかし，両者が結合する構造には重なりがあり，YECKL抗体は，GAASM抗体で染色される構造の一部に反応している。どうしたらフランソワは，これらの結果のどちらが「現実」なのか決定できるだろうか。ノックアウト・マウスの組織があれば，それが「究極のネガティブ対照」となり，答えを提供してくれるかもしれないが，ノックアウト・マウスは入手できないことも多い。また，この章は，試薬対照の威力に焦点を当てる章である。そこでフランソワは，これまでの2つの抗体を作成するときに使ったアミノ酸配列とは違う配列を使って，第三の抗体を作成することにした。

fsqsgnlnrh

フランソワは，この第三の抗体を，「タイブレーカー」抗体と呼ぶことにした[訳注4]。タイブレーカー抗体について有効性確認実験を行ったところ，この抗体は，クラカトアには反応したが，クラカトアを含まない細胞抽出液のタンパク質には反応しなかった。フランソワは，タイブレーカー抗体を使って免疫染色実験をまた行い，**表 14.3** の結果を得た。

このデータが出たので，フランソワは，前の論文には間違いがあり，クラカトアはクロマチンだけに存在していて，前の論文で報告したような構造には局在していないことを慎重に論文にまとめ，報告した。

フランソワの今度の解釈は，おそらく正しいだろう。もしある試薬が「ラン

訳注4 議会などの採決の際，賛否が同数になったときに，議長が1票を投じて可決・否決を決める場合がある。このとき，賛否の均衡（tie）を破る者（breaker）（この場合は議長）のことを「タイブレーカー」と呼ぶ。ここでは，最初の2つの抗体を使ったときに異なる結果が出たが，第三の抗体を使うことでそれらのどちらが正しいかを決めようとしているので，この第三の抗体のことを「タイブレーカー」と呼んでいる。

表 14.3

抗体	反応
GAASM	クロマチン，小胞体，細胞膜，その他の小胞と反応
YECKL	クロマチンのみと反応
タイブレーカー	クロマチンのみと反応

ダムな効果」を持っているとしたら，2つの試薬が同じ「ランダムな効果」を引き起こす可能性はきわめて低い．抗体の場合で言えば，ある抗体が意図しない構造に結合してしまうときにはほとんど無限の染色パターンがあるので，最初のペプチドとは違うペプチドに対して作成した第二の抗体が，同じ「第二の構造」に結合する可能性はきわめて低い．それが起こるためには，この「第二の構造」が，本来の研究対象である標的タンパク質に存在していた両方のペプチド配列と共通のエピトープ配列を持っていなければならない．

しかし，ここが重要なところだが，可能性は低いかもしれないが，他のタンパク質が研究対象のタンパク質と同じ「タンパク質ファミリー」に属しており，研究対象のタンパク質と共通のドメインを多数持っていた場合は，このようなことが起こり得る．この例も，帰納的な情報の重要性を見せつけてくれる例である．科学者は，配列検索を行い，研究対象にしている動物のゲノムのあらゆる遺伝子とクラカトアの配列を比較することによって，前もってクラカトアがタンパク質ファミリーを形成しているかどうか決定しておくことができるだろう．クラカトアと似たタンパク質ファミリーが見つかった場合は，それらのクラカトア様タンパク質とクラカトアの配列を並置して比較することによって，クラカトアにしか存在しないアミノ酸配列に対する抗体を作成することができる．

これまで見てきたように，試薬対照には威力があると同時に限界もある．試薬対照が，最初に用いられた試薬（この場合は抗体）とは違う方法で作成された場合は，最初に用いられた試薬に対する信頼性の高い対照になり得るだろう．しかし，もしそれが，本来の標的タンパク質と，最初の試薬が意図せず反応してしまうタンパク質とを区別できないような形で作成されたものだったら，第二の試薬は特異性の対照としてはあまり役に立たないだろう．逆にそれは，科学者に間違った「有効性の確認」をさせてしまうことになる．

この例についての説明の終わりに，フランソワは最終的にクラカトアのノックアウト・マウスの組織を入手し，それを使って彼の抗体を試すことができたことを書き添えておこう．そのデータによって，クラカトアがクロマチンに局在しているという彼の第二の解釈が正しいことが確認できた．クラカトアのノックアウト・マウスの組織に対して，タイブレーカー抗体やYECKL抗体

を反応させると，これらの抗体では何も染色されなかった。また，このノックアウト・マウスの組織を使った実験によって，これらの抗体が，クラカトアと同じタンパク質ファミリーに属する他のタンパク質に対しては反応しないことを明確に示すことができた。なぜなら，クラカトアのノックアウト・マウスでも，これらのタンパク質ファミリーに属するクラカトア以外のタンパク質は存在している。それにもかかわらず，ノックアウト・マウスでは何も染色されなかったからである。

方法論対照はなぜ必要か

　上の例では，新しい抗体を作成し，それを試薬対照として用いて，使っている抗体の特異性を確認した。しかし，先に述べたように，新しい試薬を使っても，それが同じ種類のものである場合は特異性を決定するのが難しいことがある。抗体の場合で言えば，新しい抗体を作成しても，最初の抗体と同じ意図しないタンパク質群に結合してしまうことがある。特に，研究対象のタンパク質と類似したアミノ酸配列を持つタンパク質がたくさんある場合，そのようなことが起こり得る。したがって，新しい抗体を作成して，それを「特異性対照」として用いるのには問題が多い。この問題を軽減するための唯一の方法は，既に述べたように，抗体をつくるときに抗原として使ったペプチドのアミノ酸配列を確認し，できれば前もって，そのアミノ酸配列がタンパク質ファミリー内で共有されていないことを確認しておくことである。

　単純な試薬対照を設定するだけでは特異性を決定するのに十分ではない例を，もうひとつ挙げておこう。フランソワが，クラカトアを阻害する薬剤を実験に使っており，その薬剤は，クラカトアの酵素の表面に形成されている「ポケット」に結合するように設計されているものとしよう。そのポケットには，クラカトアが機能する際，（例えば）化学物質 ATP が結合する。フランソワは，細胞をクラカトア阻害剤で処理すると，細胞の色が青く変わり，死ぬことを観察した。フランソワは前の例で学んでいたので，さらに実験を行わなければならないことを知っていた。彼は，クラカトア阻害剤として有効性が確認されているまったく別の薬剤を手に入れ，その新しい薬剤を試薬対照として使って実験を繰り返してみた。すると，細胞はやはり青くなって死んだ。

　フランソワが，この実験にまた問題があることに気づいたのは，論文を書き上げてまさに投稿しようとしていたときだった。どちらの薬剤も，クラカトアの同じドメインに結合する。したがって，それらの化学構造は違っているが，

クラカトアに存在する「ポケット」と同じようなものが他のタンパク質にもあれば，どちらの薬剤も同じ副次的な効果を持っているかもしれない。この実験で使った試薬対照は，前の抗体の例で言えば，GAASM抗体が認識するのと同じペプチドを使って新しい抗体を作ったようなものである。それは新しい抗体ではあるが，もとの抗体と同じように意図しないタンパク質に結合してしまう可能性がある。そして今回の例の場合も，新しい薬剤の化学構造が最初の薬剤の化学構造とは違っていたとしても，それが最初の薬剤と同じ方法でクラカトアを阻害する薬剤なら，両者が同じ副次的効果を持っている可能性がある。したがって，クラカトアを別の機構で阻害する薬剤を入手できない場合，フランソワは，薬理学的な試薬対照ではない別の対照を使ったほうが良い。同様に，研究対象のタンパク質が，そのタンパク質にしかないようなアミノ酸配列を持たない場合は，そのタンパク質を検出するためには新しい抗体を使うのではなく，まったく違う種類の特異性対照が必要になる。そこで使われる特異性対照は，「方法論対照」であろう。

　方法論対照は，実験結果が正しいかどうかを，最初の実験とは違う方法で確かめるものである。最初に述べた実験例では，薬剤を使ってクラカトアを阻害した。新しい実験を行うなら，違う方法を使ってクラカトアを阻害することになる。次に方法論対照の例を挙げるが，重要な点は，クラカトアを薬剤で阻害した実験の方法論対照では，クラカトアを阻害するのに薬剤以外のものを使う必要があるということである。

　方法論対照の威力を理解するために，クラカトア阻害剤を使った話を続けよう。最初の実験で使った薬剤は，その作用機構がわかっていた。その薬剤は，ATPが結合するはずのクラカトアの活性「ポケット」に入り込めるような化学構造を持っており，そのため，ATPがクラカトアに結合するのを阻害する。前述したように，クラカトアを阻害するようにつくられた他の薬剤も同じ活性を持っているので，最初の薬剤も2番目の薬剤も，同じ副次的効果を持っている可能性がある。ここで，方法論対照に使える可能性のあるものを考えてみよう。それは，クラカトアの優性阻害型突然変異体である。これもクラカトアを阻害するが，その阻害機構は薬剤とはまったく違う。クラカトアの活性部位に入り込むかわりに，優性阻害型のクラカトアは，クラカトアが作用する場所からクラカトアを排除し，そこに「不活性な」タンパク質を置いてしまう。クラカトアと共通の活性部位を持つタンパク質のうちで，そのような性質を持っており，「不活性な」優性阻害型のクラカトアで阻害されるものの数は，ゼロではないにしても，限りなくゼロに近いだろう。同様の例としては，「チロシン・キナーゼ」と呼ばれるタンパク質ファミリーのタンパク質が挙げられる。これらのタンパク質は，特定の基質タンパク質のチロシンに，リン酸基を共有

結合させる活性を持っている．チロシン・キナーゼがこのような反応を行う結合ポケットは，異なるチロシン・キナーゼの間でも互いに似通っているので，あるチロシン・キナーゼを阻害する薬剤は，他のいくつかのチロシン・キナーゼも阻害することが多い．しかし，チロシン・キナーゼ・ファミリーに属するタンパク質は非常に多様なタンパク質に結合するので，特定のチロシン・キナーゼの優性阻害型突然変異体が，他のチロシン・キナーゼも阻害してしまうことはほとんどない．それが起こることがないとは言えないが，活性部位を阻害する薬剤を試薬対照として使うことに比べれば，チロシン・キナーゼのうちの特定のものだけを阻害するような方法論対照を使えば，意図しない効果が出てしまう可能性は劇的に低くなるはずである．

重要な注意点

　これまで挙げてきた例について，重要な注意点がある．試薬対照や方法論対照を用いれば，特定の試薬が持つ，意図しない副次的効果による実験結果が生じてしまう可能性を減らすことができる．しかし，それを**なくすことはできない**．また，異なる試薬や異なる方法を注意深く使うことで，同じ副次的効果が結果に影響を及ぼす可能性を減らすことができる．しかし，その可能性を**なくすことはできない**．したがって，もしも第二の試薬や第二の方法を用いることで意図しない副次的効果の生じる可能性を減らすことができるのなら，単純に，第三の試薬や第三の方法をさらに用いれば，意図しない撹乱が加わる可能性をさらに減らすことができると言える．さらに，試薬対照と方法論対照を組み合わせて設定すれば，さらにその可能性を減らすことができる．ある問題を解く際，使う方法が多ければ多いほど，特定の限られた方法や試薬を使うことによって生じる複雑さを排除できるようになるのである．

15

研究対象の対照

　これまで繰り返し強調してきたように，実験を行う際は，実験対象の「典型的な状態」を見つけることが重要である。以前の章で説明したように，データに基づいて実験上のモデルを構築した後，そのモデルが正しいかどうかは，未来に起こることを正確に予測できるかどうかを基準として確かめられる。したがって，実験を行う際は，典型的な状態での結果を確実に得ることが必要である。典型的ではない状態のデータを使ってモデルを構築したりすれば，そのモデルを典型的な状態の対象に適用しようとしてもうまくいかないことが多い。典型的でない状態でデータを得ても，それは，通常の状態の対象に適用できるようなモデルを構築するためには役立たないと言ってよいだろう。

　以前の章で，ある薬剤が肥満の人の体重を減らす効果を持っているかどうか調べる研究について述べたが，それは，この問題について説明するための良い例になる。その実験で「研究対象」に選ばれた人々は，体重を減らす必要のある普通の人々よりも体重を減らそうという強い動機付けがなされた状態におかれ，また，常に他者によって体重を検査される状態にあった。そのため，常に運動するように心がけ，食事を気にしていた。そのような人々を使って結果を得たとしても，得られた結果は普通の状態の人々には簡単には適用できない。肥満に関する研究が厳密な形で行われており，独立な変数については各グループに均等に振り分けられ，二重盲検法で分析が行われていたとしても，研究対

象として使われたのがこのように動機付けの強い人々だったとしたら，そのデータを使って構築したモデルは，その薬剤が「典型的な対象」の体重減少に関して持つ効果を正しく予測できるものにはならないだろう．今の議論を進めるために，もっと「典型的な」人々を使って抗肥満薬の試験を行ったものとしよう．今度の研究では，各人は，運動量を増やしたり，食事に気を使ったりすることは求められなかった．各人で違うのは，実験対象となっている抗肥満薬を飲むか，それとも偽薬を飲むかだけである．この研究の結果は，前の研究の結果とは多くの点で異なるものになった．最大の違いは，実験対象の薬剤を飲んだ人々も，前の研究のようには体重減少を起こさなかったことである．

研究対象は，「普通の場合」だけでなく，「特定の場合」を代表するような形で選ばれることもある

　抗肥満薬の例が示しているのは，実験対象がどんな状態を代表するものであるべきなのか，科学者はあらかじめ決めておかねばならないということである．研究の目的が，典型的な患者がその薬を飲んだときにどうなるかを調べることだったら，研究にはそのような患者を使わなければならない．しかし，科学者はそういったものとは異なる目的で研究を行う場合もある．研究対象が「代表的」なものである必要があるときには，それが「何を代表するものなのか」をはっきりさせておかねばならない．

　例えば，前に出てきた「空はどんな色か」という問いに対しては，1日のすべての時間を対象にするように決めたので，どんな色が「代表的」かを決めるためには，何日間にもわたって，毎日複数回，空の色を調べなければならなくなった．前に議論した他の例では，カフェインが血圧を上昇させるかどうかを決めたが，そのときは，研究対象が血圧降下剤を飲んでいてはいけないことを強調した．それは，ほとんどの人はそのような薬を飲んではいないので，科学者はそのような「代表的な場合」について結論を出さなければならなかったからである．抗肥満薬の例では，科学者は，自分がどんな問いに答えようとしているのかをあらかじめ決めておかなければならない．その問いは，運動を心がけ，健康的な食事を摂るように強い動機付けがなされている患者に対して，その薬の効果があるかどうかを調べるものなのだろうか．それとも，もっと典型的な，強い動機付けがなされていない患者に対して，その薬の効果があるかどうか調べるものなのだろうか．これらの場合，問いはまったく異なるものになる．前に挙げた肥満に関する研究では，被験者は運動を行い，食事に気をつけ

るように強い動機付けがなされていた。その研究では，そのような付加的なことを行っている人々に対しては，抗肥満薬がさらに体重を減少させる効果があることが実験的に証明された。このような研究は意味のないものではなく，被験者たちと同様の条件の人々にとっては非常に興味をひかれる研究であろう。もし次の研究で，動機付けされていない人々に対してはその薬の効果がないことがわかったとしても，それは，最初の研究を無効にするものではない。むしろ，その薬がどのような条件の下で効果が現れるのかを明確にするものである。ここで指摘しておきたいのは，もし，動機付けされていない人々を対象とした研究だけしか行われなかったとしたら，運動を心がけている人々に対してはその薬が有効なのに，そのことが発見されないままになってしまうことである。したがって，研究対象を常に「典型的な」状態にすることに固執すれば，科学者は価値のある情報をとり逃す可能性がある。

それでは，モデルは未来を予測できなければならないという点はどうなるのだろうか。モデルは，将来何が起こるかを表現していなければならないはずである。しかし，モデルは，その守備範囲を限定することができる。モデルが，「薬剤 X は，運動している人の体重を減少させる効果がある。しかし，運動していない人に対しては体重減少の効果はない。」という形であっていけない理由はどこにもない。このようなモデルは，「現実を表現している」という基準を満たすものである。

今日の医療では，「個人志向の薬」，すなわち，普通の一般的な患者を対象にしたものではなく，非常に限定された性質を持った特定の患者に効く薬の需要が高まっている。そのような薬をつくるためには，何か特定の「マーカー」が，その薬が効くタイプの患者かどうかを判断するのに使えるかどうかを研究する必要がある。肥満の例では，被験者が行っている運動の量がマーカーになっていた。肥満についての2つの研究結果を組み合わせることで，抗肥満薬が効くかどうかは，この運動のマーカーに関係していることがわかったことになる。

反応のある対象を見つける

抗肥満薬についての最初の実験のデザインを作り直して，この薬がどのような場合に効果があるかを調べるためのデザインに変えることができる。この場合，科学者は，問いの枠組みを次のように変えることができる。「どんな条件のときに，薬剤 X は体重減少を引き起こすか。」

この問いは，わざと偏ったものにしてあることに注意してほしい。「空はどんな色か」とか「カフェインは血圧を上昇させるか」という問いの場合は，科学者は，その答えが通常の状態を反映したものになることを期待している。しかし今の例の場合，科学者はその新しい薬に何でもいいから薬効があるかどうかを知りたいと思っているのであり，その薬剤がすべての人の役には立たずとも，少なくとも誰かの役に立ちさえすればよい。

このような「偏り」があっても，その偏りをモデルに組み込んで，研究の目的をはっきり認識できるようにしてありさえすれば，科学上何も問題はない。この問題について，もうひとつの例として，ある科学者が抗癌剤を開発した場合を考えてみよう。多数の胃癌患者で調べたところ，その薬には統計的に有意な薬効は見いだされなかった。そのため最初は，その薬は役に立たないと思われていた。しかし，研究者があとになってデータを分析し直してみると，遺伝子Xに突然変異を持っている人にその薬が使われた場合，寿命が延びているらしいことに気がついた。前の章で説明したように，事後に分析したことは，結論を出すためには使うべきでない。そのようなことをすると，特定の結論を支持するように見えるものだけを抜き取ってしまうことが多いからである。しかし，そのように何かが見つかれば，新しい問いを設定することができる。こうして科学者は，「この抗癌剤は，遺伝子Xに突然変異を持つ患者の寿命を延ばすか」という問いに答えるための，新しい研究を開始した。

新しい研究は，次のようにして行われた。胃癌患者から，遺伝子Xに突然変異を持つ患者が選び出された。突然変異を持つ患者を，年齢や性別などの条件が均一になるように2つのグループに分け，一方にはその抗癌剤候補を投与し，もう一方には偽薬を投与した。さらに対照として，遺伝子Xに突然変異を持っていない胃癌患者も条件が均一になるように2つのグループに分け，一方にはその薬を投与し，もう一方には偽薬を投与した。すべての被験者で胃癌の「ステージ」は同じ，すなわち，胃癌の状態はほぼ同じである。この研究の結果を，薬の投与を始めてからの平均余命で表すと**表15.1**のようになった。

表 15.1

	胃癌患者の平均余命	
	遺伝子Xに突然変異あり	遺伝子Xに突然変異なし
抗癌剤候補	24か月	6か月
偽薬	6か月	6か月

この結果は，遺伝子Xに突然変異がある胃癌患者に対してこの薬剤は，平均余命を数倍に延ばす効果があることを示している。しかし，そのような特定の遺伝的マーカーを持っていない患者に対しては，この薬は何の効果もない。

最初に研究が行われた際にこの薬の効果が見逃されたのは，遺伝子 X に突然変異を持つ人が非常に稀なためであった．突然変異を持つ人に焦点を当てて研究を行わなければ，この薬が効かない大多数の人々によって結果が希釈されて薬の効果は見えなくなってしまう．

　この例から，研究対象をどのように選ぶかによって，実験結果が大きく変わってしまう場合があることがわかる．また，その研究に関わりのある特定の集団だけを選んで研究を行うことによって，単純に均一化した集団で研究を行ったときには得られなかった重要な付加的情報が得られることがある．研究対象についての情報（例えば，胃癌患者は特定の分子マーカーによっていくつかのグループに分けられるというような情報）が多ければ多いほど，全体の中で特定の集団に焦点を当てて研究を行えるようになる．

　ある薬が効くか効かないかが分子マーカーによって決まる例として，乳癌の例が挙げられる．患者の腫瘍がエストロゲン受容体を発現している場合は，抗ホルモン療法が有効である．しかし，腫瘍がエストロゲン受容体を発現していない場合は，そのような処方箋には効果がない．また，この処方には，第二のホルモン受容体，すなわちプロゲステロン受容体も関係してくる．腫瘍がエストロゲン受容体とプロゲステロン受容体の両方を発現している患者の場合は，エストロゲン受容体だけを発現している腫瘍の場合に比べて，抗ホルモン療法がさらに効果があることがわかっている．したがって，これらのマーカーを使って「乳癌患者」という大きな集団は，いくつかの新しいカテゴリーに分けることができる（**表 15.2**）．

表 15.2

カテゴリー	エストロゲン受容体	プロゲステロン受容体
I	(−)	(−)
II	(+)	(−)
III	(+)	(+)

　過去には，乳癌を患っているすべての人に焦点を当てて研究が行われていたこともあったが，現在は，これらのホルモン・マーカーを調べることによって，これらの小さなカテゴリーに分類された乳癌患者について，ある治療法が有効かどうかの研究を行えるようになっている．それ以外のカテゴリーに属する「大部分」の患者にとっては効果がなくても，一部の患者には特定の治療法が有効な場合があるのである．治療の効果を予測する際の手助けになる別のマーカーがさらに見つかれば，これらのグループは，さらに細かく分類されることになる．例えば，遺伝子 Y の活性の有無がプロゲステロン受容体が発現

しているときだけ特定の治療法に影響を及ぼすことがわかったとしたら，表15.3のようなカテゴリーがつくられることになるだろう。

表 15.3

カテゴリー	エストロゲン受容体	プロゲステロン受容体	遺伝子 Y
I	(−)	(−)	無関係
II	(+)	(−)	無関係
III	(+)	(+)	(−)
IV	(+)	(+)	(+)
V	(−)	(+)	(+)

　この例で，「エストロゲン（−），プロゲステロン（+）」のカテゴリーは，ある治療法がこのカテゴリーの患者だけに有効であることが明らかにされた後に初めて設定されることになる。そのようなことが発見される前は，エストロゲン受容体がポジティブ（+）かどうかを調べることが，まず必要とされることだった。

　この例は，ある特定の条件についての情報が増えることによって，実験対象の選択の仕方が変わりうることを示している。特定の性質を持つ対象だけを選び，それに焦点を当てることによって，科学者は重要なデータを得られるようになることがある。そのような場合，同じアプローチの仕方を他の対象や，もっと一般的な対象に適用しても，同じデータを得ることはできない。

特定の種類の研究対象を用いるときの対照

　遺伝子 X に突然変異を持つ患者を使って抗癌剤の試験を行った上の例では，偽薬を投与する対照群として，遺伝子 X に突然変異を持っており，ステージが同じ胃癌患者が使われた。対照群の人たちの性質が，研究対象となっているグループの人たちの性質に一致させてあることがわかるだろう。どちらのグループも胃癌のステージが同じであり，どちらも遺伝子 X に突然変異を持っている。これらの性質（胃癌のステージが同じで，遺伝子 X に突然変異を持つこと）は，この実験の被験者として採用して2つのグループ（抗癌剤を投与されるグループと偽薬を投与されるグループ）に入れるための「選別基準」とみなすことができる。

　前もって選別基準を設定する限り，そして，試験対象グループと対照グループに均一にその基準を適用する限り，研究に関係があると考えられる性質なら

どんな性質に基づいてでも，研究対象を前もって選別しておくことが可能である。

研究対象のランダム化

　被験者を選び出した後，誰に試験薬を投与し，誰にネガティブな対照物質を投与するかをどうやって決めればいいのだろうか。科学者がそれを決めるべきではない，というのがその答えである。被験者は，グループ間で「ランダム化」しなければならない。
　ランダム化とは，誰をどのグループに入れるかを科学者が選ぶことはできないということである。例えば20名の被験者がその研究の基準に合致していたとすると，各人にコンピューターでランダムな数字を割り当てる。そして，割り当てられたランダムな数字に応じて，薬を与えるか偽薬を与えるかを決める。その際，決定を行う者は，誰にどの数字が割り当てられているかを知らない状態にする。さらに薬のバイアルのラベルは暗号化し，薬を配る人も，誰がどちらの薬を受け取っているかわからない状態にする。
　このようにして研究を行うと，研究をデザインした科学者も，実験に参加している研究対象も，各々のグループが何を割り当てられたかについて「盲目」状態になる。そのため，このような方法は「二重盲検法」と呼ばれている。被験者を特定の性質に基づいて選別した後にランダム化するこの種の実験デザインは，次のように定式化することができる。

1　研究対象を特定の性質に基づいて選別する。

2　選別された対象を，試験群と対照群の間でランダム化する。

3　薬を投与する者と，投与される者は，どちらの薬が投与されているかを知らない状態になっている。

　研究対象を特定の基準で選別した後でランダム化する作業には，研究者が特定の研究対象を一方のグループに偏って入れてしまうのを防ぐ効果がある。そのうえランダム化することによって，特定の処理を受けたグループの人々がもう一方のグループの人々とは異なる反応をしてしまうのを防ぐことができる。
　なぜランダム化の問題を，研究対象に関する対照の章に入れてあるのか疑問

に思う読者もいるかもしれない．ここに入れた理由は，科学者も被験者も「盲目」の状態にするこの過程が，研究対象についての対照であり，実験者の対照となっているからである．先に述べたように，実験の基準が確立され，実験を行う準備が整った時点で，参加者と研究者が持っているそれぞれのグループに関する情報が少なければ少ないほど，一方のグループだけが違う行動をしたり，一方のグループが他のグループとは違う扱いを受けたりする可能性が低くなる．したがって，対照群が試験群に対する「真の対照」として働いてくれる可能性が高くなる．なぜならこの場合，Xを撹乱の要因（今の例では薬剤）としたとき，対照群は「X以外のすべて」について試験群とまったく同じになるからである．

研究対象を一致させる

　研究では対照群と処理群の間で研究対象の状態を一致させることが必要だが，実験結果が変動する確率が高い実験の場合は，特に注意して研究対象の状態を揃えなければならない．

　研究対象の状態を揃えて実験を行うことができる典型的な例は，動物実験である．実験対象がマウスの場合，明らかにマウスが偽薬の効果を受ける可能性はない．また，マウスをグループ分けする人は，どちらのグループが試験薬を与えられるのか知っている必要はない．一例として，動物の筋力を調べる実験を考えてみよう．科学者が，「筋肉増強剤は筋力を増大させるか」という問いに答えようとしていたとする．この問いに答えるために，処理前の動物の筋力を測定した後，それらの動物を2つのグループに分けた．そして，一方のグループ（試験群）には生理食塩水に溶かした筋肉増強剤を与え，対照群にはただの生理食塩水を与えた．

　処理前の動物の筋力を測定したところ，性が同じであっても動物個体によって筋力には大きなばらつきがあることがわかった．そこで，両方のグループのばらつきが同じになるように，同じような筋力を持った個体が両方のグループに分配されるようにグループ分けを行った．例えば，20個体のマウスが次のような筋力を持っていたとしよう（単位は，任意の単位とする）．

9, 11, 14, 15, 17, 19, 20, 20.5, 24, 24, 24, 27, 29, 31, 32, 32, 32, 40, 40, 39

明らかにマウスの筋力は大きく異なっており，9 から 40 までのばらつきがある。ここで，もしこれらのマウスをランダムにグループ分けしたとしたら，一方のグループのマウスが最初から有意に強い平均筋力を持っている状態になってしまう可能性がある。そこで科学者は，動物個体を**表 15.4** のように分けて状態を揃えることにした。

表 15.4

| 筋肉増強剤投与群 | 9, | 14, | 17, | 19, | 24, | 24, | 31, | 32, | 40, | 40 |
| 生理食塩水投与群 | 11, | 15, | 20, | 20.5, | 24, | 29, | 27, | 32, | 32, | 39 |

この種の実験は，ランダム化が行われていないという点で問題が起こり得るが，この場合も実験を行う科学者は，それぞれの実験対象が何を投与されているのか知らない状態を保つようにしなければならない。両方のグループのマウスの状態を揃えてあることは，グループ間の違いをわからない状態に保つのに役立つだろう（大きさと筋力について両方のグループの動物の状態を一致させてある場合と，ランダム化はしてあるが，生理食塩水を投与したグループのマウスのほうが明らかに大きいものが多かった場合とを想像してみてほしい）。

この実験デザインでは，個体ごとの変動の大きい動物を，変動が合致するように両方のグループに分配している。それによって，少ない個体数で統計的に有意な結果を出せるようになっている。科学者が原因の偏りが生じたりしないように気をつけさえすれば，実験をこのようにデザインすることは許容される。

変数

多様性のある個体群を用いて遺伝学的な研究を行うと，たくさんの潜在的な独立変数が研究対象に含まれることになる。そのようなことを避けるために，遺伝学的な「モデル系」が開発されている。このようなモデル系の利用の例は，グレゴール・メンデルのような科学者にまで遡ることができる。彼は，形や色などの特定の形質を解析するために豆の株を使って研究を行い，対象に特定の形質を付与する遺伝物質，すなわち「遺伝子」の概念を確立した。

そのような研究をもとにして科学者は，遺伝学的に同一のマウスの株[1]があれば，研究に非常に有用であることに何十年も前に気づいた。そのような株を使えば，他の遺伝子は同一の状態のままで，特定の遺伝子だけを変えてその効

果を研究することができる。そのような研究を行っている遺伝学者は，純系のマウス株を作出するために何十年間にもわたって研究を続けてきたのである。DNAを扱う技術がまだそれほど発達していなかった頃でも，純系のマウス株に新しい形質が出現したら，それは遺伝的な突然変異によるものであり，その突然変異は新しい形質を受け継いだ子孫を調べることによって同定できることが既に知られていた。

　マウスだけでなく，それ以外の遺伝学的なモデル系もヒトと共通する面があると考えられており，ショウジョウバエ，線虫，ゼブラフィッシュ，そして，下等な単細胞生物の酵母も遺伝学的なモデル生物として使われている。もちろん，ある動物での発見が，必ずしもヒトでも成り立つわけではない。しかし実質的には，それらの生物で研究が行われるのは，そのようなことを期待してのことが多い。

　今では，研究対象としてさらに洗練された動物を研究室でつくり出すことも可能になっている。例えば現在では，ある遺伝子の機能を調べるために，その遺伝子の機能を完全に失ったマウスが頻繁につくられている。遺伝的に改変された動物は，「系統（line）」と呼ぶことができる。すなわち，純系の株に由来する1組か2組の「始祖両親」の子孫である。以前の章で述べたように，特定の遺伝子の機能が完全に失われたマウスは，「ノックアウト（knockout）」マウスと呼ばれる。そのようなマウスでは，特定の遺伝子がゲノムから「叩き出されて（knocked out）」，取り除かれているからである。偶然出現した突然変異体を選別して使うと複数の遺伝子に違いがある可能性もあるが，ノックアウト・マウスを使えば，純系の株のゲノムの狙った部位に突然変異を導入してあるので，通常の動物集団に見られるような遺伝的多様性はほとんどない状態になっている。

　例えば，インシュリン受容体（insulin receptor。以下，略してIRと呼ぶ）の機能を調べるために，その遺伝子を細胞から取り除くことができる。そして，その細胞から，2つのIR遺伝子のうちの一方のコピー（すなわち「対立遺伝子」[2]）が除去されたマウスを作成することができる[3]。この「ヘテロ接合

1　ジャクソン・ラボラトリー（訳注：アメリカのメイン州にある研究所。さまざまな系統のマウスの株を維持しており，マウス株の供給元として有名。「株」は遺伝学の用語で，遺伝的に純系の系統のことをいう）によれば，兄弟姉妹の間で20世代以上続けて交配された株で，その株の個々の個体が，20世代かそれ以上前の単一の雌雄のペアに遡ることができるなら，その株は純系と呼びうるという。20世代後には，それぞれの個体のゲノムは平均して0.01の多様性しか持っておらず，ほとんどの目的において遺伝的に同一とみなすことができる。純系の株は，兄弟姉妹の間で交配させて維持しなければならない（次のウェブページを参照：http://www.informatics.jax.org/mgihome/nomen/strains.shtml#inbred_strains）。

体」（IR$^{+/-}$）[4]のマウスを同腹仔[5]と交配することによって，IR遺伝子の両方のコピーが欠失したマウスを作成することができる。これらが，「インシュリン受容体ノックアウト・マウス」（IR$^{-/-}$）である。純系の株でこのようなIRのノックアウトを行えば，IR$^{-/-}$とIR$^{+/+}$では，IR以外の遺伝子に関してはすべて同じになることはもう一度強調しておく価値があるだろう。科学者がIR$^{-/-}$の動物について研究しているなら，同じ株の「野生型」，すなわち「正常な」IR$^{+/+}$の動物をネガティブ対照として用いることができる。しかし，もっと「強力な」ネガティブ対照を作成するために，IR$^{+/-}$のヘテロ接合体マウスを使ってノックアウトを作成する場合もよくある。ヘテロ接合体の動物どうしを交配すれば，その子供には「ノックアウト」と「正常」と「ヘテロ接合体」がすべて出現するからである。したがってこのようなヘテロ接合体を使えば，科学者は1回の交配でノックアウト・マウスと「正常な」ネガティブ対照の兄弟を作成することができ，年齢やその他の条件が合致した対照を得られることになる。

純系の動物を用いて得た発見を一般化する

そのようにして作ったIR$^{-/-}$のマウスで，グルコースの血中濃度の維持におけるIRの役割を調べる研究が行われたとしよう。科学者グループが，いろいろな条件のもとで何年もかけて研究を行い，糖尿病のような病気におけるIRの役割について，広範なデータに基づいたモデルを立てたとする。

2 　対立遺伝子（allele）とは個々の遺伝子のことであり，特定の形質をコードしているDNAのことである。

3 　ほとんどすべての真核生物は染色体を2コピーずつ持っており，したがって，遺伝子も2コピーずつ持っている。例外は減数分裂した生殖細胞で，それらは染色体を1コピーずつしか持っていない。また，雄の体細胞は，2つの性染色体（X染色体とY染色体）の各々を1コピーずつ持っている（雌は2つのX染色体を持っており，Y染色体は持っていない。しかし，2つのX染色体のうち一方は不活性化されているので，雌でも1本のX染色体だけが「オン」になっていると言える）。

4 　この表記法は，遺伝子の2つのコピーの状態を表現するためのものである。IR$^{-/-}$は，2つのコピーが両方とも失われている，すなわち（−）であることを示している。それに対して，正常な動物はIRの両方のコピーに活性があるので，IR$^{+/+}$と表現される。

5 　同腹仔とは，同じ親から生まれた兄弟姉妹のことである。

そのような研究が完成したとしても，動物のモデルを使った研究の結果が人間に適用できるのかどうか，あるいはマウスの他の株に適用できるのかどうかさえ，疑問を抱く人がいるかもしれない。このような研究で得られた結果は，全部とは言わないまでもほとんどが，遺伝的に異なったヒトにも適用できるものと予想される。しかし原理的には，得られた結果のいくつかは，研究に使った特定のマウスの株でしか成り立たない可能性がある。

　この例から，遺伝的に均一なマウスの株を使って研究を行うことには「利点」もあるが，その一方で，研究を行っている遺伝子について，別の遺伝的な変異によって実験結果が影響を受ける場合があっても，そのことを見逃してしまう「欠点」があることがわかる。すなわち，実際の生物集団の中には，現在研究している遺伝子の活性に影響を及ぼす遺伝的変異が含まれている可能性があるが，遺伝的に均一なマウス株を使っていれば，そのような変異の効果は見逃されてしまうのである。したがって，純系のマウス株のような遺伝的に均一な材料を使えば，ある遺伝子がある特定の状況に置かれたときに何を行い得るかを知ることができるが，それが一般的な場合に適用できるかどうかは，さらに研究を行わないとわからないということになる。しかし，だからといって，純系の動物を使って特定の形質を調べることの意義を過小評価することになってはいけない。このような研究材料を使わなければ，特定の遺伝子座を撹乱したときにどのような効果があるか調べるのは，ひどく困難なことになってしまうだろう。

　特定の純系の株を使って得られた結果がその株だけに特有なものなのか，それとも他の株でも成り立つのかどうか調べるための最も直接的な方法は，おそらくそのノックアウト・マウスを他のマウス株と交配してヘテロ接合体のマウスをつくり，それを使ってさらに戻し交配を繰り返し，ノックアウトを別の株の「遺伝的背景」[6]に移すことであろう。発見されたことが一般的かどうか調べる際，そのような交配がよく行われる。あるマウスの株で見いだされたのと同じ表現型が，交配によってその突然変異を別の遺伝的背景に置いたときにも見いだせるかどうかは，そのような実験によって調べることが可能である。

6　遺伝的背景とは，その動物の持つ遺伝的な構成のことである。異なる純系の株は，DNAの塩基配列が少しずつ違っている。異なる遺伝的背景のもとでは，同じ遺伝子でも振る舞いが異なることがある。例えば，ある遺伝子の活性が失われていても，ある株（したがって，ある遺伝的背景）では別の遺伝子がその遺伝子の機能を代替してくれることがあるが，別の株では，その遺伝子は代役を務められるほど高いレベルでは発現しておらず，機能を代替できない場合がある。

ヒト以外の動物をヒトのモデルにする

　マウスを使って得られた結果には，もちろんもっと重要な問題がある。特に，マウスをヒトの代用の生物として使う際には，マウスで見つかったことがヒトでも成り立つかどうかは，常に何らかの方法で確認しなければならない。そのような余計な手順が必要なのに，なぜすべての研究をヒトで行わないのかと疑問に思う読者もいるかもしれない。それは，マウスやショウジョウバエや酵母で行えるような研究が，倫理的な理由や技術的な理由でヒトでは行えないからである[7]。そのうえ，これらのヒト以外の真核生物でも，ヒトの正確な代替生物になり得ることが多く，例えば，ある遺伝子がある機能をマウスで持っていたら，ヒトの場合も同じであることが非常に多い[8]。ここで言っておきたいのは，動物のモデルは遺伝子の機能を理解するために有用だが，動物を対象にしてなされた発見がヒトでも成り立つかどうかは，ヒトを対象にして改めて確かめる必要があるということである。

「ヒトのモデル」としてのヒト

　マウスで発見されたことを，実験的な裏付けのないままにヒトに適用することはできない。それと同様に，ヒトの一部で見つかったことを直ちに一般化することもできない。この場合も，そのようなことが言えるかどうか，注意深く

---

[7] 動物実験の倫理的な問題を扱うことはこの本の守備範囲を超えているが，齧歯類のようなモデルを使った場合であっても，研究によっては倫理的な観点から科学者が行ってはいけないことがあるのは言及しておくべきだろう。科学者が動物実験を行うときは，次のようなことを問わなければならない。「動物を使ってその研究を行うことは必要だろうか」，「痛みを最小限に抑える措置はとっただろうか」，そして「その研究は，有用な知見をもたらしてくれるだろうか」といった問いである。もちろん，マウスを使った実験は絶対に正当化できないと考える人もいる。私は，そのような意見を持つ人を尊重はするが，そのような意見に同意することはできない。しかし，そのような意見になぜ同意できないか議論することも，この本の守備範囲を超えている。重要な点は，科学者がどんな実験対象を選択するかは，倫理による制約を受けるということである。

[8] マウスとヒトの間で急速に分岐した遺伝子ファミリーの場合のように，これには例外もある。また，単純にマウスとヒトを並べて比べてみればわかるように，体の構成を決める遺伝子にこの両者で違いがあることは明らかだろう。酵母のような単細胞生物では，ヒトとの違いは明らかにもっと多い。しかし，このように大きくかけ離れた生物種であっても，多くの細胞内システムが共通しているのは驚くべきことである。

検証しなければならない。これも，実験的な繰り返しが必要な理由となっている。実験を繰り返せば，2回目の実験で用いた対象が，最初の実験対象の対照になっていると言うことができ，最初の例で見つかったことが次の例にも適用できるかどうかについて，答えを得ることができる。しかし，一般化する際に注意が必要な場合が他にもある。研究対象の選別の仕方に依存して反応が変わる場合があるからである。例えば，男性を使って集めたデータを女性に適用するには注意が必要である。男性で集めたデータが女性に適用できないことは，しばしばあることである。さらに別の例を挙げれば，高齢者のほうが若者よりも薬物に対する感受性が高い場合が多いことが知られている。したがって，医師が高齢の患者を扱うときは，薬の投与量を変える必要がしばしば生じる。民族の違いのようなものでも実験の結果に影響を与える可能性がある。特定の民族グループの間に特定の病気が広まっていたり，ある病気に対する感受性が高かったりすることはないかどうかを調べる研究は，最近になって始められたばかりである。

明らかに性や年齢，民族グループのような形質によって違う結果が出ることがわかっていたら，研究対象を選んだりランダム化したりするときに，これらの形質を「独立変数」として考慮に入れる必要がある。

ヒトの集団で遺伝学的選別を行う

遺伝的に均一なマウスや他の生物（ショウジョウバエ，線虫や酵母など）の株を使うことで研究に大きな進展がみられたことから考えて，ヒトの集団でも均一な集団があれば，その集団を遺伝学的な調査の「対象」にすることができ，研究に役立つものと考えられる。この場合も，遺伝的に均一な集団がほしい理由は，研究を行っている遺伝子以外のほとんどの遺伝形質を同じにしたいからである。糖尿病になりやすいというような特定の遺伝形質は特定の遺伝子の突然変異のためである可能性があるが，遺伝的な均一性を持つヒトの集団において，患者のDNAを健康な仲間のDNAと比較することによって，病気の原因となる遺伝子を見つけることができるかもしれない。そのような集団では，対象とする遺伝子が違っているだけで，両者のDNAの他の部分は類似性が高いであろう。

この種の「ゲノム的」な研究は，このところ頻繁に行われるようになってきている。このような研究のゴールは，表現型の違いをもたらしている可能性のあるDNAの変化である「SNP」，すなわち「単一ヌクレオチド多型（singlenucleotide polymorphism)」を発見することである[訳注1]。誰でも考えつくように，たとえ近縁の集団で比較したとしても，そのような変化は多数見つけることができるだろう。しかし，DNA のどの変化が実際に表現型の「原因」となっているかを決めるのは，かなり難しい作業である。このことも，遺伝的に類似した集団を研究に使うことが有利である理由となっている。個体どうしが近縁であればあるほど，科学者は特定の SNP に的を定めて，それが形質の違いと本当に関係あるのかどうかを調べやすくなる。いったん関係があることがわかれば研究をさらに進めて，その変化が実際に表現型の原因になっているのかどうかを確かめることになる。このようなことは，例えば，ゲノムにそれと同じような突然変異を導入したマウスと，突然変異は持たないがそれ以外は遺伝的に同一の同腹仔マウスを比べることによって，確かめることができるだろう。

遺伝的な独立変数を見つける

科学者は，研究対象に存在する独立変数という問題に挑むために，「遺伝子 X の突然変異によって生じる表現型と同様の表現型をもたらすような，他の遺伝的変化はあるか」という直接的な問いを発することもできる。他の遺伝子を見つけるためには，「遺伝的相補」による選別を行うのが 1 つの方法である。もしも，遺伝子 A の発現が遺伝子 B の通常の効果を代替することができるか，あるいは遺伝子 B の阻害によって生じた表現型を改善することができれば，遺伝子 A は遺伝子 B を「相補」していることになる[訳注2]。例えば IR の相補による選別では，IR が欠失したマウスを突然変異原で処理し，IR 以外の遺伝子の変化が IR の欠失によって生じた表現型を改善できるかどうか決定する。ま

訳注1 表現型の違いは，単一ヌクレオチドの違いによるものだけではなく，塩基配列の欠失・挿入や再編成によることも多いので，これは言い過ぎである。「SNP」ではなく「突然変異」と書くべきだが，ここでは原文のまま訳した。なお，「SNP」の訳語としては，「単一塩基多型」という語もよく使われる。

訳注2 原文に従って訳したが，通常，「遺伝的相補 (genetic complementation)」という語は，突然変異遺伝子の機能が，その遺伝子の野生型のものによって補われるときに使われる用語である。この部分や，この後の部分に述べられているような，ある突然変異遺伝子の機能が他の遺伝子座の遺伝子の発現や，他の遺伝子座の遺伝子の突然変異で補われる現象を言うときは，「抑制 (suppression)」という語を使うのが一般的である。これは，突然変異体の表現型の出現が，別の遺伝子の働きによって「抑制」される現象だからである。

た，別の遺伝的な選別法では，IR 以外の遺伝子の機能が失われることによって，IR の突然変異で生じた表現型がさらに悪くなったようなマウスを選別することもできる．このような選別で見つかった遺伝子は，すべて，IR の機能が落ちた糖尿病のような病気に関わっている可能性がある．これらの「IR 関連」遺伝子の発現を調べることは，それに続く実験課題となるだろう．

対照を厳密に設定することで重要な効果を見逃す可能性がある

　意図した変化以外には違いがまったくないような「理想的な」実験条件をつくり出そうとすると，時々，重要な効果を見えなくしてしまうことがある．ある科学者が，抗鬱剤の効果を研究していたとしよう．決まった環境で調べられるように，被験者には処理をしている期間はずっと病院にいるようにしてもらった．この実験デザインでは，科学者は，抗鬱剤を飲んだ鬱病患者と偽薬を飲んだ鬱病患者を比べたときに，違いを見いだすことができなかった．しかし，もし被験者が普段と同じように活動できる状態でこの研究を行っていたら，抗鬱剤を飲んだ被験者が毎日 1 時間以上直射日光の下で過ごせば病気が「完治」することを発見できていたかもしれない．実はこの例では，直射日光で誘導されるビタミン D の生産と抗鬱剤との相乗効果が，細心の注意を払って独立変数を合致させようとしたために見逃されてしまったのである．

　この例は，「典型的な場合」を調べることの重要性を示す良い例となっている．もしその薬の目指すものが，人々が普通の日常生活を送るのを助けることだったとしたら，被験者が普通の生活を送っているときの状態を調べられるように研究の数を増やしたり，データをさらに詳しく解析することは，価値のあることである．被験者の数が十分に多ければ，各々のグループがすべての関連変数の典型を含む可能性が増えるので，個人ごとの違いが避けられないにしても，それは多数の他の被験者のデータによって平均化され，さらに，「予期していなかった」重要な効果を発見できる可能性も出てくるだろう．

　このような注意書きを書くのは簡単だが，その一方で，予期しない変数を最小限に抑えたときに，科学は最も収穫が多いと言うこともできる．したがって，時に起こる思いがけない発見を見逃すことになったとしても，間違った結論を出してしまう原因となりうる不適切な変動は研究からあらかじめ取り除いておいたほうが良い場合もある．

個体の代替物としての細胞：還元主義対照の必要性

　これまで挙げてきた実験例は，研究の対象として，ヒトやヒト以外の動物を使うものだった。しかし，研究室では，研究対象としてもっと小さなものを使う場合もある。複雑な多細胞生物を対象として研究するのではなく，単離された単細胞を研究対象にすることもできる。単離された細胞を研究に使う理由を見つけるのは，難しいことではない。細胞を使えば遺伝学的に均一な細胞株を簡単につくることができ，それらを厳密に決められた条件で育てることができる。そのうえ，ヒトや動物の場合は数千個体を調べることでさえ非常に困難だが，培養細胞を使った実験なら一度に数百万の細胞を調べることもできる。もし何か撹乱を加えたければ，必要な撹乱を細胞の集団に加え，対照の集団は未処理のままにしておけばよい[9]。このような理由で，遺伝的な多様性を持ったヒトの集団を研究に使うよりも，培養細胞を使ったほうが再現性の高いデータをずっと容易に得ることができる。

　しかし，利点が欠点にもなるのはよくあることで，細胞を研究対象として用いることの利点も，まさに欠点となる。単離された細胞は，個体内にあるときに比べて単純な環境にあり，培養細胞は，細胞が体内にあるときに受けるさまざまな刺激を受けない状態になっている。そのことが，培養細胞で何かを発見したとしても，その細胞を生物内の「自然な」環境に戻したときに，それが成り立たない場合がある原因となっている。したがって，細胞株で得られた結論をもっと複雑な生物に外挿する際は注意が必要である。そのような外挿を行うかわりに，細胞で得られた知見は，同じことが動物体内でも成り立つかどうかを問うための材料として使うことができる。

　「還元主義対照」としては，どのようなものがあるだろうか。実験を行う際は，通常，典型的な場合を研究することが要求されることを思い出してほしい。したがって，ある細胞株で得られたデータが，それに似た別の細胞株でも成り立つかどうかを問うのが良いだろう。例えば，10種類の異なる線維芽細胞株があれば，それらの細胞株を使って，観察された効果が類似した細胞株で一般的に見られるものなのかどうかを簡単に調べることができる。そのあとでさらに，（それを調べることがその発見にとって意味のあることなら）違う系

---

[9] 動物を研究に使っているときでも無数の細胞を調べていることになるが，問題なのは，細胞が動物の体を構成している場合は，個々の細胞を調べることが難しいことである。しかし培養細胞なら，もし必要なら，例えば蛍光標識細胞分取装置（fluorescent-activated cell sorter。FACSと略称される）を用いて細胞ごとに研究を行うことが可能である。

譜の細胞株でもその効果が見られるかどうかや，違う条件下でもその効果が見られるかどうかを調べることもできる。

　研究に用いる条件と実際の条件が違うことを示す良い例として，酸素濃度に感受性を持つ遺伝子についての一連の興味深い研究がある。長い間，細胞株を培養するときは，酸素濃度を空気中の酸素濃度と同じにした条件が培養に使われてきた。しかし最終的に，細胞が体の中にあるときは，細胞のまわりの酸素濃度が空気中の酸素濃度よりも低い状態になっていることが発見された。酸素の濃度を落とした特別な培養装置で細胞を培養してみると，そのような条件では酸素を検知するシステムが細胞内で活性化されることが発見された。このシステムは，普通の細胞培養の条件下では常に「オフ」になっている。したがって，このシステムの影響を受けるものの場合，培養細胞を使って得られたデータは，動物の体の中で起きていることには必ずしも適用できないことになる。もし細胞を使って研究している目的が，複雑な生物の体の中で起きていることをモデル化することなら，観察していることが動物の中でも同じように起こることを確認し，それによって「モデル化」が有効であることを確認しなければならない。この話は，そのような必要性を示す警告となっている。

細胞の代替物としての試験管内分子システム：還元主義対照がさらに必要になる例

　分子がどのようにして働くかについては，その分子を単離して研究することによって多大な情報を得ることができる。時には，「完全」に近い状態まで分子を単離して研究を行うこともある。例えば，研究対象のタンパク質に混ざっている他のタンパク質をできる限り除去して，そのタンパク質を結晶化させる場合もある。結晶化されたタンパク質は，回折実験によってオングストローム・レベルの分解能で分子構造が決定される。また，酵素反応系を試験管内で再構成してさまざまな測定を行うこともある。科学者はそのようにして，酵素の反応速度や酵素活性に対する基質濃度の影響，そして，酵素がいくつかの反応を続けて起こすかどうかなどを調べることができる。

　単離した細胞の例と同じように，単離した分子を使って研究することに利点があるからといって，研究の目的がその分子が「普通の」状態でどのように振る舞うかを調べることだったら，試験管内で発見されたことが細胞内でも成り立つかどうか確認することを忘れてはいけない。試験管内では，どのような場合が典型的な場合なのかを確立することは困難である。このような，「イン・

ビトロ（*in vitro*）実験」訳注3 とか「試験管内実験」と呼ばれる実験の目的は，その分子がどんな反応を行い得るのかを試し，さまざまな条件の下で反応の可能性を試すことであることが多い．その分子がどのような反応を行えるのかがわかれば，その分子がもっと自然な状態に置かれたときの，さまざまな生理的条件下での機能について，さらに問いを発することができるようになるだろう．

　第 10 章で述べた，制限酵素を単離して研究した例について考えてみよう．科学者は，対象とする酵素が通常機能する細菌内の環境に研究を戻し，単離した分子を使って収集されたデータが，細胞の中にその分子があるときでも成り立つかどうか調べる場合もあるだろう．しかし前述したように，研究の目的は，自然状態でのモデルを作成することではない場合もある．制限酵素は DNA を切断するためのたいへん有用な道具であり，試験管内でその仕事をしてくれさえすれば十分であることが多い．その目的で DNA を扱っている科学者にとっては，ある制限酵素がある特定の細菌の中では違う活性を持っているかもしれないなどと考える必要はない．したがって，実験によっては，自然の状態でのモデルを作成するための実験とみなすのは適切でない場合もある．還元主義対照が必要かどうかは，どんな問いを発するかによって変わってくるものである．

訳注 3　「*in vitro*」は「試験管内で」という意味のラテン語で，「*in vivo*」（生体内で）とともに，生物学の研究でよく使われる用語である．

16

仮定対照
実験を組むときに入りこむ「仮定」に対する対照

　アスピリンで頭痛を緩和できるかどうか調べる研究について考えてみよう。そのような研究で一定量のアスピリンを被験者に与えたところ，アスピリンを飲んだ人たちは，「頭痛がすぐに軽減された」と報告した。しかし，偽薬を与えられた人たちでは，そのようなことはなかった。さらに別のグループで同じ実験を行ってみたところ，前と同じ結果になり，この実験結果の有効性が確認された。また，最初の2回の実験では被験者としての基準を満たしていなかったために実験から除外されていた人たちにアスピリンを与えてみたところ，これらの人たちでもアスピリンで頭痛が緩和されることがわかった。そうしたところで，ある人が現れた。この人は過去にアスピリンを使ったことがあり，アスピリンで頭痛が緩和された経験があったが，今また，さらにひどい頭痛を感じていた。この人は賢い人で，過去にちょっとした実験を試みたことがあり，ひどい頭痛のときにアスピリンを少し多めに使ってみたことがあった。そのときは特に悪い効果はなかったので，「ある量のアスピリンに良い効果があるのなら，もっと使えばもっと良くなるだろう」と考え，極端にひどい頭痛がしたときに，医者から言われた量の10倍のアスピリンを飲んだ。ところが，そのような量のアスピリンを飲むと胃出血を起こして死んでしまった。
　この人は，薬効が薬の量に比例するという間違った仮定をしたために死んでしまったのである。薬理学の分野では，良い薬効を持つ薬であっても，不適切

な使い方をすれば副作用があり，場合によっては命にかかわることがよく知られている。この単純な事実は，ある特定の系の，ある特定の条件の下でモデルが立てられているのに，それが他の系でも成り立つと仮定して，不適切なやり方で別の系に適用してしまうのには大きな問題があることを示す例となっている。「仮定対照」は，そのような間違った仮定を問題にできるようにする対照であり，仮定が正しいかどうかを実験的に確かめられるようにする対照である。

実験上の問いに仮定が含まれているとき，その仮定を除去できるようにする対照

　「カフェインは血圧を上昇させるか」という問いを思い出してみよう。この問いに答えるためにいくつかの実験がデザインされたが，その中のあるものは，被験者にカフェインを投与する際にコーヒーを使っていた。このやり方が仮定しているのは，コーヒーに含まれている他の物質がカフェインの効果を撹乱しないだろうということである。しかし，このような考えを仮定のままで置いておく必要はない。科学者は，実験に対照を加えておいたので，その仮定が本当に成り立つかどうかを調べることができた。この問題で使われているのは，以前説明した「X以外のすべて」のネガティブ対照である。科学者は，そのようなネガティブ対照としてカフェインを除去したコーヒーを使った。そのようなネガティブ対照を用いれば，被験者がカフェインを含むコーヒーを飲んだときは血圧が上昇し，カフェインを除去したコーヒーでは血圧が上昇しなかったら，カフェインが血圧上昇の原因物質であると合理的に判断することができる。しかし，科学者が使うことのできる仮定対照は，ここで述べた「X以外のすべて」のネガティブ対照だけではないし，もしそれだけを仮定対照にしたとしたら，それでは不十分である。今の例なら科学者は，コーヒーではなく，カフェインのみを与えたときの効果を調べ，それが血圧を上昇させるのに十分かどうかを決定しようとするだろう。

　なぜ最初からカフェインの効果を直接調べなかったのかと疑問に思う読者もいるかもしれない。しかし実験を行う際は，そのように直接的に調べることができない状況はよくあることである。例えば，純粋な試薬が極端に高額だったり，入手が難しかったりすることがよくある。カフェインの研究の場合なら，被験者がふだんの生活で飲んでいるようなカフェイン入りのコーヒーやデカフェ・コーヒーで研究を行えば，多数の人の調査を簡単に行えることになる。

特にこの例の場合，「X 以外のすべて」のネガティブ対照をコーヒーの含有物の対照として使っているので，この実験を行う人は，純粋な試薬を使わないことの欠点よりも，数万人を対象にした調査を行える利点のほうが遥かに勝っていると合理的に判断するだろう。このような理由付けはもっともだが，少なくとも少数の人々に対しては純粋なカフェインを使い，それを仮定対照として実験に加えるのは意味のあることである。それを行うことによって，さらに証拠を付け加えられることになるだろう。例えば 100 人に純粋なカフェインを飲ませたとき，カフェイン入りのコーヒーを飲んだ人と同じような反応が見られなかったとしたら，科学者はどんな結論を出すだろうか。もしそのような結果が得られたら，カフェインが血圧を上昇させるという結論は捨てざるを得ないだろう。一方，「純粋なカフェイン」のグループがカフェイン入りコーヒーのグループと同じ反応を示したら，科学者は前のデータを支持する重要な情報を得られたことになり，「X のみ」がこの効果をもたらすのに十分であることを実験的に証明できたことになる。

　純粋なカフェインだけ投与されたグループをただのポジティブ対照だと思う読者がいるかもしれないので，そうではないことを強調しておく必要があるだろう。ポジティブ対照というのは，測定システムが正しく動いているかどうかを確認するために使われるものであり，それは試験の対象となるものとは別のものによって行われなければならない。今の例では，カフェイン入りのコーヒーを投与する場合であっても，試験の対象となっている物質はカフェインである。研究の前には，科学者はカフェインに血圧を上昇させる効果があるかどうかを知らない。知らないからこそ，この問いが発せられたのである。したがって，カフェイン自体をポジティブ対照と考えることはできない。それはポジティブ対照とは違うものである。これは，仮定対照である。

不適切な演繹を避けるための仮定対照

　ある科学者が細胞内のシグナル伝達経路を研究しており，PI3K, Akt, mTOR, p70S6K というタンパク質が，順番にシグナルを伝達していることがこれまでに発見されていたとしよう[1]。すなわち，PI3K の活性があると Akt が活性化され，Akt が活性化されると mTOR が誘導される。そして，mTOR の活性は p70S6K がオンになるのに必要である。この経路は，PI3K/Akt/mTOR/p70S6K と表すことができる。

　次にこの科学者が，mTOR が活性化されるとタンパク質 X が活性化される

ことを発見したとしよう。mTORが関わるシグナル伝達経路の上流にはPI3KとAktが働いているので，この科学者は，その経路にタンパク質Xを付け加え，次のような経路を考えた。

　　PI3K/Akt/mTOR/タンパク質X

　これは論理的に見えるかもしれないが，この科学者は，PI3KやAktの活性化によってタンパク質Xが本当に活性化されるかどうかを調べることによって，この仮定が正しいことを実際に証明しなければならない。どうしてこのような仮定対照をとることが必要なのだろうか。もしこれが数式や論理的推論の演習問題なら，「AがBを誘導し，かつ，BがCを誘導するなら，AはCを誘導する」と言えるだろう。この推論は，数学的には完全に有効である。しかし，生物学は数学ではないので，「AがBを誘導し，かつ，BがCを誘導するが，AはCを誘導しない」ような例がたくさんあるのだ。一例を挙げれば，AがBを活性化すると同時に，Cの阻害物質を活性化する場合があり得る（**図16.1**）。したがって，Aがこの経路の開始点の場合，Bは活性化されるがCは活性化されない。しかし，Bがこれとは別の経路で活性化された場合では，BはCを活性化することになる。

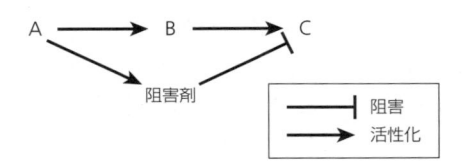

図16.1. 単純なシグナル伝達ネットワークのモデル。このネットワークでは，AがCを活性化する場合もあれば阻害する場合もあり，仮定対照の必要性を示す例となっている。

　生物学のいろいろな局面で仮定対照が必要になるのは，生物にはこのような複雑さがあるからである。シグナル伝達の「経路」は，直線的な経路ではない場合も多い。相互に調節したり逆方向に調節したりしている場合もしばしば見られるので，シグナル伝達はネットワークと考えたほうが適切である。その例

1　ここは，実際のタンパク質の例を挙げるのではなく，単純化して，「AはBを誘導し，それがCを誘導して，それがDに必要である」というような書き方をすることもできた。この例では，登場するタンパク質の詳細は，議論には特に必要ない。実際に存在するシグナル伝達経路の例を使ったのは，これらのタンパク質のことを知っている人にとっては，そのほうが話が明快になると考えたからである。

```
Ras ──→ Raf ──→ Mek ──→ Erk
 │       ┴
 ↓       │
PI3K ──→ Akt ──→ mTOR
```

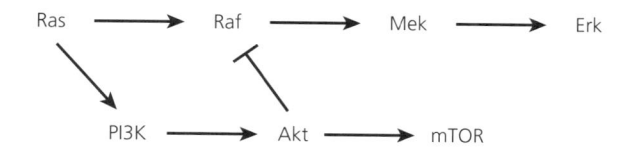

図 16.2. 骨格筋の RAS ネットワークの一部を構成するシグナル伝達経路の模式図。

として，図 16.2 に示したシグナル伝達の図を見てみよう。これは，骨格筋線維で細胞内シグナル伝達がどのように働いているかを示した図である。骨格筋では，他の組織とは違って阻害のステップがあり，Akt が Raf を阻害する。そのような阻害が起こると，Ras/Raf/Mek/Erk 経路が働いていても，Ras は Erk を活性化できなくなる。Ras は，骨格筋の Ras/Raf/Mek/Erk 経路を活性化すると共に，PI3K/Akt 経路も活性化し，それによって Raf が阻害されて Erk は不活性な状態になる。この種の相互調節の例を見れば，「仮定対照」がどうして細胞内シグナル伝達の実験にそれほど重要なのかがわかるだろう。もし科学者が，Ras が活性化されたことしか知らなかったら，Ras が活性化されているということは Erk も活性化されていると仮定してしまうのはごく自然なことである。しかし，仮定対照をとって調べていけば，骨格筋では Akt が Raf を阻害することを知ることができる。

実験の「舞台設定」が典型的なものかどうか決めるための仮定対照：結論に限界を設定することが必要な例としての組織特異性の問題

上の例は，普通の組織とは違って，骨格筋やいくつかの他の組織では Akt が Raf を阻害するというものだが，これは，別の種類の仮定対照が必要であることを示す例となっている。別の種類の仮定対照とは，広い意味で「実験の舞台設定」についての対照とみなすことができるものである。

細胞内シグナル伝達経路の研究を行っている場合は，ある細胞が他の細胞のことも代表できるような細胞かどうかが気にかかるものである。この概念については，研究対象の対照について述べた第 15 章で既に言及した。その章で強調したのは，その細胞が，同種の他の細胞のことも代表できるかどうかを決定しなければならないということだった。そこでのポイントは，その特定の細胞が，その種類の細胞の「代表的な場合」を象徴できる細胞かどうか知っておか

なければならないということである。しかし，この章で扱う問題はそれとは少し違っていて，ある細胞での結果が同じ細胞種のことを代表できるものだったとしても，それは，他の細胞種のことも代表できるものであるとは限らないということである。そしてそれが，問いの守備範囲に応じて，他の組織も調べなければならない理由である[2]。

これと同じ種類の，研究対象の問題や仮定の問題は，特定のグループの人々を対象にした研究について議論したときにも言及した。ある問いに答える際，実験のデザインで女性と男性を同じように扱えるか調べるために，男女を別々に調べることが必要になれば，それを仮定対照と呼ぶこともできる。たとえ性や人種に関係がなさそうに思われるカフェインのようなものの場合でも，それが白人の男性で血圧を上昇させることがわかったら，女性や，白人以外の人々でもそれが成り立つかどうか，有効性を確認する必要があるだろう。しかし，仮定対照を使うとおそらく，「代表的な場合」以上のものを確立することができる。それは，もっと根源的な問いに対する答えを出すために使われるのである。

1 どのような舞台設定があるときに，その効果は成り立つか。
 a. その効果を打ち消すような他の力は働いているか。
 b. その効果は，すべての場合に適用できるか。

2 その実験で使われた舞台設定は，問いで想定されている状況を正しく反映したものになっているか。

この2番目の問いは，前に議論したカフェインについての問いに答えるためにその代替物であるコーヒーを使った例に行き当たる。問いに確実に答えるために科学者は，実験のデザインにどんな仮定が加えられているかを考え，それらの仮定に対して対照を設定しなければならない。

---

2 ここでの問題は，研究に使っている例えば線維芽細胞のような細胞が，すべての細胞の「象徴」として扱われているかどうかである。初期の細胞培養の実験では，論文として発表されたほとんどの実験は特定の線維芽細胞株を用いて行われた実験だった。その理由は単に，その線維芽細胞株が広く出回っていて取り扱いが容易だったからである。その後，他の細胞種も研究されるようになって初めて，ある刺激に対してすべての細胞が同じように反応するわけではないし，すべての細胞が同じ細胞内シグナル伝達ネットワークを持っているわけでもないことが明らかになってきた。

仮定対照としての還元主義対照：被験者の選別の際に行われる還元主義的なモデル化

　生物学の研究では，複雑なシステムで起きていることをモデル化した「還元主義的な」システムを使うことがよく行われる。「還元主義」の問題は，「対象についての対照」を扱ったときに少し触れた。そこで還元主義の問題に触れたのは，モデルとして使っている系が複雑な系を「代表できる」かどうか決定し，その有効性を確かめる必要があることを強調するのが目的であった。研究においては普通，「代表的な場合」について研究しているかどうか確認することが必要だからである。しかし科学者は，仮定対照をデザインするときに，その還元主義的な実験系が本当に有効な実験系かどうかをもっと徹底的に確認しなければならなくなる。そのためには，たぶん，異なる種類の還元主義的モデルを調べ，実験系の有効化に役立ちそうな仮定対照を使うことを考えるのが有効だろう。

　まず，ヒトのグループを使って研究を行う実験系に戻ってみよう。この種の実験系では，研究に使われた人たちが他の人たちのことも「代表できる」かどうかは，まず単純に，実験グループのデータからつくられたモデルが，他の人たちのグループについても将来起こることを予測できるかどうか調べれば決定できる。前に述べたように，実験の繰り返しを適切に行うためには，繰り返し実験の被験者は，最初の実験の被験者と同じ基準に従って選ばなければならない。しかし，実験の繰り返しを適切に行い，その実験で使われたような被験者に適用したときはモデルが「正確」であることを確認した後，最初の実験系を超えて，最初に想定していなかった人々にまでそのモデルが成り立つかどうか知りたくなることがある。

　ヒトを使った研究の場合，科学者は，実験の対象に向かないため研究から除外されていたような人々に対しても，抗癌剤の効果がみられるかどうか知りたくなることがある。例えば，被験者に明らかに死がせまっている場合，薬に治療上の効果があったとしても病気の深刻さによってそれは覆い隠されてしまう可能性が高いので，そのような患者は薬の効果を調べる実験からは除外されることが多い。しかし，深刻度の低い患者に対して薬の効果が見られることがわかったら，より重篤な患者にも効果が見られるかどうかは，誰でも興味をひかれる問題であろう。多くの人々は，より重篤な患者に薬を投与しても「何も失うものはない」と考え，そして既に薬に効果があることがわかっていることが，進行した症例に対してその薬を試すための論理的で合理的な根拠となり得ると考えるかもしれない。しかし，いきなりそのようなアプローチの仕方をす

ると，良いことよりも悪いことのほうが多く，既に末期になっている患者を死に追いやることになってしまう可能性もある。ここで重要な点は，進行した癌患者は，患者が癌に対してどのように反応するかという点でも，腫瘍それ自体がどのように働いているかという点でも，初期段階の癌患者とは多くの違いがあるということである。癌の進行度によるこれらの違いは，「特定のステージの癌患者が別のステージの癌患者のことも代表できるか」という問題として捉えることができる。ここでは，科学者は，様々な状態の研究対象がどのように違うのかを調べようとしており，また，モデルを適用する際にそれらの違いを考慮する必要があるかどうか調べようとしている。したがって，この例で必要とされる仮定対照は，末期癌の患者たちのグループである。そのようなグループを含めた研究を行うことによって，ある薬が初期段階の癌に対して効果があったとき，その薬が末期癌にも効くと言えるかどうかを実証的に調べることができるようになるだろう。

仮定のジレンマの例としての薬剤の投与量の問題

この問題に別の角度からアプローチするために，この章の最初の例をもう一度検討してみよう。それは，頭痛を軽減する作用がアスピリンにあるかどうか決定しようとする話だった。そこではアスピリンを適量飲んだときに効果があった患者が，それを飲み過ぎて死んでしまった例を挙げた。これは，ある条件で得られたデータをまだ試していない別の条件に適用することに，いかに問題があるかを例示したものだった。

このアスピリンの例は，仮定対照の実験を行おうとする際の問題点を浮き彫りにしてくれる。薬剤の投与量は，ある実験を行う際に変えることのできるたくさんの変数のうちのひとつに過ぎない。ある研究の結果を別の条件に適用するために，最初の実験で設定された仮定自体を問題にするような新しい研究を行おうとするときは，モデルが他の条件でも成り立つかどうかを調べるために，文字通り，その実験系を組むときに行ったすべての「単純化」を改めて問い直さなければならなくなる。科学者は「単純化」によって，特定の条件だけで研究を行えば済むようにできた。しかし，その際に設定された仮定を問題にするような研究を行う際は，皮肉なことに，「単純化」の利点を全て失ってしまうことになる。

仮定が問題になる例としては，「薬の相互作用」の問題も挙げることができる。薬Aが癌の治療に効果があり，薬Bも効果があったとしても，薬Aと薬

Bを同時に使った場合，それぞれを単独で使ったときのような効果が出ない場合がある。このような例は，「2つのことが個別に良い結果をもたらす場合，一緒に使っても良い結果をもたらす」とか，あるいはもっと一般的に，「何かが条件Xの下で真なら，条件Yの下でも真である」と仮定することに，いかに問題があるかを示すものである。そのような仮定は，成り立たないことがしばしばある。薬の相互作用の例では，他の薬を使っているときにも薬Aが効くかどうかを前もって知るのは非常に困難である。なぜなら，薬を試験する際は，変数が増えて結果が複雑になるのを避けるために，他の薬を与えない状態で試験されるのが普通だからである。研究から他の薬を除外するのは有効な実験デザインだが，それだけでは医者は，新しく認可された薬を以前の処置法と組み合わせて使っても良いのかわからない状態になってしまう。科学者も医者も，実験せずに「薬を混ぜて使うことができる」と仮定するのがいかに愚かなことかわかっているので，その薬を他の薬と混ぜて使っても効くかどうかについては，新たに研究が行われることになる。

ある発見Xがあったとき，それが成り立つかどうかに影響を与える潜在的な変数をすべてリストアップするのは，明らかに非常に困難である。したがって，発見Xが成り立つかどうかをどんな条件についてさらに調べればよいかについて，便利な処方箋を書くことはできない。しかし，発見Xに影響を与えて，Xを成り立たなくさせる関連変数Yがどこにあるかを見つける方法についてなら，処方箋を提供することができる。すなわち，実験を続けることによってアスピリンが痛みを軽減させることの「有効性を確認」できたが，いくつかの条件のときにそれが有効でないことが発見されたら，その新しい条件を基礎にしてさらに実験を行い，アスピリンの機能を妨げる条件が何であるかを見つけるきっかけにすることができる。したがって，未来を予測できるモデルは正しいという原則に頼り続けることが可能で，もし特定の条件下でモデルが未来の予測に失敗するなら，その条件を検討することによって科学者は，不適切な仮定がどこでなされていたかを調べることができるだろう。

モデル動物と，そのモデルで得られた結果をヒトと関係づけるための仮定対照

次に，マウスやラット（あるいはヒト以外のありとあらゆる動物）をヒトの「モデル系」として研究に使う実験系について考えてみよう。なぜこのような議論をするのかと疑問に思う人もいるかもしれない。どうして単純に，ある撹

乱に対してマウスがどのように反応するかを調べるためにマウスを使うことはできないのだろうか。確かにそのような研究を行うことはまったく可能で，完全に有効なことであるが，その場合，この章で議論するような「仮定」の問題は何もなくなってしまう。撹乱 Q をマウスに与えたときの影響をマウスで調べる研究は，ある処理をヒトに行ったときに，それが及ぼす影響をヒトで調べる研究と完全に同等である。この場合，実験に使ったマウスが，マウス一般を代表できるものかどうかということが問題になるだけで，この研究にはそれ以上のレベルの複雑さはない。しかし，ヒトの研究を行うための予備的なものとしてマウスで研究が始められたとしたら，マウスがヒトの研究のための正当な「試験系」であることを確認するための仮定対照を設定しなければいけなくなる。

　齧歯類とヒトとで実質的に違う働きをしているタンパク質の例は枚挙にいとまがない。細胞から分泌され，他の細胞に生理的作用を及ぼすタンパク質で「インターロイキン」と総称されるものがあるが，これらは種によってアミノ酸配列が大きく異なっており，ヒトのインターロイキンは，ラットやマウスの対応する受容体を活性化することができない。そのうえ，このグループの分子では，種間で機能が異なっていることを示す証拠が少なくともいくつか存在する。また，GTP 結合タンパク質と共役した受容体の中には，マウスにはあるがヒトにはないものや，その逆のものがある。さらに両者のどちらにも存在する受容体の中には，両者で異なる機能を持っているものもある。種間での違いが見られる例をさらに挙げれば，動物が分泌して交尾相手を引き寄せるのに使っている「フェロモン系」がヒトにもあるのかどうかについては，いまだに議論が続けられている。したがって，マウスの系で研究したことをそのままヒトに適用すれば，その有効性に疑問が抱かれるのは明らかである。

　このような反対意見に対して取るべき対応は単純である。すなわち，有効かどうかを実験的に確かめればよい。マウスを実験上のモデルとして使うことには大きな利点がある。それは，ヒトでは行えない研究がマウスでは行えることである。例えば，マウスを使えば 24 か月で一生の全期間を調べることができる。したがって，ヒトを使ったときよりも短い期間で比較的「長期的な」研究を行うことができる。そのうえマウスは小さく，遺伝的に純系の株を使うことができ，そして飼育条件を厳密に制御できるので，科学者は厳密に制御した実験条件の下で高度に均一な多数の個体群を詳細に調べることができる。ヒトを研究するよりも齧歯類の系を使って研究したほうがずっと速く研究を進められるのは，このような理由があるからである。そして，マウスで進展した研究の成果がヒトの理解に結びつくかどうかは，あとから調べられることになる。例えば 2 年間の研究の結果，マウスのほとんどの受容体はその機能を阻害して

も固形腫瘍に影響を及ぼすことがないが，ある特定の受容体の機能を阻害すると固形腫瘍が治癒することがわかったとしよう。そうすれば，その癌治療の標的についてヒトで研究を行うことによって，そのような情報がないときよりもずっと効率的に研究を行えることになるだろう。

もちろん，「マウスを使って研究してもヒトで起きていることを直ちに予測することができないのなら，齧歯類で前もって研究を行うのは単なる気晴らしに過ぎず，実際のところ，逆にヒトの病気の理解が進むのを遅らせているのではないか」と言って，マウスを使った研究に反対する人もいるかもしれない。しかし，これまでこのようなアプローチの仕方で十分な成功が収められているので，少なくとも，人々のためになっていると言うことはできる。そして，ヒトを直接研究しないことによる損失についてだが，前にも述べたように，そもそもヒトで基本的なレベルでの実験を行い，齧歯類で得られるようなデータを得ることは不可能なのである。したがって，動物の系で研究を試みても，実際のところ失われることは何もない。ここで重要なのは，マウスでわかったことがヒトでも成り立つと「仮定する」必要はまったくないということである。そのような仮定をするのではなく，科学者は，後からヒトで試すことによって，それがヒトでも成り立つかどうかを後から確認すればよいのである。

単離した細胞でわかったことが生物個体でも成り立つかどうか確認するための仮定対照

第15章で述べたように，還元主義者が行う単純化のさらなるステップは，実験生物から完全に離れて，単離した細胞を使って研究することである。細胞を使って研究することの利点は，ヒトの細胞だけでなく，マウスやラット，その他のどんな種類の動物の細胞であっても研究に用いることができ，それらを細胞のレベルで相互に比較することによって，さまざまな動物細胞について，それらがお互いの代替物として研究に使うことができるかどうか，そして，それができるとしたら，それはどのような条件の時かを確認できることである。例えば，マウスの細胞でのインターロイキンによるシグナル伝達が，ヒトの細胞の特定のインターロイキンとインターロイキン受容体によるシグナル伝達と同じように起こるかどうかを，細胞を使って調べることができる。前に説明したように，これらのシグナル伝達系は，ヒトとマウスの間ではそれほど保存されていない。そのため，両者を簡単に直接比較できる方法があれば好都合である。細胞とインターロイキン分子が使えれば，科学者はそれを行うことができ

る。したがって前の章で述べたように，相同タンパク質の種間での相互反応性を調べるような実験を行う際は，細胞株を利用して「仮定対照の実験」を行うことが可能である。

　マウスや酵母の系がそれ自体でどのように機能しているかを調べるときと同様に，培養細胞を使った研究の目的が，単離された細胞自体がどのように機能しているかを調べることなら，仮定対照をわざわざ設定しなくても培養細胞を使った実験は正当化することができる。そのような知見は明らかにそれ自体有用であり，また，単離された細胞の機能をそれらが個体の中にあるときの機能と比較するためにも，そのような研究は必須である。もし細胞が個体内にあるときに結果が変化するのなら，それは，細胞自律的な制御機構と，他の細胞からの影響や循環性の増殖因子の影響との関係を知る手がかりを与えるものになるだろう。

　細胞の基本的な機能については，単離された細胞でも体の中に細胞があるときと同じように働いていることは確かであり，それを実証することもできる。ここで言う「細胞の基本的な機能」とは，細胞分裂の機構，ミトコンドリアの維持機構，タンパク質の合成と分解の機構，タンパク質の分泌機構，脂肪酸の代謝機構，細胞の移動や形態変化の機構などである。違うのは，他の種類の細胞と接触したり，血液系によって供給されるホルモンで刺激されたりすることによって，細胞の機能が撹乱されることである。このような複雑な相互作用は，単離された細胞で研究を行う場合は失われてしまう。したがって，生物個体に対するモデルとして培養細胞を使うことに限界があるのは明らかであり，その限界は，単離細胞での実験で構築したモデルを使い，生物個体の細胞について問いを発することによって確認することができる。

　単離した細胞を使った研究が有効であり，同時に，潜在的に限界があることを示す例としては，薬剤に対する感受性を調べる研究が挙げられる。培養した細菌を使って，抗菌薬に対する感受性や抵抗性を調べることができ，そこからは非常に信頼性の高いデータを得ることができる。単離された細菌株を殺すことのできる抗菌薬は，ほとんどすべての場合，患者の中にいる細菌に対しても同様の作用を持っている。しかしそれに対して，身体から取り出した癌細胞に対して化学療法剤を作用させた研究は，もっと信頼度が低いのが普通である。ここでの問題は，癌細胞を細胞培養の条件に置くと，その性質が遺伝的に変化してしまう可能性があることである。また，培養状態の腫瘍細胞には薬剤を容易に作用させられるが，体の中に腫瘍がある場合，そのすべての細胞に薬剤を作用させるのは非常に困難である。さらに，腫瘍は遺伝的に多様な細胞から構成されていることがあるので，それらを「代表する」細胞は何かという問題がある。殺すことのできる培養細胞が，腫瘍の中のすべての細胞を代表するもの

であるとは限らないのである。

　ここで科学者は，培養細胞から得たデータで構築されたモデルを生物個体に適用し，未来を正しく予測できるかどうか試すことによって，組織培養の系を使った研究の利点と限界を知ることができる。その過程では，仮定対照が設定される。あるときは「寒天培地上のある細菌を殺す抗菌薬は，身体の中のその細菌も殺すだろうか」という問いを発し，またあるときは「培養された癌細胞を殺す薬剤は，動物の中の腫瘍も治癒させることができるだろうか」という問いを発することになるだろう。

単離した分子でわかったことが細胞内でも成り立つかどうか確認するための仮定対照

　科学者が，細胞からある分子を取り出して，単離された状態でその分子の研究を行った場合はどうだろうか。この場合も，答えは問いの内容に依存する。もしその科学者が，単にその分子の構造を研究したり，単離された分子がどのように振る舞うかを研究したりするだけなら，仮定対照を付け加える必要はない。しかし，細胞内でその分子がどのように振る舞うかを理解するために実験を行うのなら，単離した分子で得られたデータが，細胞内でのその分子の振る舞いと関係するデータであることを科学者は証明しなければならない。

　タンパク質の構造に関する研究は，ほとんどの場合，単離した単独のタンパク質を用いて行われるが，他の物質との複合体としてタンパク質が結晶化されることもある。それに加えて，「活性のある」状態と「不活性な」状態でタンパク質の構造を決定できることもある。このような複雑な研究によって，タンパク質は，それが置かれた条件によって形を変える場合があることがわかっている。「活性化された」タンパク質は，「不活性な」タンパク質とは構造的に大きく異なっている場合があるのである。このような発見は，実験に使われている条件が，調べたい内容と実際に関わりがあることを証明することが必要であることを示している。例えば，酵素の活性部位に入ってその機能を阻害する薬剤を開発する研究をしているのなら，その酵素の構造を活性型のコンフォメーションで結晶化して研究する必要がある。また，そのコンフォメーションの酵素に結合する薬剤を見つけられたら，酵素が細胞内にあるときでもその薬剤が酵素に結合できるかどうか調べなければならない。細胞内では，その酵素には他のタンパク質が結合していて，薬剤の標的となる部分が隠されている可能性もあるからである。

ところで，ここで，「モデルが還元主義的であればあるほど，仮定対照を設定する必要性が増す」というようなことはないことに注意しておいてほしい。モデルは，ヒトについて構築されることもあれば，単離された分子について構築されることもあるだろう。しかし，何についてのモデルであろうとも，仮定対照は，発せられた問いにきちんと対応するモデルを構築できるようにするために設定するものである。

実験上のモデルが科学者の思った通りに働いているという「メタ」仮定に対する対照

　ここで，もうひとつの仮定対照について言及しておかなければならない。これは，研究室で行われている毎日の科学では最も設定されることの少ない対照だが，最も重要な対照のひとつと言えるものである。この対照によって，科学上のプログラムが成功するか失敗するかが分かれる場合もある。この対照を設定することによって，不適切な実験デザインで得られた人為的な結果を論文として発表してしまうのを避けることができる。その対照とは，次のようなものである。すなわち，科学者は，「実験上のモデルの有効性を，そのモデルを構築するのに使った方法とは完全に違う方法で確認しなければならない」ということである。

　複数の違うやり方で問いを発し，同じ答えを得ることを科学者に要求することは，最初の方法が正しく機能したという仮定に対する対照となるものである。別の言い方をすれば，まったく違う2つの方法が同じ人為的な間違い（アーティファクト）を生じさせる可能性はきわめて低いということである。

　この問題については「実験の繰り返し」について述べた章でも触れたが，このような対照は，実際のところ仮定対照である。異なる種類の試薬を使うときでも，異なる実験者に実験させるときでも，異なる種類の実験装置を使うときでも，ある事を複数のやり方で行うことは，結論を出すときにすべての科学者が行う根源的な仮定の対照となるものである。その仮定とは，「その実験系で得られたデータは，有効性が確認されている」という仮定である。

17

実験者対照
客観性の確立

　科学者が，自分たちのことを「対照を設定しなければいけない変数のひとつだ」と言われたら不愉快に思うかもしれない。しかし，そのとおりなのだ。科学者は，実験系から離れて存在しているわけではない。ロバート・ノージック[1]は，何が「客観的真実」を構成するかリストアップした中で，「真実は異なる角度からアクセスできなければならず（複数のやり方で観察されなければならない），相互主観的でなければならない（複数の人によって観察できなければならない），そして，独立でなければならない（p が独立な真実なら，それは観察者の信念，希望，夢，欲求などから真に独立である）」と記した。この章では，相互主観性（intersubjectivity）と独立性（independence）についてもう少し述べておこう。

　この本で「相互主観性」と言うとき，それは，複数の観察者が何かを真実であると証言すればそれで相互主観性が成立するという意味ではない。例えば，「地球は平らだ」とか，「黒は白い」とか言う人を何十人か見つけるのは，簡単にできるだろう。しかし相互主観性は，「客観性」の概念に基づくものである。

1　*Invariances, the Structure of the Objective World*（不変性：客観的世界の構造），by Robert Nozick, 2001. Belknap Press of Harvard University Press, Cambridge, Massachusetts（ISBN 0-674-00631-3）。

人は，特定のある決まったことを言うように要求されたり，2+2=5だとか言わねばならないような「必要性」にとらわれたりすることがあるが，そのようなものから自由になって，2+2=4であることを見いだすときのような客観性が，相互主観性には必要である。太陽が昇り，それを見られる者全員がそれを認識したときや，リンゴを落とした誰もがそれが地面に向かって落ちることを見ることが，相互主観性である。リンゴの例では，観察者がリンゴに対して何も付け加えなくても，リンゴに力が作用する。重力がリンゴを引っぱり落とすのには，本質的に観察者の「助け」や「信念」は必要としない。これが，「客観的な事実」が意味することである。それは本質的な性質であり，外から付け加えたものや信念から離れたものである。この本で繰り返し記したように，何かが客観的に「真」であることは，その事実についてのモデルの有効性を実験的に確かめることによって確認することが可能である（モデルとは，未来に起こることを表現したものである）。

　それでは，ある事が真であることを，たった1人しか確認できなかったとしたら，それは「真」ではあり得ないのだろうか。ニュートンが「慣性の法則」を最初に定義した際，他の人が検証するまでこの法則は真実ではなかったのだろうか。明らかに，そうではない。何かが真実であるためには，誰かがそれを真実であると認識したり信じたりすることが必要であるはずはない（人類が地球を焼き尽くしたとしても，その後も宇宙は存在する）[2]。ここで言おうとしているのは，客観的に観察される現象では，その現象は複数の報告者によって観察できなければならないということである。それが，相互主観性という言葉の意味することである。しかし，読者は，これではまだ納得できないかもしれない。結局のところ，何百万人もの人々が見ている前で何かが起こったにもかかわらず，それを認識する術を持っているのがたった1人だけで，その1人だけがそれを観察できたということも理論的にはあり得るのだ。この例の難しいところは，「認識法」である。ここで定義した相互主観性の要求は，ある人が客観的に観察できる立場にある場合は，その人はその出来事を観察できなければならないということである。観察する術を持たない人は，当然その出来事を観察することはできない。この例のように，ある出来事を観察するのにたった1人しか持っていないような何か「特別な認識法」が必要とされるなら，他の人々はその出来事が起きたことを確認することも否定することもでき

2　読者は，これは検証可能な言説ではないと言うかもしれない。それは真ではない。「地球が焼き尽くされた後も宇宙は存在し続けるか」という問いを発することもできるし，この問いに答えるための実験をデザインすることも可能である。ただし，その実験は，たった1回しか実行できないが。

ない。したがって相互主観性の必要性は，その事が起きたことを「否定」するためには使うことができない。これはそのとおりで，認識する術がなければ，その出来事を観察したという報告が正しいかどうかを確認することができない。例えば，望遠鏡を使うことができるのがたった1人だけだったとしたらどうだろうか。その人は，他の人の見ることのできない天体を観察するための「特別な認識法」を持っている。相互主観性の要求は，他の人も望遠鏡を使って観察することを許されたとしたら，彼らも天体について報告することができるということである。これでも読者が満足できないなら，この本で定義した科学上のプログラムの要点は，現実がどのように動いているかについてのモデルを構築することであり，そしてそのモデルでは未来に何が起こるかが表現されていたことを思い出してほしい。もし現実についてのある人の報告が，他の誰の報告とも一致しなければ，その人は，他の人にとっても有効性があるようなモデルを構築することはできない。

客観性の確立

　ここで述べようとしているのは，客観的な観察を行い，偏りや誤った解釈が起こる可能性を減らすのに必要な手立てを確立することについてである。ここで，観察やデータ解釈を客観的に行うことができる可能性を高めるために，実験者が行わなければならないことを挙げてみよう。「客観的な測定」を行うことの目的は，「客観的な真実」を確立することとみなすことができる。そのためには，発見を「独立」なものにするために努力が払われる。独立であるということは，その発見が成り立つためには特定の信念や主観的な判断は必要ないということである。その区別は，絵画が存在すること（証明可能な客観的な事実である）とその絵画が美しいかどうか（主観的な判断で，それを行うためには，観察者が何らかのものを持ち込む必要がある）を決めることの違いを確立するようなものである。

開放型の問いを，科学者が特定の答えを出そうとすることに対する対照として用いる

　この本では，開放型の問いを設定し，それをフレームワークとして用いるこ

とを繰り返し推奨してきたが，それは主に，特定の結果を得ようとする主観的な必要性から科学者を遠ざけるためであった。前に指摘したように，実験のフレームワークを開放型の問いにすれば，どんなものでも答えとみなせるようになる。そして，その答えが，証明された客観的な事実としての役割を果たすことになる。ただし，そのような役割を果たせるのは，その答えが現実を表現したモデルの形で提示され，未来の結果を正確に予測することでその正しさが実験的に証明された場合だけである。「実験的に証明された」とは，その実験をもう一度行ったときに，そのモデルが，未来に何が起こるかを正確に予測できるという意味である。

　実験のフレームワークを問いの形で設定することを科学者に強制することは，実験結果について無知の状態であることを，科学者に強調することになる。実験者に，自分が十分な知識のない状態で実験を行っていることを自覚させておくことは重要である。それによって，その物事についてのいかなる直感も推測も，データによって支持されたものではないことを意識することができる。そのうえ，客観的な事実から論理的に導き出された説でさえ，有効性が確認されるまでは客観的な真実としての基準は満たせないことになる。このようにして，最も聡明な説でさえ，証拠が集められて，さまざまな角度からたくさんの人々によって偏りや信念からは独立な形で——要するに客観的な視点に立って——評価され，真であると証明されるまでは，「未証明」というレッテルを貼られることになる。そして，それは適切なことである。

　自分のことを聡明だと思っている科学者は，「そのようなやり方に従わなければならないとしたら，それは，『あることについて，実験で証明するより先に，直感で正確に真実を知ることができた』という賞賛を我々から奪うものだ」と言って反対するかもしれない。しかし，そのような人は，そのような名声と栄光を得るためには，そのアイディアが「真」であることを実際に証明しなければならないことを認識するべきである。実験者としては，このような立場をとることは不利である。データに基礎を置かない理論がすべての点で真であると証明される可能性は，実際のところ相当低い。これは，単純な数学的事実である[3]。

　実験的に証明することのできない理論が立てられたときはどうだろうか。仮に，その理論は今までに立てられた中で最も聡明なもので，これまでに起きたすべてのことを説明できるとしよう。しかし，その理論では未来の出来事を予測するような実験系を組むことが不可能なため，理論の有効性を確認できない

---

[3] また，難問に対する答えを出すのに成功した科学者が，名声と栄光を得られないという理由はない。実際，それはきわめて頻繁に起きていることである。

ようなものだったらどうなるだろうか。そのような理論はおそらく，「実験科学」を行うための処方箋を提供するというこの本の守備範囲を超えているだろう。前に述べたように，事実と空想物語とを区別するのは，未来の出来事を正確に表現する能力があるかどうかであり，あるモデルが未来の出来事をうまく表現しているかどうかは，客観的にその有効性を確認できるような形で判断できなければならない。したがって，そのような理論は，客観的な「事実」や「現実」とはみなせないと言わざるを得ない。ここで，こんな理論を考えてみよう。我々はすべてコンピューター・シミュレーションの世界の中で活動している。その世界は注意欠陥障害を持つ子供によって発明された世界であり，矛盾する出来事がランダムに起こるのは，その子供が細かいことを気にしないためである。しかし，シミュレーションの際の基本構造によって，その子供は，重力などの基本的な「法則」については従わなければならないようになっている。このような理論は，これまで起きたことやこれから起きることのすべてについて一応の説明を提供していると言える。しかしこれは，今まで述べてきたいかなる基準によっても有効性を確認できない理論なので「真ではない」，あるいは「検証できる形で真ではない」と判断される。したがって，この理論は空想物語と区別することができない。

問いを仮説と対置する形で定式化することを「対照」と呼ぶことは正当だろうか。仮説は，何が「受け入れられ」，「ポジティブ」とみなせるかの濾過装置として働く可能性があるが，問いと仮説が同時に存在すれば，これら2つが違う形式を持っていることが，仮説がそのような濾過装置にならないようにするための対照として働くと言えるだろう。仮説を用いたときはそのような濾過装置が働き，問いを用いたときにはそのようなことがないなら，問いは，他の種類の「対照」と同じように機能することになる。それは科学者に，実験系がうまく働いているかどうかを示してくれることになるだろう。

仮説を使うことが提唱されたのは，帰納的推論を避け，検証という難しい問題や，過去の出来事によって未来を合理的に予測できると主張するのを避けるためだった。しかし，仮説のこのような「利点」は，実験科学で現実に行われていることとは矛盾している。経験主義的な科学者の誰もが行っているのは，結果を見て，それを使ってものごとがどのように動いているかを理解し，それが未来にどのように動くかを理解しようとすることである。これが，帰納的推論のプロセスである。もし，あることが再び前と同じように振る舞うということを推論の根拠にできないのなら，意味のあるモデルを組むことはできない。科学と技術の歴史は，蓄積された知識の上に新しいものを打ち立ててきた人々の物語である。ポパー[4]は，未来に物事がどのように動くかを予測するものとしての実験プログラムを明確に否定しており，このことは，批判的合理主義者

のフレームワークを実験科学者が使うことを，きわめて皮肉なものにしている。仮説を立てることがこれまで常に称揚されてきた理由は，おそらく，単に批判的合理主義をその主張どおりに実践する人がほとんどいなかったからである。科学者が研究を行う際は，批判的合理主義に従って仮説の否定を目指すようなことはしておらず，モデルが正しいことを検証しようとしているのは明白である。科学の現場にある程度の期間いると，批判的合理主義に則って研究を行わなければならないと感じている人々は，実験を終えて実験結果を集めてから仮説を構築しているという印象を受ける。彼らは仮説を立てなければいけないと思っているから，とりあえず仮説を立てているだけのようである。そして，データが出る前に仮説を立てると，ほとんど必ずその仮説は否定されてしまうことがわかっているから，データが出てから仮説を立てる習慣になっているようである。もしこの印象が正しければ，現場にいる科学者は不毛な状態で仕事を行っていることになる。科学の最も基本的なステップは，実験のための明確で有用なフレームワークを確立することだが，科学者は，そこで「言葉遊び」のようなことをしなければならなくなるような立場に身を置くべきではない。

　モデルが現実あるいは「客観的な真実」を表したものになっているかどうかは，実験的に確認する必要がある。一方で，仮説の場合は，事実の陳述という形をとり，後からそれが正しいかどうか確認する必要があるので，科学者は，データがない状態で発せられた陳述を後から真であると証明しようとする危うい立場に置かれることになる。このようなことは，問いの形で実験のフレームワークを設定することを正当化する根拠となる。それに加え，多くの哲学者がこれまで指摘してきたように，仮説を立てるためにもそれ以前の知識の蓄積が必要であり，また，仮説が正しいことの検証に何度も「成功」すれば，その仮説はより確固たるものになっていくのだから[5]，帰納を無効化しようとしたポパーの試みは，単純に失敗に終わっているのだ。

4　カール・ポパー。第 1 章で，著書を紹介した。

5　この点については，この章の最初の脚注に記した Nozick の 2001 年の本で指摘されている。ちなみに，彼はこの本の中でポパーのことを「支離滅裂」と評しているが，それと同じ段落でこのことを指摘している。

評価の基準を前もって確立しておく

　データを特定の方法で解釈する必要性が生じないようにするためには，実験前に評価基準を確立しておくのがひとつのやり方である．例えば問いが，「カフェインは血圧を上昇させるか」だったら，科学者はまず，「何を上昇とみなすか」を決めておかなければならない．血圧が 110/170 から 110/171 になった場合，試料数からいってこの変化が統計的に有意と判断されるなら，問いの答えは「イエス」になるのだろうか．このような問題を実験の前に決めておけば，自分が好ましいと思っている理論が危機に瀕しているからといって，データを集めたあとでその評価の仕方を変更する必要はなくなる．前に述べた「炎症」の研究も，この問題の良い例である．何を炎症とみなすかには複数の判断基準がある．したがって，「炎症」という言葉は，その実験の文脈の中で定義しておかなければならない．測定のためのシステムも，「炎症」を遡及して定義し直さなければならなくなるのを避けられるように設定しなければならない．

　問いを使うことが対照として働くのと同じように，前もって判断基準を設定しておくことは実験者対照とみなすことができる．もし，判断基準をデータに合わせて変えることができるようだったら，明らかに，前もって標準を設定しておくことが必要である．

盲検法

　第 15 章で研究対象に関する対照について述べたが，そこで，研究対象が，実験デザインの中での自身の位置づけについて盲目の状態になるようにしておけば，研究対象が自身の位置づけから影響を受けることは避けられるということを説明した．「二重盲検法」は，科学者も研究対象の位置づけについて無知な状態になるようにして行われるが，これは，科学者側にある潜在的な偏りを避けるための方法である（これについても，前に説明した）．例えば科学者が，「薬剤 J は，細胞の大きさに対してどのような効果があるか」という問いに答えようとしている場合を考えてみよう．この問いに答えるために科学者は，実験補助者に細胞を培養させた．実験補助者は 2 枚のシャーレに入れた細胞を，「X 以外のすべて」のネガティブ対照として，薬剤 J を溶かすのに使った緩衝液で処理し，残りのシャーレの細胞には，いろいろな濃度の薬剤 J を投与し

た。実験補助者は，どのシャーレが薬剤で処理されており，どのシャーレがネガティブ対照か科学者にわからなくするために，それぞれのシャーレに暗号名を付けた。実験の後，細胞の大きさを分析する装置に細胞を入れ，それぞれのシャーレの細胞について，大きさの範囲を決定した。こうして科学者は，どのシャーレがどの処理を受けたのかを知る前に，各シャーレの細胞に大きさの違いがあるかどうかを決定した。データが決まり，結果がまとめられた後，実験補助者は科学者に暗号表を渡した。それによって，科学者は，薬剤Jによる処理で細胞の大きさが変わったかどうかを知ることができた。

異なる評価者

　最初の実験とは違う試薬や測定システムを使って実験を行うと，ある効果が（その実験系が生み出した「人工的な」結果ではなく）本当にあるのかを確かめることができる。それと同じように，2人目や3人目の科学者も加えてデータの評価を行うようにすれば，1人の科学者が評価した際にその人特有の評価の仕方が加わっていたとしても，その対照となって偏りを正すことができるようになるだろう。2人目や3人目の科学者を加えることは，ある効果に対して複数の人々が客観的な観察を行おうとする「相互主観性」のシステムを確立するのにも役立つ。

　教育研究機関では，1人の大学院生か博士研究員に1つの実験プロジェクトをあてがって研究を行わせることがよく行われている。そのようなことが行われるのは，訓練期間中の科学者は，プロジェクトのすべてのステップを確実に学べるように，研究を一通り自分で行うべきだという考え方からである。それに加えて，指導教員が博士課程の大学院生を扱うときは，できるだけ学位論文の基礎となるような仕事をさせたいと考えるものである。もし2人の大学院生が一緒に仕事をしていたら，ほとんどの場合，1人の学生がもう1人の学生よりもたくさん仕事を行い，仕事をあまり進められなかったほうの学生は，そのプロジェクトにあまり貢献しなかったという印象が生じてしまうことになる。

　これらはもっともなところもあるが，実験プログラムについて，1人の人が実験のデザインから結果の評価まですべてのステップを行うのは，潜在的な危うさがつきまとう。実験デザインの一部としての自分を「盲目」の立場に置くなどして，偏りが生じないようにたいへんな注意を払ったとしても，プロジェクトの最後には，その人の観察を他の科学者が再確認することは，観察や報告

の方法にその人特有のやり方が紛れ込むのを防ぐための対照として必要である。また，これは，モデルの「相互主観性」を確立するためにも必要である。

2人だけでは，1人のときと同じように偏ったやり方をしてしまうのではないかと思う人もいるかもしれない。しかし，それは誤りである。特定の偏りが避けられないとしても，2人の人が同じ偏りを持つ確率は，その偏りが誰もが普遍的に持っているものでない限り，1人だけのときよりも必ず低くなる。

したがって，プロジェクトは複数の人で遂行することを強く推奨する。そして，それらの人は，チームを組んで一緒に仕事を行ったほうがよい。もし複数の人が1つのプロジェクトの違う局面を扱っていれば，各人がお互いの方法の「監査役」として働くことになり，疑問や問題が生じてもそれを解決できるようになるだろう。

研究室主宰者も，研究室で進められている実験プロジェクトに密接に関わっていなければならない。研究室で働いている人にとっても，研究室主宰者にとっても，そのゴールは論文として出版できる結果を出すことかもしれないが，研究室主宰者にとっては，研究室で行われている研究の信頼性を維持することも最も大切なゴールと考えるべきである。実験的に誤ったデータを出版するなどのどんな失策も，研究室主宰者の立場を危うくすることになる。それによって，実験データを何人かで客観的に観察するようにするなどの対策がとられ，研究室主宰者が実験プログラムをよく精査し直すきっかけになるのならば，そのような脅威は健康的なものである。もちろん，研究室の主宰者が結果の解釈に偏りを持たせた当事者だったという有名な例もあり，そのような場合は，研究室のメンバーが「対照」として機能し得ると主張するのは困難である。たぶん，このような出来事が起こらないようにするための「対照」になるのは，「客観的真実」と主張されていることが本当に真実なのかどうか，研究室外でも確認してもらうことだろう。これについてはさらに議論するが，ここでは，次のことを指摘しておきたい。実験科学の世界では，ほとんど常に，実験結果はそれを出した人々とは独立な人々によって正しいかどうか精査される。科学者チームがこのことを意識していれば，そのような精査を生き残れるようなモデルを構築しようとするだろうから，できる限りその人々特有の偏りは加えないようにすることになるだろう。

客観的な評価者としてのコンピューター

「独立」かつ「客観的」にデータの評価を行うためには，人間ではない評価

システムを分析に用いることもできる。あるグループのデータを別のグループのデータとは違う扱いをするようにコンピューターをプログラムするなどして，故意に誤った結果を出そうとしているのでない限り，微妙な偏りや意図しない偏りが加わるのを防ぐためにそのような分析システムを使うことは可能だろう。それによって，「何らかの出来事が起きていてほしいグループの中だけ特に注意して，その出来事が起きていないか探す」といった偏りは防ぐことができるだろう。

　もちろん，プログラムにある種の偏りを組み込むのは，その偏りがすべてのグループに適用されている限り，正当なことである。例えばある抗癌剤が，特定の性質を持つ人でだけ癌を治癒させるような場合は，「効果」が見られたデータだけを濾過して取り出すのは受け入れられることである。こうして処理の効果が見られる人々がいるかどうか知ることができ，そのような人々のグループが見つかれば，それを対照のグループと比較して，対照にも同様の効果があるかどうか調べることができる。この種の解析では，「効果」を求める「偏り」が組み込まれている。しかしそれは，すべてのグループに同じ偏りが適用されているので，受け入れることのできる偏りである。

外部での繰り返しが，独立性と相互主観性の最終決定者となる

　精神医学では，感応精神病（フォリアドゥ）と呼ばれる症例がある。それは，身近に暮らしている2人が同じ精神病を患っていたり，第三者には正しいと思えないような同じ信念を一緒に暮らしている人たちだけが共有していたりする症例である。感応精神病では，2人が固く信じている「信念の構造」が他の人には共有されないため，何か異常なことが2人の間で進行していると判断される。この状態は，研究の有効性が確認される際の最後のステップを連想させる。そのステップでは，実験プログラムを遂行してきた人々とは違う人が研究のプロセスに加わり，モデルを立てた科学者とは独立にモデルを検証しようとする。前に述べたように，誰か他の人がそうだと言ったからといって，ただそれだけで何かが「客観的な真実」になるわけではないし，誰かがそれを検証するのに失敗したからといって，その発見が直ちに否定されるわけでもない。しかし，何かが「客観的な真実」であるためには，その発見を客観的に確認できる立場の人によって，それが正しいことが確認されなければならない。実際の研究では，ある研究分野に別の研究室が参入して，彼ら自身の実験系に

モデルを当てはめようとしたりするにつれて，モデルのあるものは正しいことが確認されたり，またあるものは否定されたりすることになる。

時に研究者は「物体を手から放すと下に落ちる」というのと同じような真実に行き当たることもあり，彼らが提示した「真実」は，ほとんどどのような条件下でも，すべての人によって簡単に正しいことが確認される場合もある[6]。また別の場合には，「アスピリンは効果的な鎮痛剤である」というようなモデルに行き当たり，それが正しいかどうか確認する過程で，アスピリンが鎮痛剤として働かない場合があることや，他の条件ではアスピリンに良い作用よりも悪い作用が見られる場合があることが発見されて，そのモデルに制限が加えられることもある。そうこうするうちに，誰かがアスピリンがどのように機能するかについてのモデルを立て，それによって，アスピリンがどのような条件のときにどのように機能するか正確に予測できるようになると共に，その予測が正しいことが確認されるようになる。正確なモデルが徐々に構築されていくこのような過程は，実験者対照が研究に加わることによって促進されることになるだろう。

---

6 もちろん，風の強い日に木の葉が吹き飛ばされるような場合もあるが，なぜそのようなことが起こるのかについては，理由がはっきりしている。

18 生物学における経験主義について

　数学者や哲学者は，真実が黒か白かはっきりしていることを好む．物事は，「客観的真実」か，そうでないかのどちらかである．仮説は，反証されるか，反証されないかのどちらかである．定理は，証明されるか，否定されるかのどちらかである．しかし，生物学では何千もの変数を持つ系を取り扱うことになるので，物事をそれほどすっきりとは割り切れないのが現実である．確固たる「事実」のように何かを格好よく陳述し，どんな条件の下でもその陳述通りのことが成り立つと期待するのは，ほとんど不可能である．例えば世の中には，チーズバーガーを毎日食べてもコレステロール濃度の上昇がみられない人がいる．あるいは50年間毎日2箱のタバコを喫いながら，肺癌にならない人を見つけるのも難しいことではない．そうかと思うと，食事に気をつけ，毎日運動していたのに35歳で心臓麻痺で死んでしまう人もいる．そのような人々の存在が，統計学が発展した理由のひとつである．統計学を用いることによって，ある処理の効果がすべてに現れるわけではなくても，実験を何度も繰り返したときに，ある決まった程度だけ違いが現れることを示すことによって，違いが「本当の」違いなのかどうかを決められるようになる．

　生物学では，否定か肯定かを二元的に決めようとする硬質の仮説よりも，順応性の高いモデルのほうが好まれる傾向がある．生物学の系が複雑であることが，その理由のひとつとなっている．単に一連のデータをうまく表現するため

だけにモデルを使えば，間違いが生ずることはない。科学者は，新しいデータが出たら，以前の解釈に制限を加えたり例外を組み込んだりしてモデルに変更を加え，編集を繰り返していくことができる。それに対して，仮説を用いて，仮説が反証されるたびに製図板に戻って一からやり直すのは，研究の進行を確実に遅らせる。そして，帰納的推論を排除することが批判的合理主義の要素のひとつになっている以上，ひとつの仮説が反証されなかったとしても，それは，次の仮説を立てるきっかけにはなってくれない。

　ある化学物質を投与すると，ほとんどの人の寿命が延びることがわかったとしよう。しかし，ある遺伝マーカーを持っている人は，その化学物質に曝されると直ちに死んでしまうことがわかった。このような事実がわかれば，「この化学物質は，その遺伝マーカーを持っていない人に投与すれば寿命を延ばすことができ，その遺伝マーカーを持っている人はこの化学物質を飲むとすぐに死ぬ」という，現実を反映したモデルが構築できる。このモデルには，さらなる限定条件や注意事項が付け加えられていくかもしれない。例えば，この化学物質を飲むと死ぬ人でも，他のある薬と一緒に飲むと，その薬に含まれているタンパク質がその化学物質に結合して有害な作用を阻害するため，死ななくなることが発見されるかもしれない。生物学的な発見がされるたびに，このようなことが続けられていく。この生物学的な系の性質がわかってきた後，単にいろいろな条件のときにこの物質がどのように働くかを記述するのではなく，この化学物質の「真実」についての陳述を，背景に存在するメカニズムのさまざまな因果関係まで確立するような形で定式化しようとする科学者も出てくるかもしれない。しかし，そのような努力は達成が困難であり，有益なものになるかどうかはわからない。

　実験生物学のプロセスを経ることによって，たとえ極端に複雑な系であっても，まずそれを単純な要素に還元して研究し，それを徐々に普通の状態に戻していくことによって，少しずつ理解を深めていくことができる。その後，条件が違えば結果が違うことなども発見されて，そのような要素もモデルに取り込まれていくだろう。系が未来にどのように動くかを統計的に有意な形で表現したモデルが作られ，それが実験的に有効性を確かめられるようなものなら，それによってその系がどのようにして動いているかについて理解を深めていくことができるのは疑いのないことである。モデルが，将来起こることを統計的に有意な形で表現しているという点は重要である。系がどのように動くかを100％正確に予測できることはほとんどない。もし，「100％正確に予測できなければならない」という基準を設定したりしたら，生物学の進歩はほとんどなくなってしまうだろう。その理由は単純に，すべての関連変数を追うのは現実的には不可能だからである。

因果関係を調べ，必要性と十分性を決定することが必要かどうかを評価する

　ある生物学的な系について正確な記述をせよと言われた場合，「AがBの原因になる」というような機械論的因果律を生物学的な文脈の中で証明できたとしたら，それは驚くべきことと言ってよい。しかし，単に因果関係があるかどうかを決定することなら，生物学的な系でも可能である。例えば，Aが，Bに必要であったり，Bになるのに十分だったりすることなら示すことができる。そのような場合，例えば，AがないとBが阻害されていて働かないが，Aを加えるとBが起こる。このような経験的な発見があれば，AはBの原因になるという「客観的真実」を記述することができ，前に述べたような方法でその発見が正しいことが証明されれば，それが「客観的真実」であると認められるようになるだろう。

　しかし，生物学的な系では，AがBの原因になることがわかっても，AはBのために必要でも十分でもないような場合がよくあることは知っておくべきである。例えば，Aを加えるとBが誘導されるが，その一方で，AがなくてもBが存在する場合がある。また，AがBを引き起こすためにはCが必要とされる場合もある。例えば，高脂肪食（A）を食べると心臓病（B）にかかる可能性が増すが，それが成り立つのはその人のコレステロール値が高い（C）場合に限られるという発見について考えてみよう。高脂肪食を食べていなくても心臓発作を起こす人もいる。したがって，高脂肪食を食べることは心臓発作を起こすのに必要でも十分でもない。しかし，それにもかかわらず，高脂肪食を摂ることはコレステロール値の高い人に心臓発作を起こさせるということは，実証することができる。したがってこの場合，因果関係が存在するのは特定の文脈の中だけである。生物学的な系は非常に複雑なため，因果関係があるかどうかを決める際に，「必要性」や「十分性」を要求するのは単純すぎて不適切な場合がある。

　必要性や十分性を確立することが絶対的に必要だという主張に抵抗せざるを得ないもうひとつの理由は，生物学的な系には冗長性（redundancy）があることがわかっているからである。生物学的な系では，複数のタンパク質が，あるひとつの効果をもたらしているような例がたくさんある。例えば，タンパク質Aとタンパク質Bという2つのタンパク質があって，そのどちらも核膜を構成することができる場合を考えてみよう。この場合，タンパク質Aとタンパク質Bのどちらだけを取り除いても，核膜は壊れずに維持される。したがって，タンパク質Aとタンパク質Bは，どちらも核膜の維持には必要ない

と言うことができる。しかし，この系からタンパク質Aとタンパク質Bが両方とも除去されると，核膜は完全に破壊される。そのうえ，この破壊された状態のものにタンパク質Aかタンパク質Bのどちらかを加えると，核膜が再構築される。この複雑な系では，タンパク質Aとタンパク質Bのどちらも核膜の存在のために必要ないと言うことができるが，どちらか一方のタンパク質がない状態のときは，タンパク質Aもタンパク質Bも，核膜の構造を作るのに必要であり，十分である。ある意味では，このような複雑さは，必要性や十分性のような因果律の確立を要求することの問題点を提示しているものと見ることもできる。また別の意味では，この系から一方のタンパク質が除去されれば，それぞれのタンパク質については因果律を確立できるのだから，少なくともある文脈の中では必要性と十分性を調べることが必要だと主張するのは有効だと言うこともできるだろう。このような点が，このような問題について白黒はっきり割り切ることができず，灰色の状態のままにしておかなければならなくなる原因になっている。

　ある事務所の活動を研究している科学者がいたとしよう。その事務所では，店員のジェベダイアが毎日午前7時に出勤して電灯のスイッチを入れる。この出来事は，毎日必ず起こる。夏も秋も冬も春も，ジェベダイアは必ず朝7時に事務所に現れる。彼が事務所に着く前は，事務所の中は暗い。彼が部屋に入ると，事務所の電灯はいつも決まった順番ですべて点灯される。時間が経つと，事務所の他のメンバーも到着し，それぞれの行動を開始する。例えば，毎日7時20分になるとベティー・スーがドアから入ってきて，小さな台所に入り，ポットにその日の最初のコーヒーを準備し始める。書類のコピーやファックスの送信，郵便物の回収のように複数の人が行う仕事もあるが，たいていの場合，各人はそれぞれ決まった仕事を行っており，事務所は決まったやり方で運営されている様子である。科学者はそのような様子をしばらく観察したあと，「ジェベダイアが午前7時に電灯のスイッチを入れる」というモデルを構築した。次にその科学者は，そのモデルが未来の出来事を正確に表現しているだろうかという問いを発し，調べたときには常にモデルが正しいことを見いだした。最終的に，その科学者は実験を行うことにした。そしてジェベダイアに，「翌朝午前7時に町の別の場所に現れたら，100ドルを手に入れることができる」という電子メールを送った。嘘をついたことにならないように，科学者は実際に100ドルを封筒に入れ，電子メールに書いたとおりの場所に置いておいた。科学者は翌日，何が起こるかを観察するためにモニターの前に座っていた。次の日の朝になり，午前7時になったが，電灯は点かず，事務所は暗いままだった。そのような状態がしばらく続いた後，午前7時20分にベティー・スーが到着した。彼女はドアを開け，電灯が点いていないのを見て少

し逡巡する様子をみせた。1分か，あるいはもっと短い時間が過ぎたあと，ベティー・スーは事務所に入っていき，右に曲がり，電灯のスイッチを入れた。その後，ジェベダイアの点ける順番とは違っていたが，彼女は事務所の各場所の電灯を点けていった。この様子を見ていた科学者は，困惑した状態になった。モデルでは「ジェベダイアが電灯を点ける」としていたが，ジェベダイアが不在のときは，ベティー・スーがジェベダイアの代わりを務めることがわかった。そして，電灯が点くためにはジェベダイアは必要ではないが，それでも，午前7時から午前7時20分の間に電灯が点いた状態になるためには，彼の存在が必要だった。ベティー・スーも電灯のスイッチを入れることがわかったとき，「ジェベダイアが電灯のスイッチを入れる」というモデルの真実性に変化はあったのだろうか。

　ここで，考えなければならないことがいくつかある。ジェベダイアの仕事をこなすことができるのが彼だけではないという事実は，「正常な」，あるいは，「普通の」状態のときに，それを行っている人物が彼であるという事実を変えたのだろうか。「物事がどのように動いているか」を調べているときに，撹乱された条件に置くと物事が違う動き方をするからといって，撹乱されていない条件の下でそれらがどのように動いているかについての発見を無効化してしまうのは，正当なことだろうか。

　この例は，状態を撹乱することで「正常な機能」がわかるのは，その撹乱された状態を補えるものが他にない場合に限られることを示している。すなわち，事務所のある特定の仕事を行えるのがたった1人だけだったとしたら，その人物を取り除くことで，その仕事がどのように行われているかを明らかにすることができるということである。しかし，もしその仕事をできる人が複数いて，普段はそのうちの1人だけがその仕事を割り当てられていたとしたら，その人物を取り除くことではこれをうまく理解することはできないだろう。

　科学者はこのような観察を一通り終えた後，1日の終わりに，ただ1つの原因が1つのことを引き起こすような「絶対的な」因果律を生物の系に要求するのは素朴すぎることに気づくだろう。そして，そのようなことを試みるのではなくて，物事が実際にどのように動いているかを知り，AがBを引き起こすのに十分でない場合でも，Aはどの程度Bに貢献しているのか，あるいはAはBが起こるのに絶対的に必要とされるのかを知るだけで満足しなければならないことに気づくだろう。

必要性と十分性が要求される場合

　ある表現型が現れるのにあるタンパク質が貢献するが，そのタンパク質は，その表現型が現れるためには必要でも十分でもないというような状況は，生物の世界ではよくあることである．しかし，場合によっては，特定の機能のために絶対必要とされるような遺伝子産物を見つける「必要」がある場合もあることは，指摘しておかねばならない．例えば研究の目的が癌を治療することだったら，普通の状態のときに腫瘍の増殖に関わっているステップを阻害するだけで満足することはできない．そのステップが失われてもそれを補うような別の仕組みがあるようなら，それらも阻害する必要がある．一方，重要な生物学的プロセスにおいて絶対に必要とされるような遺伝子が現実に存在することも指摘しておくべきだろう．例えば，生物の発生に絶対的に必須な数十種類の遺伝子がある．そのうちのひとつの遺伝子を除去しただけでも，マウスの受精卵は，発生を進めることができなくなる．したがって，例えば，ある遺伝子がある生物学的プロセスが起こるために絶対的に必要かつ十分であるという発見があったとき，それを重要ではないとみなして簡単に片付けてしまうようなことがあってはならない．ただ，生物学的プロセスでは，遺伝子を1つずつ個別に調べるとそれらはなくてもかまわないように見えるが，それらの遺伝子が，遺伝子群として生物学的プロセスに必要かつ十分になっている場合がある．必要性と十分性を満たすかどうかにこだわると，そのような場合を見逃してしまうことがあるので，注意が必要である．

　癌の治療について再び考えてみよう．腫瘍の治療では多くの場合，1つの化学療法剤だけでは治療の効果があまりなく，いくつかの薬を組み合わせて使うと効果が見られることがよくある．このことは，複数の標的を叩くことで腫瘍の増殖を抑えることができるが，1つの標的を叩いただけでは腫瘍は別の機構を使って広がってしまう場合があることを示している．複数の標的を叩かないと望むような生物学的効果が見られない別の例として，HIV感染症の治療法がある．HIV感染症の治療で有意な抗HIV活性が見られたのは，3つの薬剤を一緒に使う「三重療法」が使われたときだけだった．初期には薬剤AZTが単独で使われていたが，その場合には，わずかな効果しか見られなかったのである．これらの例からわかるのは，系を有効に解析するためには，その系の生物学的な複雑さを受け入れなければならないということである．生物の系は，多数の変数から成り立っている．変数のうちの1つだけを取り出して研究した場合，系の1つの局面しか見ていないことになる．

いろいろな種類の生物学上の問い

　生物学では，系にどんな撹乱を与えたら「望む効果」が誘導されるかを問う場合がある。そのような問いに答えるためには，「物事が普通の状態でどのように動いているか」という素朴な問いを超えた探求が必要になる。例えばある薬が，ある特定の受容体を刺激して体重を減少させる作用があるとする。しかし，その受容体，あるいは系は，人の普通の食物摂取のプロセスには特に関わっていない場合がある。このような例は，生物学における問いが，生物の「普通の」プロセスの研究とは乖離したものになり得ることを示している。「物事が普通の状態でどのように動いているか」という問いではなく，単純に，「AをBに加えるとどうなるか」という問いもあり得るのである。

　経験主義は，特定の種類の研究を行うように限定されているわけではない。それは，何かを「客観的な事実」として確立するプロセスであり，あるいは少なくとも，物事がどのように動き得るかについてのモデルを立て，有効性を確認することによって，それを確立していくプロセスである。

　デイビッド・ヒュームは，さまざまな種類の哲学上の関係性について列挙している。彼の書いていることを参照すれば，科学者がどんな種類の問いを発し得るのか列挙するのに役立つだろう[1]。ヒュームは，知識と確実性の対象となりうるものとして，「類似性（resemblance），相反性（contrariety），質の度合い（degrees in quality），量または数の割合（proportions in quantity or number）」の4つを挙げている。興味深いことに，彼は「因果関係（causation）」をここから外している。たぶん，因果関係を「確実」というレベルまで持っていくことは困難だと考えたのであろう。しかし，生物学者が発する問いのリストには，「因果関係」も加えなければならないだろう。なぜなら，何かの効果が発見されて，その「メカニズム」を調べるとき，想定されているのは，「因果関係」を知ることだからである。何かが別の何かに影響を与えるかどうか調べるときは，このリストに「状態の関係性（relations of condition）」も加えたほうが良いだろう。これは，ヒュームが哲学上の関係としてリストに付け加えていた「時間と場所の関係性（relations of time and place）」の範疇

1　*A Treatise on Human Nature*, by David Hume, 2005. Barnes & Noble New York（ISBN 0-7607-7172-3）の57ページの「Of Knowledge and Probability」を参照。この本の原著は，1739年に刊行された。〔訳注：ここで言及されている内容は，原著の第1巻第3部の冒頭に見られる。同書の邦訳としては，例えば，大槻春彦訳『人性論』全4巻，岩波文庫（1948-1952年）がある〕

に属するものかもしれない．読者には，「因果関係」と「状態の関係性」の違いが何なのかわかりにくいかもしれない．因果関係は，アルコールを飲むと判断力が鈍るときのように，Aが環境を攪乱した結果としてBが起こるときや，あるいは，Aが特定の方法でBに直接作用してBを変化させるときのような，ある特定の種類の関係性のことである．それに対して「状態の関係性」とは，ジミーが友人とバーに行くと，妻とバーに行ったときよりもずっとたくさんお酒を飲むという場合のように，特定の状態のときに何が起こり得るかを示すものである．

このリストには，「問題解決能」と呼べるような新しい用語も加えたほうが良いかもしれない．ある問題が解かれる必要があり，そのためにはどんなことをすればよいかを決めようという努力が払われることがある．問題を解決する際には，それがどのような関係性で問題解決に役立っているのかがわからなくとも，特定の物質か戦略を使って問題を解決できる場合がある．

「問題の解決」と「問題の原因の理解」

病気の治療法を見つけようとしている科学者について考えてみよう．このようなとき，病気の背景となっているメカニズムを探求することが，治療法を見つけるための唯一の方法，あるいは最良の方法なのだろうか．例え話として，自動車が猛スピードで行き交う道を横切ろうとしている男のことを思い浮かべてみよう．彼が道を渡っていると，スポーツカーが時速150キロで彼のほうに向かってきた．安全を確保するために彼は，この車はなぜこんなにスピードを出して自分のほうに向かってくるのかを立ち止まって考えるべきだろうか．それともすぐに行動を起こし，自動車の進路の外に出るべきだろうか．この例え話は，いま発せられている問いが何なのか，きちんと認識しておくことが必要なことを再確認させてくれるだろう．科学者が求めていることが，物事がどのように動いているかを理解することだったら，そのための問いを発するのが妥当だろう．しかし，その科学者の目的が，ある特定の状況のときに物事がどのように動くかを調べることだったり，何かが特定の動き方をするのを止めることだったり，特定の物事の効果を避けることだったり，何か特定の事が起きたのを乗り越えることだったりするときは，そのような問題を解決するためには因果関係を問うような素朴な問いではなく，違う種類の問いを発する必要がある．そして，それらの問いに対しては，違うやり方で取り組まなければならないことを知っておかなければならない．因果関係を理解することを目的と考

える思考法は科学の文化に深く浸透しているので，実験のフレームワークを見失い，フレームワークとなる問いとは無関係なことについて，メカニズムに関する問いを発して研究を進めている科学者を見かけることがよくある。

「癌の増殖を抑えるためには，癌細胞で何が起きているのかを理解することが必須である」と言って，「治療さえできれば良い」という考え方には反対する読者もいるかもしれない。しかし，そう思うなら，外科医にそれを言ってみてほしい。外科医は固形腫瘍の治療では今のところ最も良い成績をあげているが，彼らの方法論で必要とされるのは，腫瘍を取り除けるように，ただ腫瘍の境目を決めることだけである。しかし，この議論は，メカニズムに関して無知のままでいて良いと主張するための言い訳として使われてはいけない。ここでのポイントは，実験プロジェクトにはその枠組みとなる明確な問いがあるのだから，その問いに応じて正しいアプローチの仕方で研究を組まなければならないということである。

普遍的ではない真実を受け入れる

たぶん，経験主義に対する最大の批判のひとつは，実験を行って観察の結果が蓄積されていったとしても，それは限定されたものであり，その問題のさまざまな局面をすべて包含するものにはなり得ないという批判であろう。そのため経験主義の下では，「ある問題に対して完全な答えを出せた」とか，「系がどのように動いているかについて包括的に表現できた」と言えることは，合理的にはあり得ない。また，「その系は，将来もまったく同じように動き続ける」と確実性をもって言うこともできない。さらに，対象のある局面について，それを測定する方法がなければ，その局面についての性質は評価することができない。過去には，このような問題は，盲人がゾウを調べようとしている様子に例えられてきた。各人はゾウの体のごく一部についてしか調べることができないので，それぞれの人は，ゾウについてそれぞれまったく違う「像」を抱くことになる。その結果，誰もその対象について正確なモデルを組むことができない。

このゾウの例え話については，もう少しよく考えてみるべきだろう。研究対象が本当にゾウのように巨大だったら，研究対象にアクセスするたびに違う部分を観察してしまい，それぞれの部分は他の部分を代表できるようなものではないので，実験をするたびに違う結果が出て，実験の再現性がない状態になってしまうかもしれない。そこで科学者は，「この問題の全体像を取り扱うこと

はできない」と判断せざるを得なくなるかもしれない。あるいは，実験が厳密にデザインされたものなら，ゾウの同じ部分に何度も繰り返しアクセスして，それによってゾウのその部分について正確に記述することができるようになり，ゾウのその部分がどのように働くか正確に理解できるようになるかもしれない。研究を，例えばゾウの鼻に限定することは，モデルを構築する際にそのような限定があることを適切にモデル内に取り込んでいる限り，少しも間違ったことではない。そのような方法では「包括的な像」を得ることができないという批判は，「包括的であることが必要である」ということを仮定している。しかし，問題の一部を調べるだけでも進歩は得られるのである。見えるものをただ正確に記述するためには，すべてのものを見る必要はない。

　前述したように，経験主義と合理主義に対する最も決定的な批判は，未来は過去に観察されたものとは違うものになる可能性があるのではないかというものである。しかし，そのような批判は，モデルが持つ予測可能性を確立することによって解消される。したがって，経験主義は無効であるという人に対しては，空想的な哲学的返答を行う必要はない。その人に，手に持ったボールを放してみるように言い，前もって「ボールは地面に落ちるでしょう」と言っておけばよいのだ。反対者はそれを行い，ボールが本当に地面に落ちることを発見するだろう。しかし，それでもまだ，「こんなことでは経験主義も帰納的推論も正当化できない」と言うかもしれない。それに対する返事としては，「ボールをもう一度落としてみてください。ボールは地面に落ちるでしょう」と言えばよい。このような問答を繰り返せば，どこかの時点で批判者は頭が痛くなってくるだろう。そうしたら，「アスピリンを飲めば，頭痛は解消されるでしょう」と言ってやることができる。批判者がアスピリンを飲んで，本当にそれが頭痛を解消することを発見したら，あなたは，彼が行っている経験主義や帰納的推論に対する批判について呆れてみせることができるだろう。

　私たちは，実験生物学のような経験主義的な研究を通じて，系がどのように動くかについてのモデルを構築することができること，そして，そのモデルが正しいかどうかは，系が将来どのように動くかを予測する能力を試すことによって確認できることを見てきた。そして，未来を予測できるようなモデルを構築できることが，経験主義的な研究を正当化する根拠になっている。そのような未来予測能力の価値を知りたいと思ったら，ただ単に，あなたの周囲を見回してみればよい。そうすれば，物事がどのように動き，動き続けるかを理解することによって，どんなものが生み出されてきたかを見ることができるだろう。そうすれば，経験主義の企ての有効性を，はっきりと認識できるに違いない。

19

まとめ

　この本を読み終わった科学者は，再び実験室に戻って，それぞれの実験プロジェクトを完了させなければならないことだろう。そのために役立つように，この本全体をまとめて簡単なチェックリストにすることはできないだろうか。そのようなものがあれば，科学者が実験を組む際に，それを参照しながら実験のデザインを検討できるようになるだろう。ここで，そのようなチェックリスト作りをしてみよう。ただし，この点は注意しておかなければいけないが，このチェックリストを使うには，あらかじめこの本全体を読んでおり，本に書いてあるさまざまな点を参照できなければ意味がない。このリストは読者が望むほど短いものではないかもしれないが，それでも，読者の役に立てれば幸いである。

　次のリストは，実験プロジェクトをデザインし，実験を行うときに考えなければいけないことを列挙したものである。

1　**フレームワーク**。あなたが答えようとしている問いは何か。

2　**帰納空間**。過去の知識のうち，何があなたの問いに関係があるか考え，文献を読む。

3 **実験系**。あなたの問いに答えるために，どんな道具や材料を使うか。

4 **実験系対照**。実験系がうまく動いていることを，どうやったら知ることができるか。その実験系があなたが必要としている種類のデータを出してくれることを，どうやったら知ることができるか。使用する実験系は，あなたの問いに対する答えを出すのに適切なものか。それとも，他にもっと良い系が考えられないか。

5 **実験**。問いに答えるために何を行うか。測定は複数回行うようにし，何かの効果を測定するときは，典型的なものを代表できるような形でその効果を測定できるようにする。実験で使うものについては，用量−反応（dose−response）曲線を決定する。問いに答えるのに必要なら，研究対象の「代表的な状態」を調べられるようにする。データを解析する方法と，いくつの点でデータをとれば良いかを，統計学を使って考える。

6 **基準を設定する**。実験の前に，結果を解釈するための基準を決めておくこと。

7 **ネガティブ対照**。どんなネガティブ対照が必要か。「X以外のすべて」の対照を設定することは可能か。

8 **実験系のポジティブ対照**。実験系がうまく動いていることを，どのようにして確認するか。その実験で，あなたが測定したいものが実際に測定できることを証明するためには，どんなポジティブ対照が必要か。

9 **結果のポジティブ対照**。実験系で，あなたが測定しようとしている結果を実際に出せることは，どのようにしたら確認できるか。測定できるような結果を出すためには，どんなポジティブ対照が必要か。

10 **仮定対照**。Xを測定するのなら，Xが起こるときに一緒に起こることがわかっている何か他のものは測定できないか。もし，Xの結果としてYが起きたと考えられるなら，Yが起こるときに一緒に起こることがわかっている何か他のものも測定できないか。

11 **実験を行う**。

12 **実験者対照**。データは盲検法で分析する。

13 **繰り返し**。同じ基準と方法を使って実験を繰り返す。

14 **モデルの構築**。問いに対する答えは何か。

15 **モデルのチェック**。その答えは，問いに対応したものになっているか。

16 **予測**。モデルは，同じことをもう一度行ったときに何が起こるかを予測しているか。実験を繰り返す。

17 **拡張**。モデルは，違う状況でも成り立つか。

18 **実験系を変える**。問いに，別のやり方でアプローチする。

19 **科学者を変える**。他の人が行ったときに同じ結果が出るか確かめる。

20 **データを提示する**。他の人はその結果についてどう考えるか。他の人は，その結果の解釈についてどう考えるか。

21 **未来を予測する**。さまざまな条件のときに，モデルが未来に何が起こるかを正しく予測し続けられるか調べる。

22 **モデルを修正する**。未来を正しく予測できないことがある場合は，モデルを修正する。あなたの主張に限界があることが見つかったら，主張に限界を設定する。

23 **実験系が還元主義的なものだったら**，それを正しく認識し，モデルを非還元主義的，あるいはより還元主義的でない状況に適用する。

24 **限定されているが有効性を確認できるモデルのほうが**，包括的だが未来予測ができないモデルよりも優れている。

25 **思いついたことがあったとしてもそれを実験的に確認する術がないなら**，それはあなたのプロジェクトとは無関係である。

ここまで読んできた読者は，前よりもうまく実験をデザインできるようになっていることだろう．このリストは，あなたに脅しをかけるようなものに見え，ひとつの実験を行うときでもあまりに多くのことを考慮に入れないといけないように見えるかもしれない．もしそのように見えるなら，ここで議論した問題はとりあえず実験をやってみてからその重要性がわかってくるものなので，安心してほしい．最初の実験で出たデータを眺めていると，大切な対照を設定しておらず，もしその対照が設定してあれば，それがデータの意味を浮かび上がらせてくれたり，あるいは，実験系が予想した通りには動いていなかったことを示してくれたりしたかもしれないことが，普通は後からわかってくるものである．実験者はほとんどいつも，事前に実験デザインのあらゆる局面を検討したりはせず，とりあえず実験を始めてみるものである．新しく得られた知識に応じて，実験のデザインをやり直したり実験系を有効なものに組み直したりする努力を惜しまない限り，とりあえず実験をやってみるというやり方は受け入れられるものである．ある程度研究を進めると，実験データを集める前には存在しなかった新しいモデルを，どの時点で定式化できるかわかってくるものである．そして，適切な繰り返し実験を行うことで，そのモデルの有効性は確認されていく．

　あなたが初めてモデルを構築し，そのモデルに未来予測能力があることを示すことができたら，それは，あなたが経験主義に基づいた新発見への過程に成功裏に入ることができ，この先も進んでいけるようになったことを示している．そこは，すべての科学者が入会資格を持っている会員制クラブである．しかし，その会員権が与えられるのは，データに言葉を与える意思のある者に限られる．あなたの実験が，うまくいきますように．

索引

A

Akt
　シグナル伝達経路の研究における仮定対照　245-247
　神経増殖因子の効果　175-179, 196-204
BRCA1 ノックアウト・マウスの実験
　ネガティブ対照　179-182
　ポジティブ対照　204-207
*Eco*RI の切断部位を決定する実験のデザイン
　開放型の問いの設定　108-115
　仮説の適用　130-142
　既存の知識の利用　116-120
　系の確立　124-130
　制限酵素の機能　108, 116-117
　必要性と十分性の確立　142-144
　方法論の開発　122-124
　モデルの構築　144-146
　用語の定義付け　120-122
mTOR，シグナル伝達の研究における仮定対照　245-247
MuRF1，機能についてのモデル構築　52-71
NF-κB（「核内因子 κB」の項を参照）
NGF（「神経増殖因子」の項を参照）
siRNA（「短鎖干渉 RNA」の項を参照）
SNPs（「単一ヌクレオチド多型」の項を参照）

あ

因果関係　271-273
インスリン受容体，マウスでの操作　232-233, 237-238
エストロゲン受容体，乳癌の研究における研究対象の対照　227-228

か

開放型の問い（「問題／質問のフレームワーク」の項を参照）
核内因子 κB　12-13
仮説
　確認による報償　19-20
　結論との構造の類似性　9-10
　証明することの心理学的な重要性　20-21
　必要としない科学上の例　23-28
　ポジティブとネガティブに二元的に区別して，それを濾過装置として使う　13-18
　ポジティブな結果の測定の要求　10-13
　問題／質問のフレームワークでの検証　33
　予備知識の必要性　26-28
仮定対照
　還元主義対照　249-250
　細胞を用いた研究を生物個体に関連付ける　253-255
　試験管内での分子の研究を細胞に関連付ける　255-256
　実験上の問いの設定　244-245
　実験上のモデルのメタ仮定　256
　重要性　243-244
　組織特異性の例　247-248
　代表的な試料の決定　247-248
　不適切な演繹の回避　245-247
　薬剤の投与量　243, 250-251
　臨床との関連を確立する際の仮定対照　251-253
カフェイン
　癌のリスクの解析　14-17
　血圧の実験の対照　170-175, 186-187, 189-196, 244-245
還元主義対照

仮定対照　249-250
研究対象の対照
　　細胞の研究　239-240
　　試験管内分子システム　240-241
カント，イマヌエル　3, 22
帰納的推論
　批判的合理主義の限界　22
　問題解決（「問題／質問のフレームワーク」の項を参照）
客観性（「実験者対照」の項を参照）
繰り返し（「実験の繰り返し」の項を参照）
経験主義（「生物学における経験主義」の項を参照）
結論
　開放型の問いとの文法構造の非類似性　37-38
　仮説との文法構造の類似性　9-10
　モデル構築（「モデルの構築」の項を参照）
抗体によるタンパク質の検出
　ネガティブ対照　182-184
　ポジティブ対照　207-209
コンピューター，客観的な評価者としての　265-266

さ

実験者対照
　客観性の確立　259
　客観的な評価者としてのコンピューター　265-266
　実験者対照としての開放型の問い　259-262
　相互主観性　257-259
　独立性と相互主観性を担保するものとしての外部での繰り返し　266-267
　複数の評価者　264-265
　盲検法　263-264
実験対象の対照
　遺伝学的な独立変数の発見　237-238
　遺伝学的なモデル系
　　動物のモデル系の臨床学的価値　235
　　独立変数の対照　231-233
　　発見の一般化　233-234

還元主義対照
　細胞の研究　239-240
　試験管内分子システム　240-241
研究対象グループの間での研究対象の均一化　230-231
研究対象のグループの独立変数　236
研究対象の選別基準　224-225
研究対象のランダム化　229-230
実験対象の違いの効果を解消する　238
反応のある対象を見つける　225-228
ヒトの集団での遺伝学的研究　236-237
実験の繰り返し
　カテゴリー　151-153
　繰り返し実験のやり方を決めるための実験　89-92
　実験上の結論の攪乱　88
　実験デザインの例　154-166
　生物学的に実験系に内在するデータの変動　160-161
　代表的な結果の取得　163
　タイムコースの比較　86-88
　統計的な有意性　150-151
　ひとつの測定点における変動　157-159
質問のフレームワーク（「問題／質問のフレームワーク」の項を参照）
試薬対照
　概観　211-213
　注意　222
　例　215-220
十分性
　十分性が要求される場合　274
　十分性を要求するかどうかの検討　271-274
　生物学的経験主義，概観　269-270
神経増殖因子（NGF）
　受容体　196-204
　組織培養実験におけるネガティブ対照　175-179
　ポジティブ対照
　　生化学実験　198-204
　　組織培養実験　196-198
制限酵素（「EcoRI」の項を参照）

生物学における経験主義（必要性，十分性
も参照）
　　概観　269-270
　　問いの種類　275-276
　　不完全な真実を受け入れる　277-278
　　問題の解決と問題の原因　276-277
相互主観性　257-259, 266
組織培養（「培養細胞を用いた研究」の項
を参照）

た

対照
　　仮定（「仮定対照」の項を参照）
　　実験系の有効化と設定　90-92
　　実験者対照（「実験者対照」の項を参照）
　　実験対象（「実験対象の対照」の項を参照）
　　試薬（「試薬対照」の項を参照）
　　ネガティブ（「ネガティブ対照」の項を参照）
　　方法論（「方法論対照」の項を参照）
　　ポジティブ（「ポジティブ対照」の項を参照）
代表的な条件，実験のデザインの際の
85-86
タイムコース
　　実験で得られる解答の撹乱　88
　　タイムコースと繰り返し実験の比較
86-88
単一ヌクレオチド多型（SNPs），ヒトの
集団での遺伝学的研究　236-237
短鎖干渉 RNA（siRNA），実験デザイン
の際の方法論対照　214
知覚，モデルの有効性についての考察
103
データ解析，実験の解釈の例　92-95
デカルト，ルネ　4, 103
統計学
　　大学院での実験デザインの講義　1
　　タイムコースと繰り返し実験の対比
86-88
　　統計学的な有意性を決定するのに必要
な繰り返し　150-151
動物モデル

遺伝学的なモデル系における研究対象
の対照
　　動物モデルの臨床的価値　235
　　独立変数の対照　231-233
　　発見の一般化　233-234
　　臨床との関連を確立する際の仮定対照
251-253

な

認識論，定義　1
ネガティブ対照
　　「Xで撹乱されていない」ネガティブ
対照
　　　　遺伝学的実験　179-182
　　　　組織培養の実験　175-179
　　　　複数の変数を含む問い　170-175
　　　　盲検法　186-187
　　「YはXか」という問い　185
　　撹乱されていない場合　167-170
　　抗体によるタンパク質の検出　182-184
　　システム間のネガティブ対照　185-186
　　システム内のネガティブ対照　184
　　「非X」の場合　182-184
ネブリン，抗体による検出
　　ネガティブ対照　182-184
　　ポジティブ対照　207-209
ノージック，ロバート　56, 257

は

培養細胞を用いた研究
　　「Xで撹乱されていない」ネガティブ
対照　175-179
　　研究対象の対照　239-240
　　生物個体との関連付け　253-255
必要性
　　生物学的経験主義の概観　269-270
　　必要とされる状況　274
　　要求性の検討　271-273
ヒトゲノム・プロジェクト，仮説の不在
24-28
批判的合理主義
　　概観　3, 9-10, 21

帰納法の限界　22-24
　　質問-解答のフレームワークとの比較　33-35, 260-262
　　バイアス　99-100
ヒューム，デイビッド　3, 22, 100, 275
普遍的ではない真実　277-278
プロゲステロン受容体，乳癌の研究における研究対象の対照　227-228
分子システム
　　研究対象の対照　240-241
　　細胞との関連性の確認　255-256
ベーコン，フランシス　4
ベン図
　　実験プログラムの概略図　6-7
　　問題／質問のフレームワークでの個別的な問い　43-44
ベンター，J. クレイグ　24
変動
　　生物学的なシステムに内在する変動　160-161
　　データの変動を考慮に入れる　157-160
方法論対照
　　概観　211-213
　　注意点　222
　　例　213-215, 220-222
ポジティブ対照
　　遺伝学的実験　204-207
　　血圧に対するカフェインの効果を調べる実験のデザイン　189-196
　　抗体によるタンパク質の検出　207-209
　　実験系のさまざまな面を検査する　195-196
　　実験系の有効性の確認　194-195
　　重要性　209
　　生化学実験　198-204
　　組織培養実験　196-198
ポパー，カール　3-4, 6-7, 22, 91, 261

ま

マーカー，選択　164-165
まとめ，実験デザイン　279-282
マトリックス（映画），思考実験　105
未来，モデルによる予測　97-106, 281
盲検法

「Xで撹乱されていない」ネガティブ対照　186-187
　　実験者の対照　263-264
モデルの構築
　　記述的な問い　57-59
　　帰納空間にアクセスして実験上の問いを発する　54-55, 60-64, 67-68
　　結論を統一モデルに変換する　66-67
　　タンパク質の構造と機能の探索　60-66
　　小さな帰納空間の長所　68-71
　　背景となる情報の必要性　56-57
　　未知の研究対象と異質な研究対象　60
　　例　144-146
モデルの有効性の確認，未来の予測　97-106
問題解決，問題の原因　276-277
問題／質問のフレームワーク
　　受け入れられる答えの特徴　47-49
　　開放型の問い
　　　　結論の構造の，二元型の問いとの比較　37-38
　　　　結論の独立性　38
　　　　実験者対照　259-262
　　　　導出　36
　　仮説の検証　33
　　技術の開発　42
　　研究の成功　42
　　研究範囲の独立性　40-41
　　答えにバイアスが加わるのを防ぐ　41
　　個別的な問い　42-45
　　実験デザインの際の用語の定義　83-84
　　批判的合理主義との比較　33-35
　　閉鎖型の問いの設定　41
　　モデルの構築（「モデルの構築」の項を参照）
　　問題の視野の範囲の設定　40
　　連続的質問の有効性の検討　29-32

や

薬剤の投与における仮定対照　243-244, 250-251
用語の定義

実験デザイン　83-84
　　　例　120-122

ら

ラッセル，バートランド　3, 22
ランダム化，研究対象の　229-230

■訳者略歴
白石 英秋
1960年前橋市生まれ。1983年京都大学理学部卒業。京都大学大学院理学研究科生物物理学専攻を修了後，岡崎国立共同研究機構基礎生物学研究所助手，京都大学理学部化学教室助手，同講師などを経て，現在，京都大学大学院生命科学研究科准教授。理学博士。研究分野は，RNAの分子生物学と微細藻の分子生物学。著書・訳書に『フライフェルダー分子生物学』（共訳，化学同人），『RNAi』（共訳，メディカル・サイエンス・インターナショナル），『ノーベル賞の生命科学入門　RNAが拓く新世界』（共著，講談社）など。

バイオ研究のための実験デザイン
あなたの実験を成功に導くために　　定価(本体3,200円+税)
2011年12月13日発行　第1版第1刷 ©

著　者　デイビッドJ. グラース
訳　者　白石 英秋
　　　　　しらいし　　ひであき

発行者　株式会社　メディカル・サイエンス・インターナショナル
　　　　代表取締役　若松　博
　　　　東京都文京区本郷1-28-36
　　　　郵便番号 113-0033　電話(03)5804-6050
　　　　　　　　　　　　　　印刷／三美印刷株式会社

ISBN 978-4-89592-694-2　C3047

JCOPY 〈(社)出版者著作権管理機構 委託出版物〉
本書の無断複写は著作権法上での例外を除き禁じられています。
複写される場合は，そのつど事前に，(社)出版者著作権管理機構
（電話 03-3513-6969，FAX 03-3513-6979，info@jcopy.or.jp）
の許諾を得てください。